口絵① 牧草の利用(採草)
チモシーとアルファルファの混播草地.

口絵② 牧草の利用(放牧)
北海道東部のチモシーを主体とする放牧地.

口絵③ 牧草の収穫
モアコンディショナによる刈取り.

口絵④ 牧草の収穫
ロータリ型レーキによる反転,集草.

口絵⑤ 牧草の収穫
ロールベーラによる牧草の成形・結束.

口絵⑥ 牧草の収穫
牧草のロールベール.

口絵⑦　飼料作物の品種開発の動向
チモシーの新品種「なつちから」(左)は「ノサップ」(右)に比べて，アカクローバの混播時の再生が優れる（北海道立総合研究機構北見農業試験場　藤井弘毅氏提供）．

口絵⑧　飼料作物の品種開発の動向
飼料品質が改良されたオーチャードグラス新品種「えさじまん」（農研機構北海道農業研究センター　眞田康治氏提供）．

口絵⑨　飼料作物の品種開発の動向
硝酸態蓄積の低いイタリアンライグラス品種「優春」（農研機構畜産研究部門　川地太兵氏提供）．

口絵⑩　飼料作物の品種開発の動向
地下茎で増殖するマメ科牧草ガレガ品種「こまさと184」．

口絵⑪　飼料作物の品種開発の動向
トウモロコシ栽培限界地域向け極早生品種「たちぴりか」（農研機構畜産研究部門　濃沼圭一氏提供）．

口絵⑫　北海道におけるトウモロコシ栽培
栽培限界地域で収量の安定確保をめざし，品種を畦ごとに変える交互条播（北海道立総合研究機構上川農業試験場天北支場　林拓氏提供）．

口絵⑬　北海道におけるトウモロコシ栽培
濃厚飼料として利用するトウモロコシ子実のコンバイン収穫．

口絵⑭　飼料用イネの栽培
左：茎葉型品種リーフスターの開花期の生育状況（東京農工大学　大川泰一郎氏提供），右：飼料用イネのロールベール．

口絵⑮　夏作緑肥の利用
上：セスバニア（*S. cannabina*），下：クロタラリア（*C. juncea*）．

口絵⑯ 夏作マメ科の緑肥利用とイネ科とマメ科の混作緑肥
左：ラッカセイ（収穫時の茎葉部が N を多く含有），中央：ササゲ（莢を手取り収穫した後にすき込んで利用），右：C/N 比の異なるソルガムとムクナを混作して分解速度の異なる緑肥として施用．

  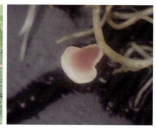

口絵⑰ ヘアリーベッチの緑肥利用
左：土壌流亡防止程度の評価（奥のエンバクと手前のヘアリーベッチを比較），中央：開花の様子（西南暖地では4月に紫色の花を咲かせる），右：根粒の切断面（ヘモグロビンの赤色を呈す）．

口絵⑱ 冬作緑肥の利用
左：センチュウ対抗性を有するエンバク，中央：ヘアリーベッチとコムギの混作（ヘアリーベッチの開花期のすき込みで隣接するコムギの窒素含有量が増加する），右：夏作のスイートコーン栽培におけるコムギのリビングマルチ利用（秋播き性の高い品種を利用する）．

日本作物学会「作物栽培大系」編集委員会 監修

作物栽培大系 ⑧

飼料・緑肥作物の栽培と利用

大門弘幸・奥村健治 編

朝倉書店

執筆者（執筆順，＊は本巻の担当編集委員）

松中　照夫	酪農学園大学名誉教授
義平　大樹	酪農学園大学
原田　久富美	農林水産省　農林水産技術会議事務局
三枝　俊哉	酪農学園大学
奥村　健治＊	農研機構　北海道農業研究センター
濃沼　圭一	農研機構　畜産研究部門
田瀬　和浩	農研機構　北海道農業研究センター
石井　康之	宮崎大学
吉永　悟志	農研機構　中央農業研究センター
間野　吉郎	農研機構　畜産研究部門
村木　正則	農研機構　九州沖縄農業研究センター
春日　重光	信州大学
平田　聡之	北海道大学
山下　太郎	前　雪印メグミルク株式会社
小松﨑　将一	茨城大学
松村　篤	大阪府立大学
大門　弘幸＊	龍谷大学
荒木　肇	北海道大学

『作物栽培大系』刊行にあたって

　「栽培」という文字が入った講義が，多くの大学農学部から消えて久しい．これは，栽培研究の成果が品種育成のように見えやすいものでなく，栽培学が百年一日のごとく同じような栽培試験を繰り返すだけの古い学問領域と誤解されているからかもしれない．しかしこの間，要素還元的な研究が発展し，個別の作物の形態・遺伝・生理などに関する知見が蓄積されてきた．また，特に分子生物学的な研究の進展によって遺伝子や分子レベルの理解が深まってきたため，このような知見を利用した育種や栽培が行われることも期待されている．

　一方，現場における作物栽培を改善するには，変動する環境条件下で，作物個体に関する研究成果を個体群の問題につなげていかなければならない．また，栽培体系の中でそれぞれの作物の栽培を位置づけなければならない．そのためには，単に作物についての植物学的な知見のみでなく，土壌学，植物栄養学，植物病理学，応用昆虫学，雑草学，農業気象学，農業機械学，農業工学，農業経済学などの農学諸分野の研究成果も取り入れて総合する力が必要となる．

　栽培学に新しい視点を導入することも，求められている．すなわち，多くのエネルギーを利用して生産量を増やしていくという時代は終わり，エネルギー原料作物の栽培において顕著であるが，低投入でありながら，持続的あるいは環境調和型の作物栽培を確立していくことが期待されている．

　作物栽培では，このような総合性・学際性が求められる一方で，取り扱う個々の作物種や品種の特性を十分に理解したうえで，各地域の気候・地質・社会状況に対応した作付を行い，その後の管理をしていかなければならない．多様性と個別性を取り扱う栽培学は，人工環境下で栽培したモデル植物を取り扱っていただけでは成り立たない．ここに，栽培学の難しさと面白さがある．

　本大系編集委員会のメンバーである森田，阿部，大門は2006年，朝倉書店より共編にて教科書『栽培学』を上梓した．幸い版を重ねているようであり，

これは栽培学が問題発見・問題解決型の学問分野として今まさに必要とされていることを示しているといえよう．この教科書を編集した際，時間の経過とともに改訂しなければならないと同時に，栽培学の総合性と多様性という両面性から，この一書だけでは完結せず，いずれ各論編を編集したいと考えた．その後，朝倉書店から，森田監修のシリーズとして本企画を依頼された．その少し後に，森田が日本作物学会長を務めることになったのを機会に，日本作物学会の監修として，学会の総力をあげて編集にあたることにさせていただいた．

このシリーズは最初，作物グループ別に全7巻として企画したが，作物栽培にかかわる最近のトピックを含む総論を加え，最終的に8巻シリーズとした．本企画を進めるにあたり，まず各巻の編集責任者を選定して編集委員会を立ち上げ，各巻の構成の検討と分担執筆者の選定をお願いした．各巻の編集責任者の方々がそれぞれの作物の栽培研究における第一人者であることは，改めて紹介するまでもないであろう．編集にあたっては，無理のない範囲で各巻における構成をそろえるとともに，作物学的な解説は必要最小限度にとどめ，日本あるいは世界における栽培状況と利用状況に重点をおいていただいた．

多くの研究者の方々に多忙の中で執筆していただき，編集責任者の方に統一性を配慮しながら編集していただくことにはそれなりの時間を要したが，比較的順調に執筆・編集作業が進んできたので，準備が整った巻から刊行を開始することとした．これも，分担執筆者と編集責任者の方々のご尽力，ご協力の賜物であり，心から感謝申し上げる．

このシリーズは，主として日本における作物の栽培と利用の現状を示すものであるが，この時代の栽培状況を記録したものとして歴史的な意義も出てくるに違いない．本大系に代わる次の企画を実現する次の世代が，本大系を利用しながら現場で学び，栽培研究を進め，その研究成果を現場に戻す役割を担うことを強く期待している．このシリーズがそれに役立てば，編集委員会一同，望外の喜びである．

2011年8月

日本作物学会「作物栽培大系」編集委員会

代表　森田　茂紀

日本作物学会「作物栽培大系」編集委員会

編集委員長
　森田茂紀

編集委員（50音順）
　阿部　淳　　　岩間和人　　　奥村健治　　　小柳敦史
　国分牧衞　　　大門弘幸　　　巽　二郎　　　丸山幸夫
　森田茂紀　　　山内　章　　　渡邊好昭

シリーズ構成と担当編集委員
　1巻　作物栽培総論　（担当：森田茂紀・阿部　淳）
　2巻　水稲・陸稲の栽培と利用　（担当：丸山幸夫）
　3巻　麦類の栽培と利用　（担当：小柳敦史・渡邊好昭）
　4巻　雑穀の栽培と利用　（担当：山内　章）
　5巻　豆類の栽培と利用　（担当：国分牧衞）
　6巻　イモ類の栽培と利用　（担当：岩間和人）
　7巻　工芸作物の栽培と利用　（担当：巽　二郎）
　8巻　飼料・緑肥作物の栽培と利用　（担当：大門弘幸・奥村健治）

8巻『飼料・緑肥作物の栽培と利用』まえがき

　日本の食料自給率は熱量ベースで39%であり，多少の前後はあるものの，ここ何年もほぼ同様の数値で推移している．米の消費量は年間1人あたり50 kg台と毎年漸減しているが，最近の和食ブームや消費者ニーズの多様化などからか，やや下げ止まり感もある．しかし，2016年の主食用米の収穫量750万tに対して，飼料用トウモロコシを1000万t以上輸入している現況から，この国の食の基盤が何なのかをしばしば考えさせられる．食の欧米化という言葉は使い古された感があるが，畜産物を多く摂取する食生活を支えるためには，飼料生産を増やすことは極めて重要である．一方，日本はモンスーンアジア地域にあり，また，農耕地は2016年で450万haまで減少したが，そこに占める中山間地の割合は40%を超える．歴史的にも，また地理的，気候的にも水稲を中心に農業が発展したこの国では，水田の土壌還元と畑作物である飼料作物の生育特性から考えると，土地利用型の飼料作物の生産を増大させるのは容易なことではないかもしれない．本書をまとめた2017年1月には，農産物の関税撤廃をも含む環太平洋戦略的経済連携協定（TPP）の先行きは，やや不透明になっているが，今後，飼料や畜産物の国内外の流れが変動する可能性は高いと予測される．

　国内では，担い手不足から増え続ける休耕地や荒廃農地の管理の方策の1つとして，これらの土地を利用した飼料生産の試みに加え，景観や土壌の保全のための緑肥作物の導入が試行されている．米国の低投入型持続的農業やヨーロッパの農業の粗放化，そして日本の環境調和型農業が志向されて30年以上が経ち，水田作，畑作のいずれにおいても，慣行農法に加えて有機農業の技術開発にも力が注がれるようになった．緑肥作物は，その重要な構成要素としても再評価されている．この国の250万haの水田面積のうち150万haで水稲を栽培しているが，米の消費減少により水田の高度利用の一貫として水田転換

畑でのマメ類やムギ類の栽培も積極的に行われている．湿害によるこれら畑作物の品質や収量の不安定性は，作物栽培大系シリーズの既刊3巻『麦類の栽培と利用』および5巻『豆類の栽培と利用』に詳述されているとおりである．一方，水田転換による土壌の酸化は，有機物の分解による地力の減耗を引き起こし，食味重視の米作りにおける水稲作の窒素制限も考慮すると，この国の農耕地における有機物の補完と地力の増強は，将来の食料安定供給のための喫緊の課題であるとも言える．この点からも，飼料作物に加え，緑肥作物の栽培と利用の現況を知ることの重要性が理解されよう．

　本巻で取り上げた『飼料・緑肥作物』は，本シリーズの最終巻に位置するが，上述の視点から相互に関連づけられるように，食生産や農耕地保全にとって欠くべからざる作物の仲間達である．本巻の各章は，それぞれの領域の第一線で活躍されている専門家の方々に執筆頂いた．また，いくつかのコラムには，最近のトピックなども平易に解説した．本巻は，飼料作物編と緑肥作物編に分けて編集したが，両者には関連する項目や作物種も多いので，相互に参照して読んで頂きたい．本巻が『作物栽培大系』の理解を深める上の一助となり，さらには読者の皆さんのこの分野への興味が喚起されれば幸甚である．

　なお，本巻の発刊にあたって，朝倉書店の各位にたいへんお世話になった．出版の計画立案から今日に至るまで，たいへんなご尽力を頂いた朝倉書店編集部に深く感謝し，ここに記して謝意を表する．

　　2017年3月

　　　　　　　　　　　　　　　　　　　　　　　　　　　　大門　弘幸
　　　　　　　　　　　　　　　　　　　　　　　　　　　　奥村　健治

目　　次

《飼料作物編》

第1章　日本の食料自給率と飼料作物栽培の現状……［松中照夫］…1
1.1　食料自給率の変遷……………………………………………………1
1.2　食料自給率を低下させた要因………………………………………2
1.3　飼料自給率低下の問題点……………………………………………3
1.4　濃厚飼料依存型酪農の出現…………………………………………4
1.5　わが国の窒素循環からみた食料自給率の問題……………………5
1.6　伝統的養分循環とその破綻…………………………………………8
1.7　飼料作物栽培の現状と問題点………………………………………8
1.8　北海道における飼料自給率向上を目指した酪農モデル…………10
1.9　ま と め………………………………………………………………11

第2章　飼料作物の栽培と地力管理………………………………………13
2.1　多様な作付体系………………………………………［義平大樹］…13
　2.1.1　地域における作付体系の規定要因……………………………13
　2.1.2　地域別の主要な作付体系………………………………………15
2.2　一年生飼料作物の作付様式…………………………………………20
　2.2.1　作付様式の種類…………………………………………………21
　2.2.2　トウモロコシ……………………………………………………22
　2.2.3　ソルガム…………………………………………………………24
　2.2.4　イタリアンライグラス…………………………………………25
　2.2.5　ムギ類（エンバク，オオムギ，ライムギ）…………………26
2.3　飼料畑における家畜排泄物利用……………………［原田久富美］…29
　2.3.1　飼料畑の地力管理における家畜排泄物利用の意義…………29

2.3.2　土壌中における家畜糞堆肥の分解特性……………………30
　2.3.3　家畜糞堆肥を利用する適切な養分管理…………………31
　2.3.4　家畜糞堆肥を主体とする施肥の注意点…………………33
2.4　永年草地の造成・更新と管理………………………［三枝俊哉］…34
　2.4.1　草地の生産性における草種構成の重要性………………35
　2.4.2　造成・更新時の栽培および地力管理……………………36
　2.4.3　維持管理時の栽培および地力管理………………………37
　2.4.4　永年草地における地力管理の実際………………………39

第3章　飼料作物の育種の現況と将来………［奥村健治・濃沼圭一］…43
3.1　飼料作物の育種体制と種子生産…………………………………43
　3.1.1　飼料作物品種の育種体制…………………………………43
　3.1.2　種子の原種生産および海外増殖…………………………45
3.2　品種開発の現状と育種法…………………………………………46
　3.2.1　牧草類に適用される主な育種法…………………………46
　3.2.2　長大型飼料作物の育種……………………………………51
3.3　飼料作物育種の将来………………………………………………53
　3.3.1　遺伝子組換え技術…………………………………………53
　3.3.2　DNAマーカー利用選抜……………………………………54
　3.3.3　種属間交雑…………………………………………………55
　3.3.4　遺伝資源の活用……………………………………………55

第4章　イネ科牧草………………………………………………………58
4.1　寒地型イネ科牧草………………………………［田瀬和浩］…58
　概要　58　／　チモシー　62　／　オーチャードグラス　65　／　メドウフェスク　68　／　トールフェスク　69　／　ペレニアルライグラス　71　／　イタリアンライグラス　73　／　そのほかの寒地型イネ科牧草　76
4.2　暖地型イネ科牧草………………………………［石井康之］…80
　概要　80　／　バヒアグラス　82　／　アトラパスパラム　83　／　ダリスグラス　84　／　キシュウスズメノヒエ　85　／　ローズグラス　86　／　ギニアグラス　87　／　カラードギニアグラス　89　／　バーミューダグラス　90　／

ジャイアントスターグラス 91 ／ ディジットグラス 92 ／ センチピードグラス 94 ／ ネピアグラス 94 ／ キクユグラス 96 ／ シグナルグラス 97 ／ パラグラス 97 ／ パリセードグラス 98 ／ セタリア 99 ／ セントオーガスチングラス 100 ／ ウィーピングラブグラス 101 ／ テフ 102 ／ シバ 102

第5章　飼料イネ……………………………………［吉永悟志］…105
5.1　用途の分類と特性……………………………………………………105
5.2　品種特性…………………………………………………………………108
5.2.1　茎葉型品種……………………………………………………………108
5.2.2　子実多収品種…………………………………………………………108
5.3　栽培管理…………………………………………………………………110
5.3.1　品種・作期の選定……………………………………………………110
5.3.2　肥培管理………………………………………………………………110
5.3.3　雑草，病虫害防除……………………………………………………112
5.3.4　収穫時期および収穫法………………………………………………112
5.3.5　漏生イネ対策…………………………………………………………113
5.3.6　再生二回刈り栽培……………………………………………………114

第6章　長大型イネ科飼料作物………………………………………117
6.1　トウモロコシ………………………………［間野吉郎・村木正則］…117
6.1.1　来歴と生産の現状……………………………………………………117
6.1.2　形態と生理・生態……………………………………………………118
6.1.3　育種と主要品種………………………………………………………119
6.1.4　栽　培…………………………………………………………………121
6.1.5　品質と利用……………………………………………………………123
6.1.6　おわりに………………………………………………………………124
6.2　ソルガム………………………………………………［春日重光］…125
6.2.1　来歴と生産の現状……………………………………………………125
6.2.2　分類と形態，生理・生態……………………………………………126
6.2.3　栽培および利用法……………………………………………………127

6.2.4　今後のソルガム栽培と利用 …………………………………………… 131

第7章　マメ科牧草 ……………………………………[平田聡之・奥村健治]… 132

7.1　概　　要 ………………………………………………………………… 132

7.1.1　栽培と生産の現状 ……………………………………………… 132

7.1.2　形態と生理，生態 ……………………………………………… 133

7.1.3　草地管理と利用 ………………………………………………… 134

7.2　寒地型マメ科牧草 ……………………………………………………… 135

概要　135　/　アカクローバ　135　/　シロクローバ　139　/　アルファルファ　141　/　セイヨウミヤコグサ　146　/　ガレガ　148　/　そのほかの寒地型マメ科牧草　149

7.3　暖地型マメ科牧草 ……………………………………………………… 151

概要　151　/　アメリカジョイントベッチ　153　/　ピントイ　153　/　セントロ　154　/　グリーンリーフデスモディウム　155　/　シルバーリーフデスモディウム　155　/　ギンネム　156　/　ロトノニス　156　/　サイラトロ　157　/　ファジービーン　158　/　グライシン　158　/　スタイロ　159　/　タウンズビルスタイロ　159

第8章　多汁質飼料作物 ……………………………………………[山下太郎]… 163

8.1　概　　要 ………………………………………………………………… 163

8.2　多汁質飼料作物の種類と特徴 ………………………………………… 163

飼料用カブ　163　/　飼料用ビート　166　/　飼料用カボチャ（ポンキン）　168　/　飼料用カンショ　169　/　ルタバガ（スェーデンカブ）　169

8.3　多汁質飼料作物への期待 ……………………………………………… 170

《緑肥作物編》

第1章　環境調和型農業と地力維持 ……………………………[小松﨑将一]… 171

1.1　環境調和型農業と緑肥の機能 ………………………………………… 171

1.2　地力維持と緑肥利用 …………………………………………………… 172

1.3 地域環境の保全機能……………………………………………173
　1.3.1 土壌保全効果……………………………………………173
　1.3.2 水質保全効果……………………………………………174
　1.3.3 生物多様性保全…………………………………………176
1.4 気候変動緩和策と緑肥…………………………………………177
1.5 有機農業と緑肥…………………………………………………180
1.6 ま と め………………………………………………………180

第2章 夏作緑肥作物……………………［松村　篤・大門弘幸］…183
2.1 緑肥の利用………………………………………………………183
2.2 夏作緑肥作物の特性……………………………………………184
　2.2.1 夏作緑肥作物の肥料効果…………………………………185
　2.2.2 他感作用と雑草防除………………………………………186
　2.2.3 センチュウ対抗性…………………………………………187
　2.2.4 土壌蓄積リンの可給化……………………………………189
2.3 夏作緑肥の効果的な活用………………………………………190
　2.3.1 夏作緑肥作物の栽培………………………………………191
2.4 水田転換畑における緑肥利用…………………………………193
2.5 夏作緑肥作物の種類……………………………………………194
　2.5.1 マメ科緑肥作物……………………………………………194
　2.5.2 イネ科緑肥作物……………………………………………200
　2.5.3 そのほかの緑肥作物………………………………………202
2.6 お わ り に……………………………………………………204

第3章 冬作緑肥作物……………………………………［荒木　肇］…207
3.1 冬作緑肥の利用体系……………………………………………207
　3.1.1 緑肥の考え方………………………………………………207
　3.1.2 主要な冬作緑肥……………………………………………207
3.2 バイオマス生産…………………………………………………209
　3.2.1 寒地・寒冷地………………………………………………209

3.2.2　西南暖地 …………………………………………………… 211
　3.2.3　イネ科作物とマメ科作物の混作 ………………………… 212
3.3　緑肥由来窒素の利用 ………………………………………………… 212
　3.3.1　由来別窒素の利用率 ………………………………………… 212
　3.3.2　緑肥窒素の無機化 …………………………………………… 213
　3.3.3　緑肥の利用形態と窒素供給 ………………………………… 215
3.4　緑肥導入による後作物の生産性の向上 …………………………… 215
　3.4.1　畑作物生産における効果 …………………………………… 215
　3.4.2　水稲生産における効果 ……………………………………… 218
　3.4.3　施設栽培における効果 ……………………………………… 218
3.5　土壌特性の変化 ……………………………………………………… 220
　3.5.1　病害の発生 …………………………………………………… 220
　3.5.2　土壌物理環境 ………………………………………………… 222
3.6　リビングマルチ ……………………………………………………… 223
　3.6.1　ムギ類の利用 ………………………………………………… 223
3.7　持続的農業生産の視点 ……………………………………………… 226

索　引 ……………………………………………………………………… 229

コ ラ ム

飼料作物の最新動向「品種開発」　42　／　飼料作物の最新動向「北海道におけるトウモロコシ栽培」　57　／　飼料イネで育てた鶏の卵の色　116　／　土地等価比（land equivalent ratio：LER）　162　／　パリ協定　182　／　根粒菌の N_2 固定と N_2O の放出　228

第 1 章 《飼料作物編》
日本の食料自給率と飼料作物栽培の現状

1.1 食料自給率の変遷

1960 年，政府は 2 つの重要事項を閣議決定した．1 つは所得倍増計画による経済成長の加速，そして 2 つめが農業基本法の制定であった．

その同年，わが国の供給熱量総合食料自給率（熱量に基づく自給率．以下，食料自給率と略記）と穀物自給率（重量に基づく自給率）は，いずれも 80% 程度であった（図 1.1）[18]．しかし，それ以降わが国の自給率は低下し続け，1995 年以降，食料自給率は 40% 程度で停滞している．また，穀物自給率も飼料用穀物の大幅な輸入増加に伴い 29% にまで落ち込んだ現在，日本の自給率がほかの主要先進国に比較して格別に低いことは言うまでもない．

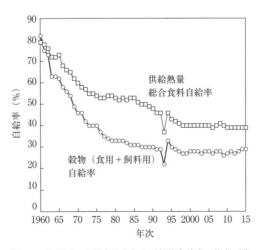

図 1.1 わが国の食料自給率および穀物自給率の推移（農林水産省（2016c）[18] から作成）

1.2 食料自給率を低下させた要因

過去50年間にわたり自給率が低下した主な要因としては,食料を国内でまかなうという基本姿勢が維持されなかったことに加え,食料の消費形態が変化したことがあげられる.国民1人1日あたりの供給熱量の推移をみると,各品目の供給熱量を合計した総供給熱量については各年度に大差はない[15](図1.2).しかし,その消費がどの品目によってまかなわれたかをみると,食料の消費形態の変化によるということが明らかである.すなわち米の消費が大幅に減少し,その減少は畜産物(肉類,鶏卵,乳製品など)と油脂類(大豆油,菜種油など)の消費拡大で相殺されている(図1.2).さらに,コムギ,ダイズ,果実は供給熱量の自給率が経年的に大きく低下している.

上述した食料の消費形態の変化や品目別の自給率の低下は,国民の食傾向がごはんと魚という「和風」から,パンやパスタ,乳肉製品という「洋風」へ変化したことに起因する.ただし,それが国民の単なる嗜好変化や所得の増加と

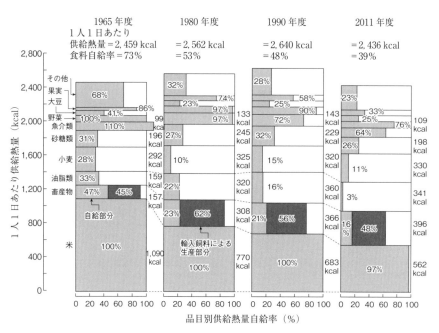

図1.2 わが国の品目別食料自給率(供給熱量ベース)などの推移(農林水産省(2013)[15]から作成)

いった「成り行き」のみによってもたらされた結果とは考えにくい．むしろ，第二次世界大戦後のアメリカの余剰農産物輸出戦略に呼応したわが国の政策的誘導の結果とみるべきである[6]．

1.3 飼料自給率低下の問題点

　畜産物消費量の増加は，洋の東西を問わず国民所得の増大とともに現れる．しかし，わが国でそれが問題となるのは，家畜の飼料が自前の飼料畑から生産された自給飼料ではなく，輸入穀物に依存した購入濃厚飼料を中心に家畜が飼養され，畜産物が生産されているからである．なぜそれが問題なのか，酪農の例から考えてみる．

　一般に，農産物の生産性は単位土地面積あたりの収量で評価される．例えば，わが国のコムギの平均子実収量は ha あたり 4 t 程度であるというように，単位土地面積あたりで表現し，コムギ個体あたりで考えることはない．これに対して，わが国の酪農における乳生産性は基本的に個体乳量で表現し，例えば 1 万 2,000 kg なら高泌乳牛であると評価される．すなわち，わが国では乳生産を土地面積あたりで考えるという概念は一般的ではなく，乳生産量の増加は，もっぱら個体乳量の向上に求められる．

　この考え方では，高泌乳能力を有する乳牛の栄養養分要求量をどのような飼料給与で満たすかが重要である．しかし，その給与すべき飼料を自給飼料として生産し，その自給飼料を乳牛の要求にみあうように，どのように給与するかという最も重要なことは問題にされない．乳牛の要求に対して自給飼料が不足しても，不足する飼料は安価な購入濃厚飼料に依存すればよいからである．その結果が 2014 年の飼料自給率が 27％，濃厚飼料自給率がわずかに 14％にすぎない現実である[20]．このように購入濃厚飼料は，わが国の畜産から自給飼料生産の場である飼料畑という土地を切り離してしまった．その結果が，自給飼料の生産基盤のない畜産である．バイオエタノール原料にトウモロコシが使用され，中国が飼料用穀物の輸入国になった状況では，このような購入濃厚飼料がいつまでも安価で入手できるという保証はどこにもない．

　国内では比較的飼料自給率が高い北海道もその例外ではない．どのようにして濃厚飼料依存型酪農が北海道においてさえも作り出されてきたかについて，

以下でさらに検討したい．

1.4 濃厚飼料依存型酪農の出現

　北海道の酪農は，草地面積の拡大とそれに歩調を合わせた飼養乳牛頭数の増加によって発展してきた．したがって，乳牛の飼養密度（単位面積あたりの飼養乳牛頭数）は，1975年以降，1.6頭/haでほとんど変化していない（図1.3）．また，牧草生産量も生草で35 t/ha程度とほぼ一定である．haあたりの飼養頭数と牧草生産量が変化しないのであるから，乳牛1頭あたりに給与される飼料としての牧草量も大きな変化がないことになる．それにもかかわらず，2015年の個体乳量は，経産牛1頭あたりで1960年の2.3倍に増加している．特に1970年代以降の増加がめざましい（図1.3）．

　戦後の余剰農産物の受け入れに続き，わが国はアメリカの要求に応じて農産物の部分輸入自由化を決定し，1964年に飼料穀物であるグレイン・ソルガムの輸入を自由化した．さらに1972年には濃厚飼料（配合飼料）の輸入が自由化された．これによって，乳生産が安価な購入濃厚飼料に依存できるようになった．それを裏付けるかのように，1975年以降，北海道における1頭あたりの年間濃厚飼料給与量は直線的に増加し（図1.4），2014年には1975年の2.5倍

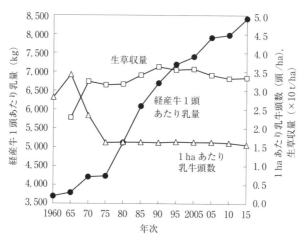

図1.3　北海道での生草収量，1 haあたり乳牛頭数および経産牛1頭あたり乳量の推移（農林水産省（2016a, b, d）[16,17,19]から作成）

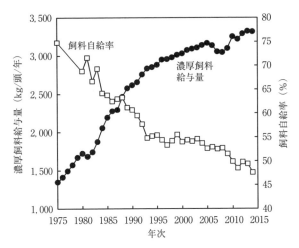

図 1.4 北海道における乳牛 1 頭あたり年間濃厚飼料給与量と飼料自給率（濃厚飼料給与量は家畜改良事業団（2016）[7] による．飼料自給率は TDN ベースで，農林水産省（2016e）[20] による）

に達した．すなわち，この濃厚飼料給与量の増加が，前述した個体乳量の増加（図 1.3）を支えたのである．さらに 1981～86 年の牛乳消費停滞に伴う生産調整を受け，消費拡大を目指す「濃い牛乳」作りのため，生乳取引の基準乳脂肪率が 3.2％から 3.5％に引き上げられた．この脂肪率の引き上げは，酪農の濃厚飼料依存体制をより強固にした．こうした濃厚飼料への強い依存体質は，当時の IMF（国際通貨基金）体制下の円高基調とアメリカの余剰穀物輸出戦略の本格化とも連携して作り出されていった．

こうして 1964 年のグレイン・ソルガム輸入自由化が決定されて以降，わが国の畜産は購入飼料に依存する度合いをさらに高め，自給飼料の生産基盤である土地から切り離されていった．内橋（2006）[28] は，大地に根ざした自給飼料で乳牛が飼養されず，大地から切り離され購入飼料に依存する酪農を「搾乳業として存在しているだけにすぎない．（中略）まるで都市における下請企業のようになってしまった」と嘆いている．

1.5　わが国の窒素循環からみた食料自給率の問題

これまで述べてきた食料自給率や飼料自給率の低さは，言い換えると食料や

飼料という形をとって外国の土壌に含まれる水分や作物の養分が輸入されることを意味する．このうち，食料の生産や移動に伴う水問題が将来のわれわれにとって大きな脅威になることは，Postel（2000）[23]やBrown（2005）[1]，内橋（2006）[28]らが詳しく述べている．そこで，ここでは輸入されてきた養分，とりわけ窒素（N）に焦点をあて，それがわが国に残留し，そのことが環境汚染という別の問題をつくり出していることを述べてみたい．

作物の様々な養分のうち，窒素は作物の乾物生産に直接的に強く影響する養分である．同時に，窒素が環境へ流出すると環境に対する大きな負荷物質となる．具体的には，農地に過剰に施与された家畜糞尿や化学肥料に由来する窒素は，土壌中で硝酸態窒素（NO_3-N）に変化し，地下浸透して地下水の NO_3-N 濃度を高めて水質を汚濁する．さらに農地から河川や湖沼に直接流出する窒素も，その富栄養化の一因となる．このほか，糞尿や化学肥料が農地へ施用されると，その農地から強力な温室効果ガスである一酸化二窒素（N_2O）が排出される．また，糞尿が土壌表面に施用されると，糞尿中のアンモニアが揮散し，それが周辺環境に悪影響を与える[10]．

このような窒素が食料生産や消費に伴い，国内でどのように循環し，環境へ流出して地下水や河川の水質にどのような影響を与えているかを推定するモデルが作成された[24]．このモデルによれば，食料自給率が78％であった1961年には輸入された窒素（作物，プロテインミール，畜産物として）は，わずかに16万 t にすぎなかった（図1.5）．一方，農耕地に流入する窒素は，化学肥料由来が最も多く，家畜の糞尿由来は生物的窒素固定で流入する量より少なかった．農耕地から地下水や河川に流出する窒素と，人間の排泄物に由来する窒素（下水処理前の値）が環境へ流出する量を加えると，地下水や河川に流出する総窒素量は93万 t と推定された（図1.5）．このほか，陸域に沈着せず大気環境へ流出するアンモニアガス態窒素量は化学肥料や家畜糞尿由来の合計で2万 t だった．

一方，2005年には，人口が1961年の9,500万人から35％増加の1億2,800万人になった．この年のわが国の食料自給率は40％に低下し，その結果として輸入窒素量の合計は，1961年の5.6倍の89万 t に増加した（図1.5）．生物的窒素固定や化学肥料，さらに作物残渣として農耕地に流入する窒素は，国内での食料生産の減少を反映し，1961年より減少した．これに対し，畜産が輸

第1章　日本の食料自給率と飼料作物栽培の現状

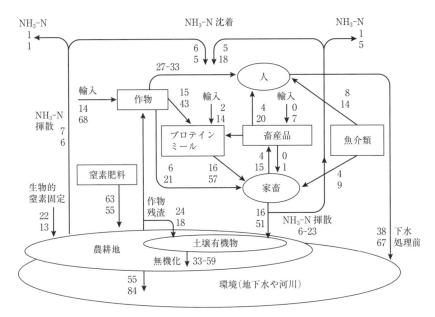

図1.5 1961年と2005年の食料生産・消費に伴う窒素循環推定量の比較（Shindo, et al. (2009)[24]）を一部改変）

単位は窒素（N）として万t．数字は上から下に，または，左から右に1961-2005年．プロテインミールとは，大豆などの油脂作物の搾り滓などを原料とした高タンパク質飼料のことである．

入濃厚飼料への依存傾向を強めたため，家畜糞尿由来窒素の農耕地への流入量が1961年の3.2倍と著しく増加した．さらに人間の排泄物に由来して環境へ流出する窒素量も1961年の1.8倍となり，これは人口の増加率以上の値であり，食料の高タンパク質化を裏付けている．これらの結果として，農耕地から地下水や河川へ流出する窒素は84万tに増え，これに人間の排泄物由来で環境へ流出する窒素量を加えると，151万tが地下水や河川へ流入したと推定された．この量は1961年の1.6倍であった．肥料や家畜糞尿に由来して大気環境へアンモニア揮散で流出した窒素量は6万tに達し，1961年の3倍になった．以上の結果は，わが国の低い食料自給率と食料消費動向の変化が，海外から持ち込まれる窒素量を増加させ，それが環境負荷を高めて大気環境の悪化や地下水，河川などの水質汚濁をもたらすことを示している．

窒素循環量については，上で紹介したモデル以外にも様々な推定方法による多くの報告がある[4,12,21]．そのいずれにおいても，海外から持ち込まれた窒素が環境汚染の大きな脅威になると述べている．また，糞尿由来窒素が畜産を主

要な産業とする地域の環境負荷源となることも指摘されている[27]．畜産が盛んな南九州の都城地域では，地下水のNO_3-N濃度が環境基準を超過する事例があり，それが家畜糞尿に起因することも推定されている[25]．

1.6 伝統的養分循環とその破綻

もともとわが国の農業では，人間の排泄物（屎尿(しにょう)）を利用した養分循環が成立していた．江戸時代には屎尿が商品化され，屎尿が非農業人口の集中する城下町から農村へ還元されていく流通経路さえあった[26]．植物の「無機栄養説」を確立したドイツのリービヒは，「日本の農業の基本は，土壌から収穫物に持ち出した全植物養分を完全に償還することにある．（中略）土地の収穫物は地力の利子なのであって，この利子を引き出すべき資本に手をつけることは，けっしてない」と記し[9]，わが国の徹底した養分循環を賞賛している．

今ではこの誇るべき伝統的養分循環システムは破綻し，世界から集めた養分が狭い国土にあふれていると言ってもよい．とりわけ購入濃厚飼料に依存した畜産では環境へ流出する窒素量が多く，その悪影響が懸念される．それゆえ，飼料自給率を高める努力は，この国の畜産を持続的に発展させるうえできわめて重要な課題である．

1.7 飼料作物栽培の現状と問題点

畑や水田といった一般作物の栽培では，その収量が農家の収益に直結する．一方畜産は，自給飼料の収量が収益には直結せず，その飼料によって目的の畜産物が生産されて初めて収益が生まれる．畜産が迂回生産であると言われるゆえんである．また，家畜の胃の容積には限界があるため，一定量以上の採食は不可能である．それゆえ，栄養分含有率の高い濃厚飼料は，そうではない粗飼料（自給飼料の多くは粗飼料である）よりも一定の採食量でより多くの栄養分量を家畜に給与できる．その結果，濃厚飼料は粗飼料より乳肉の生産性に優れるということになる．そのうえ，濃厚飼料が比較的安価であるなら，畜産農家が自給飼料の増産に強い意欲を示せないのはむしろ当然である．

上述したことは，1965年以降のわが国における牧草と青刈りトウモロコシ

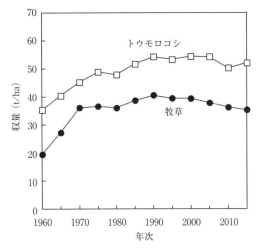

図 1.6 わが国の牧草と青刈りトウモロコシの収量の推移
（農林水産省（2016d）[19]）から作成）

の収量が，いずれも1970年にかけてやや増加したものの，それ以降2015年までほとんど停滞したままであることからも裏付けられる（図1.6）[19]）．

さらに重要なことは，畜産農家が飼料作物の増産に成功し，結果として飼料自給率を向上させたとしても，現状ではそのことが経営上の利益につながりにくいということである．それよりも濃厚飼料を安く購入し，それに依存して乳生産をおこなったほうが，高い収益を確実に得ることができる．また，上述したように濃厚飼料で持ち込まれた窒素が環境汚染源になったとしても，その環境汚染に対する罰則規定はわが国にはない．したがって，酪農場が濃厚飼料に依存して乳生産することに特段の問題はないとさえ言える．

1999年に施行された「家畜排せつ物の管理の適正化及び利用の促進に関する法律」では，家畜糞尿の貯留方法が規制され，罰則規定の対象となっている．しかし，この法律ではEUのように糞尿由来窒素の施用上限量[11]）が設定されていないため，農地に糞尿を還元しさえすれば，その後で環境汚染が発生しても，そのことで酪農場が罰金に処せられることはない．

こうしたことを打開するためには，行政的な誘導が必要であろう．例えば，飼料自給率を向上させ，環境に配慮した畜産経営には積極的に報奨金を出し，逆の場合には罰則規定を設けるという施策である．ただし，現状の畜産農家，

とりわけ全国の肉牛肥育牧場,養豚場,養鶏場などが飼料自給率向上へ大転換するには,自給飼料を生産する圃場を確保しなければならないという難題がある.北海道を除けば自給飼料生産のための耕地はきわめて不十分であり[5,8],その確保のために耕種農家と畜産農家が連携し,コントラクター(請負業者)を活用した自給飼料増産のための組織化を行うことなどが提案されている[3].

1.8 北海道における飼料自給率向上を目指した酪農モデル

北海道の酪農は飼養密度が1.6頭/haと都府県より低く,飼料自給率向上をめざす土地利用型酪農を展開する余地が残っている.最近,そのような「循環型酪農」を成立させるモデルが以下のように提案された.

北海道東部根釧地方は日射量が少ないなど気象条件が悪いため,飼料用トウモロコシの安定栽培が困難である.このため,自給飼料を牧草に限定し,かつ濃厚飼料の無給与条件(飼料自給率100%)を仮定したモデルが作られた[14].それによると,牧草サイレージ(以下,GSと略記)の通年給与で1乳期1頭あたり乳量は4,730 kg,放牧を導入しても5,962 kgの乳量しか期待できない.これでは100頭飼養の酪農場でも農業所得が358万円にとどまり,酪農場として成立できない[22].したがって,このような地帯では,放牧を導入し,濃厚飼料の給与水準を乳量に対応させて日量2~6 kgの範囲で低く抑えた「低投入型酪農」が,環境に配慮し,かつ飼料自給率を向上させる酪農として推奨されている[22].

同じ北海道内でも飼料用トウモロコシが安定栽培できる地域(十勝などの畑作酪農地域)では,トウモロコシサイレージ(以下,CSと略記)とGSを組み合わせ,それに濃厚飼料を適量給与すれば,EUにおける糞尿由来窒素施用上限量[11]の範囲内で,環境に配慮した酪農を営めるというモデルが提案された[13].そのモデルは,CSとGSを2:1で混合したサイレージを通年給与し,これに濃厚飼料を乳量の20%給与するというものである.しかし,このモデルの経済性を検討したところ,牧草とトウモロコシの栽培に要する夏期の労働条件に無理があり,コントラクタを利用せずに,必要な量のサイレージ調製を個人で実行するのは難しいとされた[2].そこで,個別酪農場が外部支援を受けずに実行可能であり,かつ最も経済性にすぐれたモデルとして,CSとGSを1:

1で混合したサイレージを13 kg/日通年給与し，濃厚飼料を乳量の20％給与することが提案された[2,13]．この場合，個体乳量は8,900 kgが見込まれ，自給飼料生産に必要な土地面積は55.6 a/頭（飼養密度＝1.80頭/ha）となる．こうした具体的な目標値は，今後，環境に配慮しつつ飼料自給率を向上させる畜産の実現のために大きな意味を持つだろう．

1.9　ま　と　め

わが国の食料自給率は低い．その主要な原因の1つは飼料自給率の低さである．これは国民の食の嗜好が変化し，畜産物の需要が増えたことによる．しかし，その畜産物の生産は輸入濃厚飼料に依存しているという現状がある．また，濃厚飼料として国内に持ち込まれた養分は家畜糞尿となってわが国に残留し，環境汚染をもたらす．一方で，飼料作物の増産は畜産物の生産量の増加に直結しないため，畜産農家の飼料作物増産意欲は低い．

このような条件にある日本畜産を持続的に発展させるためには，ただ単に飼料作物の増産と自給率向上を唱えるだけでなく，環境を保全する畜産経営が可能となるように，具体的な指標が提案されなければならない．同時に，その実行支援の政策誘導が必要である．　　　　　　　　　　　　　〔松中照夫〕

引　用　文　献

1) Brown, L.(2005)：フードセキュリティー(福岡克也監訳)，p.156-182，ワールドウォッチジャパン．
2) 藤田直聡・久保田哲史(2010)：循環酪農へのアプローチ(松中照夫・賓示戸雅之編著)，p.103-110，酪農学園大学エクステンションセンター．
3) 福田　晋(2010)：循環酪農へのアプローチ(松中照夫・賓示戸雅之編著)，p.202-207，酪農学園大学エクステンションセンター．
4) 袴田共之(1996)：環境研究，**100**：120-126．
5) 賓示戸雅之(2010)：循環酪農へのアプローチ(松中照夫・賓示戸雅之編著)，p.154-156，酪農学園大学エクステンションセンター．
6) 柏　久(2005)：環境形成と農業，p.35-54，昭和堂．
7) 家畜改良事業団(2016)乳用牛群能力検定成績速報，p.6．
http://liaj.lin.gr.jp/japanese/newmilk/16/2015a.pdf
8) 木村園子ドロテア(2010)：循環酪農へのアプローチ(松中照夫・賓示戸雅之編著)，p.177-180，酪農学園大学エクステンションセンター．
9) Liebig, J.(2007)：化学の農業および生理学への応用(吉田武彦訳)，p.71，北海道大学

出版会.
10) 松中照夫(2003)：土壌学の基礎, p.304-322, 農文協.
11) 松中照夫(2007)：畜産の研究, **61**：659-668.
12) 三輪睿太郎・岩元明久(1988)：土の健康と物質循環(日本土壌肥料学会編), p.117-140, 博友社.
13) 中辻浩喜(2010)：循環酪農へのアプローチ(松中照夫・寳示戸雅之編著), p.96-103, 酪農学園大学エクステンションセンター.
14) 西道由紀子(2010)：循環酪農へのアプローチ(松中照夫・寳示戸雅之編著), p.86-91, 酪農学園大学エクステンションセンター.
15) 農林水産省(2013) 平成24年度 食料・農業・農村白書.
http://lwww.maff.go.jp/j/wpaper/w_maff/h24/pdf/z_1_2_2.pdf
16) 農林水産省(2016a) 畜産統計.
http://lwww.e-stat.go.jp/SG1/estat/List.do?bid=000001024928&cycode=0
17) 農林水産省(2016b) 牛乳乳製品統計.
http://lwww.e-stat.go.jp/SG1/estat/List.do?lid=000001158483
18) 農林水産省(2016c)：平成27年度食料需給表.
http://lwww.maff.go.jp/j/zyukyu/fbs/attach/pdf/index-1.pdf
19) 農林水産省(2016d) 作物統計.
http://lwww.maff.go.jp/j/tokei/kouhyou/sakumotu/sakkyou_kome/index.html
20) 農林水産省(2016e) 飼料をめぐる情勢, p.1-6.
http://lwww.maff.go.jp/j/chikusan/kikaku/lin/l_hosin/pdf/meguji_data_1607.pdf
21) 織田健次郎(2006)：日本土壌肥料学雑誌, **77**：517-524.
22) 岡田直樹(2010)：循環酪農へのアプローチ(松中照夫・寳示戸雅之編著), p.91-95, 酪農学園大学エクステンションセンター.
23) Postel, S.(2000)：水不足が世界を脅かす(福岡克也監訳), p.181-222, 家の光協会.
24) Shindo, J., et al.(2009)：*Soil Sci. Plan Nutr.*, **55**：532-545.
25) Sugimoto, Y. and Hirata, M.(2006)：*Grassl Sci.*, **52**：29-36.
26) 高橋英一(1991)：肥料の来た道帰る道, p.43-55, 研成社.
27) 築城幹典・原田靖生(1997)：システム農学, **13**：17-23.
28) 内橋克人(2006)：もう一つの日本は可能だ, p.206-217, 文藝春秋社.

第2章　《飼料作物編》
飼料作物の栽培と地力管理

2.1 多様な作付体系

　飼料作物の作付体系は，食用畑作物に比べてかなり多様であると言える．その背景には以下のことをあげることができる．
　①飼料作物は，基本的に植物体全体が収穫の対象となるため，生育途中での早刈りが可能である．②乾草，ホールクロップサイレージ，子実利用など飼料調製の形態が多様であり，作付可能期間に応じて刈取時期を柔軟に変えることができる．③各作物の品種開発が進み，地域の積算気温と作付体系に応じて作物と品種を選択しやすい．

2.1.1 地域における作付体系の規定要因
　地域によって気象条件や土壌条件が大きく異なるので，それらにより制限される作物の生育可能期間や他作物との競合ならびに土地基盤条件が，導入し得る作付体系を規定する要因となる（表2.1）．

a. 気象条件
　気象と日照に恵まれた暖地では年2～3作が可能である．しかし，梅雨期の大雨や台風の来襲，盛夏期の干ばつなどの生産を阻害する要因も少なくない[34]．一方，寒地の多くは年1作が限度で，温暖地で冬作されるイタリアンライグラスやムギ類も春播きされる[28,41]．

b. 土壌条件
　積雪地帯では，排水が劣り融雪時の病害発生のために，冬作ではムギ類ではなくイタリアンライグラスが栽培される場合が多い．排水不良な重粘土圃場や転換畑では，近年リードカナリーグラスが見直され[3,10]，ヒエの栽培も検討さ

表 2.1 地域別の主要適応飼料作物

地　域	夏　作	冬　作	備　考
寒地 （北海道）	トウモロコシ，エンバク（ライコムギ，ライムギ） ――――――― 寒地型牧草 ―――――――		夏作単作が基本
寒冷地 （東北・北陸・東山）	トウモロコシ，ソルガム，ムギ類 飼料イネ	イタリアンライグラス	周年作可能
温暖地 （関東～中国）	トウモロコシ，ソルガム，イタリアンライグラス 暖地型一年生牧草類の一部 飼料イネ	ムギ類	周年作可能 夏期 2 期作 一部で可能
暖地 （四国・九州）	トウモロコシ，ソルガム，イタリアンライグラス 暖地型 1 年生牧草類 飼料イネ	ムギ類	周年作 夏期 2 期作可能
亜熱帯 （沖縄）	サトウキビ （トウモロコシ，ソルガム） ――――――― 暖地型牧草 ―――――――		周年採草 周年放牧

（農林水産省生産局（2001）[24] 草地管理指標―飼料作物生産利用技術編―を改変）

表 2.2 飼料作物の最適発芽温度

作物の種類	最低（℃）	最適（℃）	最高（℃）
寒地型牧草	0～5	25～30	30～40
ムギ類	0～2	24～26	38～42
暖地型牧草	10	32～35	40～44
トウモロコシ	6～8	34～38	44～46
ソルガム（スーダン型）	12～13		
ソルガム（ソルゴー型）	15～16		

（農林水産省生産局（2001）[24] 草地管理指標―飼料作物生産利用技術編―より）

れている[7]．畑作への転換が難しい著しく排水不良な水田では，飼料イネに限定して栽培されることも多い[37]．

c. 生育可能期間

飼料作物の発芽は気温に影響される（表 2.2）．また，生育適温は夏作物で 15～30℃，冬作物で 5～20℃であることから，作物の生育期間は種類によって著しく異なる．トウモロコシを例にとると，北海道では生育期間が 5～9 月までの限られた期間であるのに対し，九州では 4～11 月までの期間に栽培が可能である．そのため，作付にあたっては地域の適性品種を選定することが重要である．

d. 他作物との競合

寒冷地の積雪地帯や暖地の早期水稲地帯では，冬作飼料作物の収穫と水稲の繁忙期が重なる．他作物との労働競合を避けることも考慮して，草種や品種を

選定する必要がある．

2.1.2 地域別の主要な作付体系
a．寒地（北海道）

寒地では作物の生育期間が制限されるため，寒地型多年生牧草を作付けるか，あるいは夏作のみを単作する（表2.3）．代表的な多年生牧草は，チモシー，オーチャードグラス，ペレニアルライグラス，クローバ類，アルファルファなどである．夏作のみの単作としては，酪農地帯を中心にサイレージ用トウモロコシが作付され，生育期間の短い極早生品種や早生品種が利用される．また，草地更新時にライムギ，ライコムギが秋播きとして利用されることもある[43]．

北海道の釧路・根室および宗谷地方では5月から10月までの単純積算気温が2200℃以下であり，トウモロコシを栽培しても十分に登熟せず[18]，草地酪農が展開している．それ以外のトウモロコシ作付地帯では，基本的にはトウモロコシ2～3年，牧草5～9年程度の輪作が行われている[24]．経営面積が比較的小さく糞尿処理の関係からトウモロコシの割合を高くする必要のある道央・道

表2.3 寒地（北海道）における飼料作物の作付体系例

作付草種	1	2	3	4	5	6	7	8	9	10	11	12
●慣行栽培												
トウモロコシ						トウモロコシ						
永年性牧草（寒地型牧草）												
採草地				混播牧草・チモシー（オーチャードグラス）								
放牧地				混播牧草								
●慣行栽培（一部試験栽培）												
極早生・早生トウモロコシ +ライムギ			ライムギ		極早生・早生トウモロコシ					ライムギ		
畑作（コムギ）+エンバク			畑作作物（コムギ）				エンバク					
畑作（早生バレイショ，マメ類）+エンバク					畑作物（早生バレイショ，マメ類）			エンバク				
●試験栽培												
極早生トウモロコシ +ライムギ			ライムギ		極早生・早生トウモロコシ					ライムギ		
極早生トウモロコシ+ライムギ +ソルゴー型ソルガム （2年3作体系）						ソルゴー型ソルガム						

（農林水産省生産局（2001）[24] 草地管理指標－飼料作物生産利用技術編－を改変）

南地方や道東・十勝地方でも（鹿追町）のように，耕種農家と畜産農家の間の交換耕作が盛んな地域においては，牧草の更新年限は短い傾向にある[33]．

これに対して，草地酪農地帯においては，牧草更新年限は7年程度とすることが，雑草混入割合の増加による栄養収量の低下と更新に伴う費用負担のバランスから推奨されている[31]．しかし，牧草種子の流通量から推察すると，北海道内の更新率は実際には3％程度に過ぎず[21]，牧草の更新年限の平均は10年以上であると考えられる．近年，相対熟度75日レベルの極早生トウモロコシ品種が育成され，従来の草地酪農地帯の内陸地方までトウモロコシの栽培面積が増加している[20]．これらの新規トウモロコシ地帯では，マルチ栽培により収量の安定化を目指す生産者が多いことや，更新による牧草収量の低下を回避するために，トウモロコシの連作年限が長い傾向にあるという特徴がある．

近年，新しい飼料作物の作付体系の検討もなされている．耕畜連携における作付体系として，畑作・園芸農家における緑肥エンバクの飼料化[13]や雌穂サイレージ（イアコーンサイレージ）用トウモロコシの畑作農家における作付[49]などの試みも始まっている．さらに，北海道では難しいとされてきた二毛作体系も考案されている．トウモロコシの良好な極早生・早生品種が育成されたこと，温暖化により秋季の積算気温が高くなる傾向があることから，道央・道南地方において極早生トウモロコシと秋播きライムギを組み合わせた新しい作付体系[44]も提案された．また，トウモロコシ以外の長大作物として道央地域へのソルガムの導入の可能性[8,15,22]についても検討されている．また，草地酪農地帯の採草地においても地下茎型雑草を除草剤の使用なしに抑制する方法としてイタリアングラスの春播きが注目されている[28]．

b. 寒冷地（東北・北陸・東山）

トウモロコシまたはソルガム類の夏作単作が基本であり，気象条件に恵まれる地域ではトウモロコシ-イタリアンライグラスの作付体系がとられる（表2.4）．イタリアンライグラスの栽培が難しい北東北では，主としてライムギが冬作として栽培される[4]．さらに，トウモロコシ-大麦-トウモロコシの2年3作体系も検討され，高温年次には従来の体系と同等の乾物収量を示す．南東北地域では，トウモロコシ-イタリアンライグラス体系以外にも，夏作としてスーダングラスの利用も可能である[26]．この地域の1年間の乾物収量で安定多収を実現するためには，夏作を主体にした栽培が大切であり，その生育期間を確保

表2.4 寒冷地（東北・北陸・東山）における飼料作物の作付体系例

作付草種	1	2	3	4	5	6	7	8	9	10	11	12
●慣行栽培												
トウモロコシ＋ライムギ（北東北・北陸）			ライムギ				トウモロコシ				ライムギ	
トウモロコシ＋イタリアンライグラス（南東北・東山）	イタリアンライグラス						トウモロコシ				イタリアンライグラス	
ソルガム＋イタリアンライグラス（北東北・北陸）	イタリアンライグラス					スーダングラス				イタリアンライグラス		
トウモロコシ＋ライムギ（東山）			ライムギ				ソルガム				イタリアンライグラス	
永年生牧草（寒地型牧草）					混播牧草・リードカナリグラス							
トウモロコシ単作						トウモロコシ						
ソルガム単作							ソルガム					
●試験栽培												
トウモロコシ＋大麦体系（2年3作）			オオムギ				トウモロコシ				オオムギ	

（農林水産省生産局（2001）[24] 草地管理指標—飼料作物生産利用技術編—を改変）

できる冬作の播種時期と収穫時期が重要となる．

c. 温暖地（関東～中国）

1年2作が基本となり，夏作にトウモロコシまたはソルガム類，冬作にイタリアンライグラスやエンバク，ライムギ，オオムギなどが作付される（表2.5）．どの草種も早生から晩生まで多くの品種が市販されており，草種・品種の組み合わせも多様である．東日本ではトウモロコシ-イタリアンライグラスの体系がとられ[50]，西日本では主としてトウモロコシかソルガムにイタリアンライグラスまたはムギ類を組み合わせた体系がとられる[9,19]．

関東地方においてトウモロコシとソルガムを混播し，夏作の収量を安定的に向上させる試みがなされている[2]．また，多収作付体系としてソルゴー型ソルガムの長稈晩生品種とライムギを組み合わせた体系[30]や，早生品種と晩生品種を組み合わせた飼料用トウモロコシの二期作栽培が検討されている[12]．また，年間の高TDN（total digestible nutrients）および高タンパク質飼料生産を目指したトウモロコシとアルファルファの短期輪作体系も考案された[38]．また，晩生の飼料イネと冬作のイタリアンライグラス[11]，およびムギ類[29]を組み合わ

表 2.5 温暖地（関東〜中国）における飼料作物の作付体系例

作付草種	1	2	3	4	5	6	7	8	9	10	11	12
●慣行栽培												
トウモロコシ+イタリアンライグラス（東日本主体）	イタリアンライグラス					トウモロコシ				イタリアンライグラス		
トウモロコシ+ムギ類（西日本主体）	ムギ類					トウモロコシ				ムギ類		
ソルガム+ムギ類（西日本主体）	ムギ類						ソルガム			ムギ類		
トウモロコシ・ソルガム+ムギ類（西日本主体）	ムギ類					トウモロコシ・ソルガム				ムギ類		
永年生牧草（寒地型牧草）				混播牧草・リードカナリグラス								
●慣行栽培（一部試験栽培）												
飼料イネ+イタリアンライグラス	イタリアンライグラス					飼料イネ				イタリアンライグラス		
飼料イネ+ムギ類	ムギ類						ソルガム			ムギ類		
●試験栽培												
2期作トウモロコシ+ライムギ（北関東）	ムギ類					2期作トウモロコシ	トウモロコシ			ムギ類		
トウモロコシ+大麦（2年3作）	二条オオムギ					トウモロコシ				二条オオムギ		
グリーンミレッド+イタリアンライグラス（エンバク）	イタリアンライグラス(エンバク)					トウモロコシ／グリーンミレット				イタリアンライグラス(エンバク)		
ローズグラス+イタリアンライグラス（エンバク）	イタリアンライグラス(エンバク)					ローズグラス				イタリアンライグラス(エンバク)		

（農林水産省生産局（2001）[24] 草地管理指標−飼料作物生産利用技術編−を改変）

せた体系も検討されている．

さらに，静岡県においては，排水良好な圃場ではトウモロコシ-オオムギ-トウモロコシの2年3作の体系，水田転換畑では，水はけの良い条件では夏作ローズグラス，過湿な圃場では夏作グリーンミレットと冬作イタリアンライグラスや早生系エンバクが適する[16]．島根県ではロールベール作業に適した飼料作物の体系としてギニアグラスとエンバクの組み合わせが安定的に多収であった[25]．

d. 暖地（四国・九州）

温暖な条件であることから，年2〜3作が可能で暖地型牧草を含めて多くの草種が利用され，様々な体系をとることが可能である（表2.6）．夏作はトウ

表 2.6 暖地（四国・九州）における飼料作物の作付体系例

作付草種	1	2	3	4	5	6	7	8	9	10	11	12
●慣行栽培												
トウモロコシ＋イタリアンライグラス	←イタリアンライグラス→					←トウモロコシ→				←イタリアンライグラス→		
ソルガム（2回刈り）＋イタリアンライグラス	←イタリアンライグラス→					←ソルガム→				←イタリアンライグラス→		
ソルガム（3回刈り）＋エンバク	←エンバク→					←ソルガム→				←エンバク→		
トウモロコシ2期作（またはトウモロコシ＋ソルガム）＋エンバク	←エンバク→					←トウモロコシ→	←トウモロコシ→			←エンバク→		
暖地型牧草＋イタリアンライグラス	←イタリアンライグラス→						←暖地型牧草→			←イタリアンライグラス→		
トウモロコシ＋エンバク（秋作）						←トウモロコシ→				←エンバク（秋作）→		
●慣行栽培（一部試験栽培）												
ヒエ＋イタリアンライグラス	←イタリアンライグラス→					←ヒエ→				←イタリアンライグラス→		
トウモロコシ・ソルガム2期作＋エンバク	←エンバク→					←トウモロコシ→	←ソルガム→			←エンバク→		
トウモロコシ・ソルガム2期作＋イタリアンライグラス	←イタリアンライグラス→					←トウモロコシ→	←ソルガム→			←イタリアンライグラス→		
飼料イネ＋イタリアンライグラス（湿田）またはライムギ	←イタリアンライグラス→						←飼料イネ→			←イタリアンライグラス→		
●試験栽培												
トウモロコシ・ソルガム2期作＋二条オオムギ	←二条オオムギ→					←トウモロコシ→	←ソルガム→			←二条オオムギ→		

（農林水産省生産局（2001）草地管理指標－飼料作物生産利用技術編－を改変）

モロコシ，ソルガム類および暖地型牧草，冬作はイタリアンライグラス，エンバクの組み合わせが基本となる．夏作ではソルガム，冬作ではエンバクの割合が温暖地に比べて高い傾向にある．

この地域は台風来襲地帯なので，倒伏に強いソルガム品種の作付が多く，多回刈り利用される．部分耕起あるいは表面播種とロールベール体系を組み合わせたスーダングラスを中心とする周年省力体系が開発された[1]．また気象条件に恵まれた一部の地域ではトウモロコシの二期作（4月播種，7月下旬〜8月上旬収穫，8月播種，11〜12月収穫）が可能である．さらに，エンバクを8月下旬〜9月上旬に播種して12月に収穫する秋作栽培も可能である．

表2.7 亜熱帯（沖縄）における飼料作物の作付体系例

作付草種	1	2	3	4	5	6	7	8	9	10	11	12
●慣行栽培												
暖地型牧草					ギニアグラス							
周年採草					ローズグラス							
周年放牧					ネピアグラス							
●慣行栽培（一部試験栽培）												
サトウキビ（2年3作）				サトウキビ								
サトウキビ（1年2作）												

　この地域では夏作として飼料イネが注目されており，過湿でほかの飼料作物の栽培が困難な水田後作における飼料作物栽培として冬作のイタリアンライグラスを栽培する体系もある．さらに，飼料イネを1度収穫し，再生草として2回刈りする栽培方法も検討されている．作付体系の選択肢が多い地域であるが，地域の気象条件を活かした省力多収栽培体系をとることが重要である．

　また，新しい多収作付体系が各地で試みられている．徳島県においてはトウモロコシ-ソルガム-二条オオムギ-トウモロコシ-エンバクの2年5作体系[19]，九州では夏作トウモロコシとソルガムの二期作や，冬作イタリアンライグラスおよびエンバクを組み合わせた年間三毛作の作付体系[34]，福岡県では排水不良な転換畑を中心に夏作ヒエと冬作イタリアン体系がそれぞれ検討されている[7]．

e．亜熱帯（南西諸島）

　トウモロコシの栽培は少なく，暖地型牧草を中心に多年利用される（表2.7）．台風の常襲地帯のため，それを考慮した作付が最優先される．主な草種としてはギニアグラス，ローズグラス，ネピアグラスなどが利用される．放牧や周年採草が最も有利な地域なので，この利点を活かした作付体系をとることが重要である[23]．近年，製糖用サトウキビと野生種を交配して飼料用サトウキビ品種が育成され，ローズグラスの周年栽培と同等または，それ以上の乾物収量を示すことが注目されている．飼料用サトウキビ品種は，1年2作や2年3作などのように製糖用サトウキビ品種の1年1作に比べて大幅に作期を短縮した栽培体系の導入が可能である[27]．

2.2　一年生飼料作物の作付様式

　食用作物は，規格・品質基準が厳しく，収穫部位の成熟度の個体間のバラツ

キを小さくすることが高品質の条件である．そのため，個体の占有空間が等しくなるように点播もしくは条播される．しかし，飼料作物は地上部全体を収量とし，広い圃場での低コスト生産が求められ，省力的栽培が重視される．そのため食用作物よりも多様な作付様式（播種方法，播種期，栽植密度・播種量）がとられる．

2.2.1 作付様式の種類
a. 播種方法
　飼料作物・牧草の播種は，草種あるいは作業条件によって散播，条播，点播など様々な方法が取られる．生産の現場では，それぞれの特徴を考慮した選択が必要である．飼料作物の種子は大粒のものから数 mg のものまであり，小粒種子ほど播種床の整備が肝要である．近年，省力的な不耕起播種がトウモロコシを中心に普及しつつある．

　（1）　散播（ばら播き）

　牧草地や冬作で導入されることの多い種子の小さな草種では，圃場条件や省力化を考えて，散播されることが多い．機械播種にはブロキャスが使用できる．しかし，散播では条播や点播に比べて播種むらが生じやすく播種深度の均一性が劣るため，出芽精度が低くなり，必要播種量が多くなる．発芽後の雑草防除などの管理作業が難しい点にも留意する必要がある．

　（2）　条播（すじ播き）

　条播は散播に比較して播種量は少なくてすむ．機械播種にはドリルシーダーが使用できる．除草，追肥，刈取りなどの管理や収穫作業に適している．一般に，ムギ類は条播が主でソルガムも条播する場合がある．

　（3）　点播（てん播き）

　点播は条播以上に精確な播種法であり，必要播種量が最も少ない．個体の生長の均一性が高く，栽植密度を制御しやすい．機械播種にはコーンプランタなどが使用できる．トウモロコシ，ソルガムなどの長大作物で用いられる．特に，トウモロコシは個体収量が大きく，また収量と栽植密度の関係が明確であり，雌穂割合と TDN 含量をともに高くすることが求められるため点播される．

　（4）　不耕起播種

　前作物・前植生を耕起せず，ディスクで土壌に切れ目を入れ播種・施肥する

方法である．慣行法と比較すると作業時間が5分の1程度に短縮され，作業性が高い．暖地における二期作トウモロコシでは，二作期目は不耕起播種される場合が多い．生育期の雑草防除が必要となるが，その方法はトウモロコシにおいては確立されている[34]．寒地におけるトウモロコシにおいても，通気性の良い火山性土を中心に不耕起播種が普及しつつある[32]．

b. 播 種 期

播種期は，草種，地域および作付体系によって異なる．一般にトウモロコシのように夏作における単作利用の草種は春播きする．冬作の単年の場合は府県では秋播きし，北海道のような寒地では春播きする．ムギ類には，秋播き（標準）栽培（秋播き種，翌春刈り），秋作栽培（晩夏播き種，年内刈り）と春作栽培（初春播き種，6月頃刈り）がある．寒地の秋播き栽培においては幼植物の耐寒性や耐雪性を十分に付与しないと越冬できないために，ほかの作物以上に適期播種が重要である．また，夏作物の春播き栽培においては，晩霜時期も播種期を設定する大きな要因である．暖地のトウモロコシ二期作栽培やムギ類の秋作栽培においては，高温，干ばつ下での夏播きが余儀なくされる．

c. 栽植密度と播種量

播種量を規定する要因として，圃場での出芽率と収量性などからみた各作物の栽植密度反応があげられる．出芽率は地温と水分条件に左右される．実際の播種量は出芽率を考慮して1.1倍程度とするのが一般的である．また，収量における栽植密度反応は草種と品種によって異なり，早晩性や播種時期によっても影響を受ける．倒伏との関係も考慮することが大切である．

2.2.2　トウモロコシ

a. 播 種 期

トウモロコシは寒地と寒冷地においては単作で利用されるため，その播種期は生育期間の確保に重点をおいて決められる．これに対して温暖地および暖地では，前後作との計画的な作期を考慮して合理的に行うことが重視される．寒地および寒冷地におけるトウモロコシの単作利用では，一般に5月上中旬に播種し，9月下旬〜10月上旬に収穫する．安定的に収量を上げるためには早播きが有利である．播種の早限は地温がトウモロコシの最低発芽温度8℃（一般に日平均気温で10℃）に達した時期である．なお，播種早限を守っても晩霜害

表 2.8 個体の乾物率 25〜30％ に達するのに必要なトウモロコシの早晩性品種群の単純積算温度（℃）

生育ステージ	早生	中生	晩生	極晩生
播種 ― 発芽	200	200	200	200
発芽 ― 絹糸抽出	1,150	1,300	1,450	1,650
絹糸抽出 ― 乾物率(25％)	750	750	750	750
乾物率(35％)	〜1,200	〜1,200	〜1,200	〜1,200
全期間（乾物率25％）	2,100	2,250	2,400	2,550
〜35％）	〜2,550	〜2,700	〜2,850	〜3,000

早生，中生，晩生，極晩生はそれぞれ，（ワセホマレ，C535，ヘイゲンワセ），（ホクユウ，Jx844），（P3715，W573），（交8号，ジャイアンツ）クラスの相対熟度品種群を示す．
（櫛引ほか（1980）[18]より）

にあう場合があるが，覆土を深くして生長点を地中に置くことで軽減できる．

一方，温暖地および暖地では生育期間が長く，早晩性の幅が広い品種を用いられることから，播種期は自在に移動できる．冬作であるイタリアンライグラスやムギ類などとの輪作体系，台風被害の回避，労力分散などを考慮し，栽培条件に適した品種と播種期が選択される．一般には4月上〜下旬に播種し，7月下旬〜8月中下旬に収穫する．トウモロコシの二期作は年平均気温15℃以上の暖地で普及している．二期作および晩播の限界は，梅雨時の湿害および台風による倒伏を考慮して8月上旬である．

なお，トウモロコシの発芽から黄熟期までに要する生育期間は，寒地では単純積算温度（表 2.8），府県の場合は有効積算温度にそれぞれ基づき決定され，品種における有効積算温度の一定性は地域によって変動しないとされている[18]．

b. 栽植密度と播種量

トウモロコシの栽植様式は，畦幅が70〜80 cm，株間が15〜20 cm，1粒点播が基本であり，栽培条件，作業機械などによって適宜変更する（表 2.9）．播種量（栽植本数）は，品種の特性が発揮されやすく最大の収量が得られるように品種，播種時期ごとに決める．密植しすぎると，病害虫の多発，耐倒伏性の低下，稔実不良を招き，一方疎植にしすぎると雑草の多発，乾物収量の低下を招く．一般には最適栽植本数は6000〜8000本/10 aであり，早生系品種や寒い地域ほど多くし，生育期間の長い中晩生品種や暖地ほど少なくする[35]．近年育成されたトウモロコシ品種は葉身傾斜角度が大きく，また耐倒伏性も付与さ

表 2.9 トウモロコシの栽植密度と播種量

栽植本数	推奨される	畦間 (cm)				播種粒数	播種量 (kg/10 a)		
(本/10 a)	品種の相対熟度*	50	60	70	75	(粒/10 a)	S**	M	L
6,000	130	33.3	27.8	23.8	22.2	6,600	1.6	1.9	2.4
6,500	120, 130	30.8	25.6	22.0	20.5	7,150	1.7	2.0	2.6
6,750	115, 120	29.6	24.7	21.2	19.8	7,425	1.8	2.1	2.7
7,000	110, 115	28.6	23.8	20.4	19.0	7,700	1.9	2.2	2.9
7,500	105, 110	26.7	22.2	19.0	17.8	8,250	2.0	2.3	3.0
8,000	100, 105	25.0	20.8	17.9	16.7	8,800	2.1	2.5	3.2
8,500	95, 100	23.5	19.6	16.8	15.7	9,350	2.1	2.7	3.4
9,000	90, 95	22.2	18.5	15.9	—	9,900	2.4	2.8	3.6
9,500	85, 90	21.1	17.5	15.0	—	10,450	2.5	3.0	3.8
10,000	75, 85	20.0	16.7	—	—	11,000	2.7	3.1	4.0
10,500	73, 75	19.0	15.9	—	—	11,550	2.8	3.3	4.2
11,000	73	18.2	15.2	—	—	12,100	2.9	3.4	4.4

*品種の相対熟度に見合った栽植本数は,多収をねらい,極端な障害の起こらない程度を考えて,種苗会社の設定する本数よりも若干多めに設定した.
**S, M, L は種子サイズの大きさを表し,1 kg 粒数はそれぞれ 4,125, 3,536, 2,750, 100 粒重はそれぞれ 24.2, 27.9, 36.4 g.
—:畦幅が 15 cm 以下となると,雌穂長が短縮し,乾雌穂重割合が低下する場合が多いので推奨できないことを表す.
(全農 (1997) トウモロコシ栽培技術資料を改変)

れ密植適応性が高く,従来よりも適正栽植本数が多くなる傾向にある[45].特に,北海道では極早生品種を中心に狭畦栽培が普及しつつある[6].

最適栽植本数を確保するために,病虫害,鳥害,播種作業ミスによる欠株を考慮して播種量はやや多め (10% 程度増す) にする.種子の大きさ (S, M, L サイズ) により異なるが,サイレージ用トウモロコシでは 2.0〜4.0 kg/10 a である.種子には丸型と平型があり,種子サイズと形状に合わせてコーンプランタ播種板を調整して播種する[5].

2.2.3 ソルガム

a. 播種期

ソルガムの播種適温はトウモロコシよりやや高く,スーダン型とソルゴー型ではそれぞれ,13℃および 15℃以上であり (表 2.2 参照),温暖地以南であれば 8 月中旬まで播種できる.台風被害が想定される場合,台風襲来時期 (8 月中旬〜9 月中旬) 前に収穫できるように播種する.しかし,ソルガムは播種期に対する出穂反応が品種により大きく異なるため,これを考慮して播種期を選

択する必要がある．特に，ホールクロップ用では晩播きによって出穂しない品種は利用できない[36]．

ソルガムの飼料作物としての経済栽培が可能な地域は南東北地域以南であり，北東北地域以北では現時点では試験栽培の段階である．しかし，温暖化に伴い栽培適地が北上する可能性がある．寒地において春の地温の低い時期に早播きすると，初期生育が遅れて雑草の害を受ける．北海道中央部における試験栽培では，地温が13℃以上となる6月上旬以降の播種でなければ，株立ちは安定しない[47]．

b. 栽植密度と播種量

播種量は，ソルゴー型や兼用型でサイレージにする場合，条播で2～4 kg/10 a，スーダングラスを青刈・乾草にする場合，散播で3～6 kg/10 a とする．散播時の播種量は，条播の1.5倍とするのが一般的である．夏播き栽培では春播き栽培に比べて多めに播種する．

寒地や寒冷地でソルガムを点播した場合，低温のために初期生育が劣り，葉面積の拡大が遅く受光率の上昇が緩慢で雑草の害を受けやすい．このため，畦幅を温暖地以南で適用される75 cm から50～60 cm に短縮し，倒伏を考慮して株間を10～15 cm と広くとると収量が安定する[48]．

2.2.4 イタリアンライグラス

a. 播　種　期

イタリアンライグラスの播種期は，前後作との関係から決められ，それに対応した早晩性の異なる品種を選択する．播種期は遅れるほど収量低下がみられ，その程度は晩生品種ほど大きい．秋播きでは正常な発芽と初期生育の確保のために，日平均気温が25℃以下になる時期以降とする．一般に関東で9月中旬，九州などの暖地で10月中旬が適期であり，播種晩限は適期から1ヶ月程度である．年平均気温が10℃以下の寒地や寒冷地では，秋播きは難しいので春播きする．積雪地帯では，根雪前に主茎の葉数が6葉程度まで出葉するように播種期を設定する．北陸では10月上旬が限界である[51]．近年，寒地において初冬播きが試みられているが[40]，現時点では安定した技術とはなっていない．

b. 播　種　量

秋播き栽培の標準播種期では，2.0～2.5 kg/10 a 程度を散播する．晩秋や春

播き栽培では3.0〜4.0 kg/10 a と厚播きとする．イタリアンライグラスの倒伏防止や年内刈取りの収量増大のためにムギ類と混播することがある．エンバク，オオムギ，ライコムギと混播する場合には，イタリアンライグラスの播種量1.5〜2.0 kgに対して，それぞれ3〜4，4〜5，3〜4 kg/10 aを目安とする．

2.2.5 ムギ類（エンバク，オオムギ，ライムギ）

a. 播種期

暖地および温暖地におけるムギ類の栽培には，秋播きして翌春利用する秋播き標準栽培のほか，夏播きして年内に収穫する秋作栽培，春播きして夏に利用する春作栽培という3通りの作型があり，それぞれ播種期が異なる．いずれの作型に適するかは，各ムギ類とその品種の有する低温要求性によって決まる（これらの性質については本シリーズ第3巻『麦類の栽培と利用』に詳しく解説されているので参照されたい）．コムギの品種群では低温要求性がない「I」から出穂に2ヶ月程度の低温期間を要する「VII」までの7段階に分類される．一方，エンバクではI〜Vの5段階，オオムギではI〜VIの6段階[17]の分類まで存在し，ライムギでは多くがIII以上の品種である[42]．いずれの作物も，秋播き性の高いV〜VI型の品種は，標準栽培には向くが春作および秋作栽培に用いると栄養生長のみが続き低収となり，ホールクロップ用には不適である．

一方，暖地や温暖地においては，低温要求性の低いI，IIの春播き性品種は，いずれの作型でも栽培できるが，栄養生長期間に低温に遭遇する機会が少ない春作や秋作栽培では，秋播き性程度I，IIの品種の選択が必須条件になる．

エンバクの播種期は，標準栽培の場合，寒冷地（年平均気温10〜12℃）では9月下旬〜10月中旬，暖地では10月下旬〜11月中旬である．秋作栽培の場合，暖地では8月下旬〜9月上旬に播種する．春作栽培の場合，寒冷地では3月下旬，暖地では2月下旬から播種できる．

しかし，北海道において秋播きして十分に越冬できるエンバクの実用品種はなく，春作栽培が主である[14]．近年，耕畜連携の一環として畑作園芸農家において緑肥エンバクを8月中に播種し，10月末の出穂期前後に刈取り，サイレージ調製して利用することが検討されており，寒地における秋作栽培と言える．

b. 栽植密度と播種量

暖地と温暖地においてトウモロコシの収穫後にエンバクとオオムギを秋作栽

培する場合には，標準栽培に比べて分げつ期間が短く個体あたりの穂数が少なくなるため，播種量を多くする（表2.10）．ライムギは，秋播き栽培においてはエンバクよりも分げつ能力が旺盛であり，長稈となる品種も多く，倒伏を避けるためにエンバクやオオムギよりも播種量を少なくする[46]．

エンバクは，通常六倍体品種（*Avena sativa* L.）が良く利用されるが，二倍体品種（*Avena strigosa* L.）を乾草として用いる場合がある．この場合には2倍体品種の千粒重は六倍体品種の3分の2程度であるために，播種量を7割程度にする．ただし，緑肥作物としてセンチュウ増殖抑制効果を兼ねて栽培する場合には，効果を十分に発揮するために10 kg/10 a以上の播種量が推奨されている[39]．この場合，茎数密度が非常に高くなり倒伏しやすいために早めの刈取りが肝要である．オオムギには二条と六条の品種が存在し，日本では飼料用

表2.10　飼料ムギ類の播種期，収穫時期と播種量

作物	地帯区分	作期	播種期	収穫時期	播種量 (kg/10 a) *六倍体	播種量 (kg/10 a) **二倍体	適品種の低温要求性
エンバク	秋播き 寒冷地	標準	9月下旬～10月中旬	5月	6～8	4～6	I, II
エンバク	秋播き 温暖地	秋作	9月上～中旬	12月中～下旬	6～8	4～6	I, II
エンバク	秋播き 温暖地	標準	10月上～下旬	4～5月	4～6	3～4	III～V
エンバク	秋播き 暖地	秋作	8月末～9月上旬	12月中～下旬	6～8	4～6	I, II
エンバク	秋播き 暖地	標準	10月下旬～11月中旬	2～4月	4～6	3～4	II～IV
エンバク	春播き 寒地	夏作	4月下旬～5月中旬	8月	4～6	3～4	I, II
エンバク	春播き 寒冷地	〃	3月下旬～4月上旬	7月	4～6	3～4	I, II
エンバク	春播き 温暖地	〃	3～4月	6～7月	4～6	3～4	I, II
エンバク	春播き 暖地	〃	2～3月	5～6月	4～6	3～4	I, II
					2条	6条	
オオムギ	秋播き 寒冷地	標準	10月上～下旬	5月	6～8	5～7	III～V
オオムギ	秋播き 温暖地	秋作	8月末～9月中旬	12月中～下旬	8～11	7～10	I, II
オオムギ	秋播き 温暖地	標準	10月上～下旬	4～5月	6～8	5～7	II～III
オオムギ	秋播き 暖地	秋作	9月上～中旬	12月旬～下旬	8～11	7～10	I, II
オオムギ	秋播き 暖地	標準	10月下旬～11月中旬	4月	6～8	5～7	I～III
オオムギ	春播き 寒地	夏作	4月下旬～5月中旬	8月	6～8	5～7	I, II
オオムギ	春播き 寒冷地	〃	3月下旬～4月上旬	7月	6～8	5～7	I, II
オオムギ	春播き 温暖地	〃	3～4月	6～7月	6～8	5～7	I, II
オオムギ	春播き 暖地	〃	2～3月	5～6月	6～8	5～7	I, II
ライムギ	秋播き 寒冷地	—	9月中～下旬	5月下旬～6月中旬	6～7		V～VII
ライムギ	秋播き 温暖地	—	10月中旬～11月上旬	5月	5～6		III, IV
ライムギ	秋播き 暖地	—	10月中旬～12月上旬	4月	5～6		III

*は *Avena sativa* L., **は *Avena strigosa* L. を示し，*Avena strigosa* をセンチュウ増殖抑制効果をねらった緑肥作物と兼用する場合，播種量は10 kg/10 a程度とする．
（農林水産省生産局（2001）[24] 草地管理指標―飼料作物生産利用技術編―を改変）

品種として主に二条品種が用いられるが，諸外国では六条品種の飼料利用が多い．六条オオムギは二条オオムギに比べて千粒重が9割程度と低いため，播種量を若干少なめとする．　　　　　　　　　　　　　　　　　　〔義平大樹〕

引 用 文 献

1) 有馬典男・緒方良治(1993)：宮崎県畜産試験場試験研究報告，**6**：65-68.
2) 深沢勇一ほか(1994)：群馬県畜産試験場研究報告，**1**：55-65.
3) 藤井真理ほか(2003)：宮崎県畜産試験場研究報告，**16**：76-81.
4) 萩野耕二ほか(1999)：東北農業研究センター研究報告，**95**：27-36.
5) 橋爪　健(2005)：目で見る飼料作物のすべて(山下太郎編), p.13-14, 酪農総合研究所.
6) 林　拓ほか(2006)：日本草地学会誌，**52**(別)：56-57.
7) 平川孝行ほか(1985)：福岡総合農業試験場研究報告C(畜産)，**5**：53-57.
8) 星　肇ほか(2006)：日本育種学会・日本作物学会北海道談話会会報，**47**：39-40.
9) 伊藤守正ほか(1988)：岐阜畜産試験場研究報告，**14**：33-39.
10) 井内浩幸(2008)：北農，**75**：14-19.
11) 神田幸英(2010)：日本草地学会誌，**56**(別)：33.
12) 菅野　勉ほか(2010)：日本草地学会誌，**56**(別)：154.
13) 川浪智之ほか(2011)：北海道草地研究会会報，**45**：47.
14) 川崎えり子ほか(2006)：日本育種学会・日本作物学会北海道談話会会報，**47**：69-70.
15) 紺屋裕美ほか(2006)：北海道草地研究会会報，**40**：36.
16) 小山　弘ほか(1985)：静岡県畜産試験場試験研究報告，**11**：71-80.
17) 熊谷　健・飯田克実(1986)：牧草・飼料作物の品種解説(農林水産技術会議事務局編)，p.136-142，日本飼料作物種子協会.
18) 櫛引英男ほか(1980)：日本草地学会誌，**26**：131-136.
19) 桑原政司ほか(1988)：徳島県畜産試験場研究報告，**29**：10-28.
20) 牧野　司ほか(2008)：日本草地学会誌，**54**(別)：28-29.
21) 丸山建次(2010)：北海道草地研究会会報，**44**：12-14.
22) 森山亜紀ほか(2008)：北海道草地研究会会報，**42**：51.
23) 中西雄二(2003)：牧草と園芸，**51**：1-4.
24) 農林水産省生産局(2001)：草地管理指標―飼料作物生産利用技術編，p.5，日本草地畜産種子協会.
25) 帯刀一美ほか(1997)：島根県立畜産試験場研究報告，**31**：30-47.
26) 大槻健治ほか(2003)：福島県畜産試験場研究報告，**14**：33-39.
27) 境垣内岳雄ほか(2008)：畜産草地研究所資料，**21-2**：41-50.
28) 佐藤尚規ほか(2009)：北海道立農業試験場集報，**76**：22-27.
29) 佐藤節郎(2010)：日本草地学会誌，**56**(別)：32.
30) 清水矩宏(1991)：畜産の研究，**45**：26-32.
31) 高木正季(2002)：牧草と園芸，**50**：1-4.
32) 玉井康之(1990)：北海道大学教育学部紀要，**54**：155-173.
33) 谷本憲治ほか(2007)：北海道草地研究会会報，**41**：6-9.
34) 舘野宏司(1991)：日本草地学会九州支部会報，**21**：11-16.
35) 戸澤英男(2005)：トウモロコシ―歴史・文化，特性・栽培，加工・利用，p.311-314.

36) 魚住　順ほか(2001)：日本草地学会誌, **47**：484-490.
37) 魚住　順(2002)：畜産草地研究所技術リポート **3**：27-34.
38) 山田明央ほか(2006)：日本草地学会誌, **52**(別), 296-297.
39) 山田英一(1998)：牧草と園芸, **46**：8-14.
40) 山田敏彦ほか(2003)：北海道草地研究会会報, **37**：96.
41) 義平大樹・斉藤　仁(1993)：日本育種学会・日本作物学会北海道談話会報, **34**：118-119.
42) 義平大樹・米田　瞳(2001)：日本作物学会紀事, **70**(別2)：33-34.
43) 義平大樹・小阪進一(2006)：日本草地学会誌, **52**(別1)：58-59.
44) 義平大樹ほか(2007)：酪農学園大学紀要, **31**：189-196.
45) 義平大樹ほか(2008)：北海道草地研究会会報, **42**：50.
46) 義平大樹(2008)：酪農ジャーナル臨時増刊号：102-110.
47) 義平大樹ほか(2009a)：日本草地学会誌, **55**(別)：93.
48) 義平大樹ほか(2009b)：日本草地学会誌, **55**(別)：94.
49) 義平大樹(2010)：酪農ジャーナル2010年2月号, **63**：28-31.
50) 吉村義則(2002)：畜産草地研究所技術リポート **3**：35-43.
51) 渡辺好昭(1981)：日本草地学会誌, **37**(別)：98-99.

2.3　飼料畑における家畜排泄物利用

2.3.1　飼料畑の地力管理における家畜排泄物利用の意義

　第1章で述べたように，わが国の畜産経営は海外からの濃厚飼料の輸入に依存しており，これに伴って，窒素などの養分も多量に輸入されている．したがって，わが国の飼料作物栽培では，海外から持ち込まれる養分を適切かつ有効に利用すること，つまり家畜排泄物を適切に利用することが養分管理の基本となる．このことは鉱物資源に依存する肥料資源の節約につながる．

　家畜糞堆肥を飼料畑に投入することは，養分の有効活用だけでなく，土壌の通気性や保水性を向上させて作物の根域を拡大したり，土壌の養分保持力や供給力を向上させて，土壌生産性，いわゆる地力を高める効果がある．さらには，耕地土壌の有機物含量を維持，向上させることにより，地球レベルでの炭素循環にもかかわる重要な土壌管理となっている．近年，水田を活用して稲発酵粗飼料や飼料用米を生産する取り組みが拡大しつつあるが，コスト面の課題があるものの，家畜糞堆肥などを有効活用しながら，水田を維持しつつ飼料生産を行うことは，養分循環や農地利用問題の解決に貢献する取り組みと言える．

2.3.2 土壌中における家畜糞堆肥の分解特性

　土壌に投入された家畜糞堆肥は土壌微生物により分解されるが，分解速度は土壌の温度，水分，pHや堆肥の腐熟程度，調製方法，副資材，C/N比など，様々な要因の影響を受ける．特に，作物生育に大きく影響する窒素について，①牛糞堆肥では，数十年という長い期間をかけて分解されること，②牛糞堆肥中窒素の分解過程は1次反応式を用いて近似できることなどが明らかとなっている．1次反応式を用いた分解モデルでは，一定量の堆肥を継続して施用すると，施用後の一定期間に分解，放出される堆肥由来の窒素量は，等比級数として記述することができ，最終的には堆肥による窒素投入量に等しくなるように収束すると考えられる．内田のモデル[3]では，土壌に投入された有機物に含まれる窒素成分の経年的な残存率について，半減期が0.15, 1.5, 15.1年の3つコンパートメントの和とし，その構成割合により推定するモデル式を提案している．図2.1には，牛糞堆肥を飼料畑土壌に埋設したときの残存率の測定例[5,8]から，筆者が最小二乗法により内田のモデル式にあてはめた結果を示した．トウモロコシ-イタリアンライグラス二回刈り体系の場合[5]，夏作と冬作の積算気温はほぼ等しく，施用開始後6年後の11作の栽培期間中には堆肥窒素投入量の41％相当が分解，放出されると計算できる．牛糞堆肥の場合，分解の遅

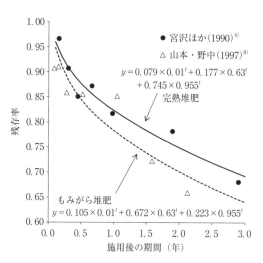

図2.1 土壌埋設試験における家畜糞堆肥に含まれる窒素残存率

いコンパートメントの割合が大きいために，土壌に集積する割合が高く，物理的な土壌改良効果が得られるとともに，持続的な窒素肥効は降雨による流亡の影響を受けにくいなど安定生産に貢献するが，堆肥由来の窒素肥効は地温に大きく依存することに留意する必要がある．一方，液状きゅう肥（スラリー）の場合，全窒素のおおよそ半分がアンモニア態窒素など無機態であり，より化学肥料的な効果が期待できるが，表面施用後のアンモニア揮散による肥効の消失に留意する必要がある．

2.3.3 家畜糞堆肥を利用する適切な養分管理

飼料作物栽培に必要な養分施用量は施肥基準に示されており，①目標収量を得るために必要な養分量，②土壌および堆肥から供給される養分量，③作物による肥料成分の利用率，④作物のミネラルバランスなどの家畜栄養などが勘案されている．堆肥に含まれる肥料成分の代表値[1]を表2.11に示したが，堆肥の調製方法や副資材などにはバリエーションが多く，肥料成分の含有率は変動する．堆肥に含まれる肥料成分が，どの程度化学肥料を代替できるかを示す指標として肥効率[5]が用いられる（表2.12）．例えば，乾物あたり窒素含量が2.2％（現物あたり1.1％）の牛糞堆肥1 t には11 kg の窒素が含まれるが（表2.11），このような窒素含有率の牛糞堆肥の窒素肥効率は30％とされているので，化学肥料を代替する効果は3.3 kg（＝11 kg（堆肥中養分含量）×30％（肥効率）÷100）相当と計算する．また，窒素成分は長期間にわたる肥効があるので，施用を継続する場合には肥効率が高くなるように設定されている．肥効率は便利な考え方であるが，多様な堆肥や分解過程にかかわる土壌や温度条件への対応が整備されていないので，実際の適用にあたっては，作物の生育などをみながら堆肥の肥効を判断する．堆肥による化学肥料の窒素代替率を3割程

表2.11　牛糞堆肥の種類と肥料成分含有率

堆肥の種類	水分(％)	堆肥中の成分含有率（乾物あたり％）		
		窒素 (N)	リン酸 (P_2O_5)	カリウム (K_2O)
牛糞堆肥	49.9	2.2	2.9	2.9
牛糞おがくず堆肥	57.8	1.9	2.3	2.6
牛糞もみがら堆肥	57.0	2.3	3.4	2.5

畜産環境整備機構（1998）[1]

表 2.12 西尾により提案されている家畜糞堆肥の新たな標準的な肥効

堆肥の全窒素含有率 (乾物あたり)	堆肥を連用していない場合			堆肥を10年程度連用した場合[*]		
	窒素	リン酸	カリウム	窒素	リン酸	カリウム
2%未満	20	100	65	40	100	65
2～4%未満	30	100	65	60	100	65
4%以上	50	100	65	70	100	65

[*] 牛糞系堆肥では5年目以降,豚糞系堆肥では3年目以降,鶏糞系堆肥では2年目以降.
西尾 (2007)[5]

表 2.13 土壌の有効態リン酸含有率に応じた施肥対応

有効態リン酸 (mg P_2O_5/100 g 乾土)	施肥対応
10 以下	リン酸資材の多量施用などの改良を考える
10～30	施肥基準に従う
30～45	80%程度にリン酸施肥量を削減する
45～60	50%程度にリン酸施肥量を削減する
60 以上	20%程度にリン酸施肥量を削減する 状況により施用中止,また家畜糞尿量を削減する

草地試験場 (1988)[6]

表 2.14 土壌の交換性カリウム含有率に応じた施肥対応[6]

交換性カリウム (mg K_2O/100 g 乾土)		施肥対応
非火山灰土壌	火山灰土壌	
15 以下	15 以下	施肥基準従う.状況により増肥する
15～30	15～50	施肥基準に従う
30～45	50～75	80%程度にリン酸施肥量を削減する
45～60	75～100	20～50%程度にリン酸施肥量を削減する また家畜糞尿の施用量を削減する
60 以上	100 以上	カリウム肥料を施用中止する また家畜糞尿の施用量を削減する

草地試験場 (1988)[6]

度と設定すれば,堆肥の品質や投入量のばらつきなどによる生育への影響を最少限にできるが,この割合を超えて,家畜糞尿を主体とする施肥を行う場合には,堆肥の品質などによる影響がより大きくなる.また,適切な養分管理のためには土壌診断も重要である.土壌の養分含有率が十分に高い場合には,化学肥料を節約して,土壌養分を有効に活用する低コスト生産が可能である.飼料畑土壌のリン酸,カリウム含量に対応した施肥対応[6]については表2.13,2.14に示した.

2.3.4 家畜糞堆肥を主体とする施肥の注意点
a. 飼料作物のミネラルバランス

ミネラル代謝は家畜の健康に大きく影響する．乳牛の病傷事故別件数（2008年度，約140万件）のうち，乳熱は約6万件，低カルシウム血症は5千件弱程度である．したがって，家畜の栄養要求量にできるだけ合致するミネラル含有率となるよう飼料作物の養分管理を行うことが望ましい．ところが，乳牛のミネラル要求量に合致する飼料中のカリウム含有率は，乾乳牛では乾物あたり0.5％，泌乳牛でも1％程度であり，このようなカリウム含有率の飼料を生産するには，飼料畑へのカリウム投入量をかなり制限する必要がある．しかし，実際の施肥基準では地力の維持や飼料作物の生産性も勘案されてカリウム施用量が設定されている．

自給飼料中のミネラルバランスを維持するには，家畜糞堆肥にカリウムが多く含まれることに配慮して，土壌のカリウム過剰を発生させないことに留意する．施肥基準以上にカリウムが飼料畑に投入されると，飼料作物ではぜいたく吸収と呼ばれる収量に結び付かないカリウム蓄積が生じて無駄になるばかりでなく，カルシウム，マグネシウムなどほかのミネラル吸収が抑制されてミネラルバランスが悪化する．従来から，低マグネシウム血症を呈するグラステタニーを回避するため，飼料中のK/(Ca＋Mg) 当量比を2.2以下とすることが推奨されているが，土壌カリウムが過剰になると飼料作物のK/(Ca＋Mg) 当量比は2.2を超える．また，土壌中のマグネシウムやカルシウムを適切に管理するためには，家畜糞堆肥などの適正利用とともに，土壌pHの適正化や土壌診断が推奨される．

b. 飼料作物への硝酸態窒素の蓄積と飼料畑からの溶脱

肥料や家畜糞堆肥などにより窒素を多投すると飼料作物の倒伏や減収，硝酸態窒素の蓄積などの問題が生じる．硝酸態窒素含有率の高い飼料を反芻家畜に給与すると，急性硝酸塩中毒を発症し，死廃事故に至る可能性がある．硝酸態窒素の蓄積は，堆肥や肥料などによる窒素投入量が作物の吸収量を大きく超えた場合に発生するが，草種や品種の影響が大きい．例えば，硝酸態窒素を蓄積しにくい黄熟期のトウモロコシでは，窒素多量施用条件でも，急性中毒の基準とされる乾物あたり硝酸態窒素含有率として0.2％以下となる[2]．一方，硝酸態窒素を蓄積しやすいスーダングラスでは，堆肥施用などにより作土の生土培

養窒素量(30℃, 4週間)が40 mgN/kg乾土以上となると, 窒素施肥を行わなくても硝酸態窒素含有率が0.2%を越えることが報告されている[7]. すなわち, スーダングラスは, 土壌窒素供給力の高い, いわゆる地力の高い圃場での栽培は不適である.

また, 黄熟期のトウモロコシの硝酸態窒素含有率が0.2%近くまで蓄積するような窒素施用条件は, 作物の吸収量を大きく上回る窒素が施用されている可能性が高く, 施用された窒素の一部が硝酸態窒素として降雨により溶脱し, 地下水汚染を引き起こす可能性がある. ソルガム-ライコムギの多収体系においても, 1作あたり液状きゅう肥として6~8 t/10 a (窒素投入量として34~43.5 kg)程度が, 硝酸態窒素の蓄積や溶脱の点から適切な施肥量であることが報告されている[8]. 環境への影響の点からも, 作物の養分吸収量に合わせた施肥を行う必要がある.

〔原田久富美〕

引用文献

1) 畜産環境整備機構(1998):家畜ふん尿処理・利用の手引き, p.59.
2) 原田久富美ほか(1999):日本土壌肥料学雑誌, **70**:562-566.
3) 井ノ子昭夫(1985):農耕地における土壌有機物変動の予測と有機物施用基準の策定(研究成果シリーズ166), p.34-38, 農林水産技術会議事務局.
4) 宮沢数雄ほか(1990):九州農業試験場報告, **26**:187-220.
5) 西尾道徳(2007):堆肥・有機質肥料の基礎知識, p.142, 農文協.
6) 草地試験場(1988):関東東海地域における飼料畑土壌の診断基準検討会報告書.
7) 須永義人ほか(2005):平成17年度畜産草地研究成果情報.
8) 山本克巳・野中邦彦(1997):環境保全と新しい畜産(西尾道徳監修), p.216-228, 農林水産技術情報協会.

2.4 永年草地の造成・更新と管理

永年草地に期待される生産性は, 自然草地や人工草地などの草地の種類, 飼養する家畜などによって大きく異なる. ここでは, 寒地型牧草の人工草地を対象に, 酪農生産現場で高い生産性を得るための草地の造成・更新から維持管理技術について述べる.

2.4.1 草地の生産性における草種構成の重要性

草地では，造成・更新後数年から数十年の間，耕起されることなく，施肥と利用が繰り返される．長期間の利用を続けると，いわゆる雑草が侵入し，播種した牧草を抑圧して，草地の生産性を低下させる．このような草種構成の悪化による草地生産性の低下は，施肥，収穫，放牧などの利用管理技術によって抑制できる．図 2.2 は，施肥管理が草種構成を制御する重要な手段になることを示す牧草の長期三要素試験の経過である[20]．リン酸やカリウムを欠如すると，マメ科牧草が速やかに衰退し，イネ科牧草も地下茎を有する草種が優占して，低収化した．また，三要素を施肥しても，5 年目以降土壌の酸性化などにより，マメ科牧草が徐々に衰退した．一方，窒素を欠如すると，土壌の酸性化が緩やかで，マメ科牧草が比較的良好に成育し収量水準も高く維持された[20]．本知見は，窒素を控え，リン酸とカリウムを充分に施肥し，土壌 pH を適切に維持することが，採草地の草種構成を良好に維持する施肥の基本であることを示唆する．

草地更新には経費がかかるので，草地の生産性はできるだけ長期間維持した

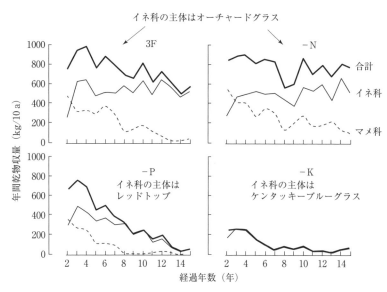

図 2.2 施肥管理が採草地の乾物収量と草種構成の経年変化に及ぼす影響（大村ほか（1985）[20]より改変）
3F：三要素区，−N：窒素欠如区，−P：リン酸欠如区，−K：カリウム欠如区．

い．そこで，永年草地の利用管理では，造成・更新時に良好な草種構成の草地を成立させ，その草種構成を長期間維持することが求められる．

2.4.2　造成・更新時の栽培および地力管理

草地の造成，更新時には，目的とする牧草を基幹とする草地を成立させるため，既存草種を抑圧し，播種牧草の確実な定着を図る．施工時期の適期は地域の気象条件により設定されている[19]．

a. 雑草対策

近年，草地更新時における雑草対策の重要性が増している．後述する維持管理時に，ケンタッキーブルーグラスやシバムギなど地下茎を有する草種や，エゾノギシギシなど多年生の広葉雑草が侵入し，年次とともにその優占度を拡大する．耕起・砕土・整地作業はそれらの地下茎や種子を拡散させるので，草地更新を繰り返すと，雑草対策の重要性が高まる．対策として，既存草種にはグリホサート系除草剤の耕起前処理が有効である[2]．また，播種床造成後に発生する実生の雑草のうち，一年生草本には掃除刈り，多年生草本にはグリホサート系除草剤の播種前処理[2,6]が有効である．

b. 土壌改良と施肥・播種

播種床の造成に際し，耕起・反転を行うと，それまでの下層土が表土となるので，十分な土壌改良が必要である．土壌の酸性矯正は，土壌 $pH(H_2O) 6.0〜6.5$ を改良目標とする[3,19]．石灰質資材の施用量は土壌の pH 緩衝能によって大きく異なるので，事前に土壌の化学性を調査し，その施用量を決定する[3,19]．

土壌理化学性の改善のため，堆肥施用が推奨される．過剰施用は，飼料品質の悪化と環境負荷の原因になるので，北海道では草地更新時の堆肥施用上限量を火山灰土壌では 5 t/10 a，低地土・台地土では 6 t/10 a 程度と設定している[9]．

リン酸の施用は，播種した牧草の発芽・定着を確実にするために重要である．リン酸吸収係数の大きな土壌では，リン酸質資材を増量する[3,19]．初期生育の確保のために種子近傍に高濃度のリン酸が必要なので，リン酸質資材は種子とともに表面に施用し，炭酸カルシウムや堆肥などと一緒に混和しないよう注意する[3,19]．

播種時の施肥量は，地域ごとに標準量が異なる[19]．また，イネ科牧草とマメ科牧草が混合して播種されることが多く，その際の草種・品種の組み合わせは

地域ごとに設定される[19]．
  c. 簡 易 更 新
  近年，施工経費の低減や，施工の困難な土地への配慮から，プラウによる耕起作業を伴わない簡易更新技術が注目されている．北海道では，表層攪拌・作溝など，工法の区分を行い，各施工法の適用場面と標準的な工程が整理されている[4]．

2.4.3 維持管理時の栽培および地力管理
維持管理段階の草地は，貯蔵飼料の原料草を生産する採草地，家畜を直接放牧する放牧草地，季節によって両者を使い分ける兼用草地に区分される．ここでは，典型的な利用方法として，採草地と放牧草地について述べる．
  a. 採草地の利用と施肥管理
  (1) 利 用 管 理
  採草地の利用管理では，収穫時期の設定が重要である．牧草の乾物収量は生育の進行とともに増大するが，一方で栄養価は低下する[11]．両者の兼ね合いから，基幹イネ科牧草の出穂期が収穫適期の目安とされる．
  収穫時期の設定は草種構成によっても大きく左右される．例えば，高い栄養価を求めて出穂期よりも早い時期に収穫する「早刈り」が行われることがあるが，チモシーでは1番草の早刈りが2番草の再生を抑制するので，早刈りの時期や継続年数が制限される[13]．また，オーチャードグラスやアルファルファのように冬枯れの危険性がある草種に対しては，越冬態勢の確立を図るため，「刈り取り危険帯」と称する特定の期間には収穫を避けることが推奨されている[8,23]．
  (2) 施 肥 管 理
  前述のように，採草地の草種構成，特にマメ科牧草を良好に維持する施肥管理の基本は，窒素を控え，リン酸やそのほかのミネラル類を不足させないことにある．実際には，マメ科牧草の混生割合は圃場ごとに異なるので，それに応じた窒素施肥量が設定されている[12]．北海道では，基幹イネ科牧草ごとに2～4段階の「マメ科率区分」を設け，それぞれに窒素の施肥標準量を設定している[3]（表2.15）．リン酸とカリウムの施肥量は，マメ科率区分によらず，基準となる収量水準が同じなので，それぞれほぼ一定の水準に設定されている[3]．

表 2.15 採草地の北海道施肥標準（抜粋[1]）

(kg/10 a)

マメ科率区分	マメ科率[2] (%)	基準収量	窒素 (N)	リン酸 (P_2O_5)	カリウム (K_2O)	マグネシウム (MgO)
1	30～50	4,500～5,000	4	10	18	4
2	15～30		6	10	18	4
3	5～15		10	8	18	4
4	5 未満		16	8	18	4

1) 基幹イネ科牧草はチモシー，地帯区分は道東，土壌区分は火山性土の場合．
2) 1番草の生草重量割合．
（北海道農政部（2015）[3] より）

適切な施肥時期は基幹となるイネ科牧草の生育特性に依存する．寒地型イネ科牧草は，いずれも 1 番草で出穂を伴う旺盛な生育（スプリングフラッシュ）を示す．採草利用では，これを充分に利用するため，1 番草で出穂する茎数の確保を図る．これに適する施肥時期がチモシー[16]とオーチャードグラス[23]で明らかにされている．

b. 放牧草地の利用と施肥管理

(1) 利用管理

放牧草地では，放牧牛に毎日安定した量の草を採食させるため，牧草には季節に関係ない一様な生育が望まれる．そこで，前述の採草利用とは対照的に，早期の放牧開始や少量施肥などによってスプリングフラッシュを抑制し，季節生産性の平準化を図る．また，生育が緩慢になる秋に向け，放牧草地面積や放牧頭数を調節する．北海道では，1990 年代に集約放牧技術が導入され，高い生産性と良好な草種構成を維持するための利用草丈や牧区配置計画などの放牧管理技術が，ペレニアルライグラス[7]，チモシー[5,10]，メドウフェスク[14,24]などの基幹草種ごとにまとめられている．

(2) 施肥管理

放牧草地では牛が草を採食し，摂取された養分の一部は家畜の維持・生産に使われ，ほかは糞尿として排泄される．排泄養分の一部は損失し，また，牧草に利用されにくい形態に変化するので，放牧すると肥料として有効な養分が草地から減少する．これを施肥で補い，草地生産性の維持を図ることが，放牧草地における施肥の考え方である[22]．北海道では，放牧による養分減少量が様々な草地で調査され，それに基づく放牧草地の施肥標準量が提示されている[3,22]（表 2.16）．

第2章　飼料作物の栽培と地力管理

表2.16　放牧草地の北海道施肥標準　　　(kg/10 a)

マメ科率区分	マメ科率[1] (%)	基準被食量	窒素 (N)	リン酸 (P_2O_5)	カリウム (K_2O)
1	15～50	2,000〜3,000	4±2	4±1	5±1
2	15 未満		8±2	4±1	5±1

1) 1番草の生草重量割合.
2) マグネシウム施肥量は火山性土と泥炭土について1～2 kg MgO/10 a.
(北海道農政部 (2015)[3] より)

　前述のように，放牧草地では，季節生産性の平準化を図るため，スプリングフラッシュを抑制する施肥時期が推奨される．1回あたりの窒素施肥量が3 kg/10 a を超えると，放牧草に硝酸態窒素が蓄積しやすくなるので[18]，北海道ではこれを目安に年間施肥量から施肥回数を設定する[3]．年間窒素施肥量3 kg/10 a 以下の場合には，スプリングフラッシュの終わった6月下旬に年1回，6 kg/10 a 以下の場合には早春と7月下旬，または，6月下旬と8月下旬の年2回，それ以上の場合には早春，6月下旬，8月下旬の年3回に分けての施肥が推奨される[3]．

　放牧草地における牧草採食と糞尿排泄は，きわめて不均一に行われる．放牧草地の養分循環における不均一性の評価と制御については，すでに研究がなされているが[1]，今後も，集約放牧草地の草種構成や養分の管理，環境影響評価などにおける精度向上に向け，さらに検討が必要になると思われる．

2.4.4　永年草地における地力管理の実際

　ここでは，草種構成や生産性の安定維持に必要な養分の補給に際し，土壌の肥沃度を勘案し，堆肥，スラリー，尿液肥の肥料効果を判定して，草地への環境保全的な施肥計画を立案する基本的な考え方について，北海道で推奨されている施肥管理技術を中心に述べる．

a. 土壌診断に基づく施肥対応

　表2.15，表2.16で示した北海道施肥標準は，標準的な肥沃度の圃場で基準となる収量水準を得るために必要な施肥量であり，その標準的な肥沃度は土壌診断基準値によって規定されている[3]．これに基づき，肥沃度が標準と異なる草地に対し，施肥量の調節が可能となる．表2.17に，採草地におけるリン酸の土壌診断に基づく施肥対応[3,21]を示す．土壌診断基準値はブレイNo.2法に

表 2.17　採草地におけるリン酸の土壌診断に基づく施肥対応

	土壌区分		基準値未満	基準値	基準値以上	
有効態リン酸含量 （ブレイNo.2法， mg P_2O_5/100 g）	火山 性土	未熟火山性土 黒色火山性土 厚層黒色火山性土	～30 ～20 ～10	30～60 20～50 10～30	60～ 50～ 30～	
	低地土・台地土		～20	20～50	50～70	70～
施肥標準量に対 する施肥率（％）	火山性土		150	100	50	
	低地土・台地土		150	100	50	0

減肥の可能年限はほぼ3年である．
（北海道農政部（2015）[3]）より）

表 2.18　草地に表面施用した乳牛糞尿に由来する自給肥料物の肥料換算係数

種類	窒素		リン酸		カリウム	
	当年	2年目	当年	2年目	当年	2年目
堆肥	0.2	0.1	0.2	0.1	0.7	0.1
尿液肥	0.8	0	0	0	0.8	0
スラリー	0.4	0	0.4	0	0.8	0

（北海道農政部（2015）[3]，松本（2008）[15] より）

よる分析値で，土壌の種類ごとに設定され，施肥率とは，北海道施肥標準の施肥量を100とした相対値を示す．診断値が基準値よりも高く，施肥率が50となった場合，北海道施肥標準の施肥量の50％量が肥料養分として必要であることを意味する．

肥沃度の判定方法は，養分の種類によって異なる．土壌pH，カリウム，カルシウム，マグネシウムには，土壌分析による診断基準値が設定されている[3]．これに対し，窒素では，マメ科牧草混生割合，更新後経過年数，土壌の腐植含量，有機物の施用履歴などの条件が異なると，共通の基準値の設定が困難であることが明らかにされており[17,21]，現在は，上記の管理来歴情報に基づき，年間窒素施肥量を直接算出する手法が優先的に用いられている[3,17,21]．

b.　有機物管理に基づく施肥対応

農場から産出される家畜糞尿は，堆肥，尿液肥，スラリーなど，家畜糞尿に由来する有機物肥料（以下，自給肥料）に調製され，圃場に還元される．それらの養分含量は，飼養形態，糞尿管理方法などにより，大きく異なるので，肥料としての有効利用を図るには，事前に養分含量の測定が推奨される[3,15]．

自給肥料の養分含量を測定したら，次に，その有効性を評価する．含まれる養分の内，化学肥料とみなせる養分の割合が表2.18に設定されている[3,15]．こ

の表の値を，事前に測定した養分含量に乗じ，堆肥，尿液肥，スラリーをそれぞれ化学肥料に換算する．さらに，堆肥またはスラリーの窒素肥効は，品質と施用時期によって変化する場合があるので，適宜補正する方法が設定されている[3,15]．

c. 施肥計画の立案

各種自給肥料が化学肥料に換算できたら，その利用計画と購入肥料の施肥計画を立案する．牧草が利用しきれない余剰な養分が発生すれば，硝酸蓄積やミネラルバランスの悪化といった飼料品質の悪化を引き起こすばかりでなく，地下水の硝酸汚染などの環境負荷の原因となる[9]．そこで，窒素，リン酸，カリウムのいずれの養分も，2.4.4.aで求めた必要施肥量を越えないようにする[3,15]．その結果，施用量の不足する養分があれば，購入肥料で補填する．こうして，圃場ごとに自給肥料の施用上限量が決まるので，その範囲内で各圃場に自給肥料の施用量を割り付け，併用する化学肥料の量を算定する．この計画で自給肥料に余剰が出れば，草地面積に対し，飼養頭数が過剰であると判断される．持続的な地力管理のためには，家畜糞尿の還元可能な草地面積の拡大，堆肥や飼料による養分の搬出，飼養頭数の削減などの対策が必要となる．永年草地，すなわち，持続的な草地利用の実現には，草地面積に見合った飼養頭数など，無理のない物質循環の設定が重要な前提となる． 〔三枝俊哉〕

引 用 文 献

1) 袴田共之(1986)：北海道立農業試験場報告，**55**，1-88.
2) 北海道(2010)：北海道農作物病害虫・雑草防除ガイド，300-308．北海道．
3) 北海道農政部(2015)：北海道施肥ガイド 2015，197-229．北海道．
4) 北海道農政部・畜産試験場(2005)：草地の簡易更新マニュアル．
   http://www.agri.hro.or.jp/sintoku/souchi/seika/kanikousin/kkmanual1.pdf
5) 北海道立根釧農業試験場(1995)：平成7年普及奨励ならびに指導参考事項，321-323．北海道農政部．
6) 北海道立新得畜産試験場ほか(1996)：平成8年普及奨励ならびに指導参考事項，152-154．北海道農政部．
7) 北海道立天北農業試験場(1994)：平成6年普及奨励ならびに指導参考事項，427-430．北海道農政部．
8) 北海道立天北農業試験場ほか(1981)：昭和56年普及奨励ならびに指導参考事項，429-441．北海道農政部．
9) 北海道立天北農業試験場・根釧農業試験場(2003)：平成15年普及奨励ならびに指導参考事項，108-111．北海道農政部．

10) 池田哲哉(2006)：北海道農業研究センター研究報告，**185**，33-85．
11) 石栗敏機(1991)：北海道立農業試験場報告，**75**，1-86．
12) 木曽誠二・菊地晃二(1988)：日本草地学会誌，**34**，169-177．
13) 木曽誠二・能代昌雄(1997)：日本草地学会誌，**43**，258-265．
14) 牧野　司ほか(2007)：日本草地学会誌，**53**(別)，88-89．
15) 松本武彦(2008)：北海道立農業試験場報告，**121**，1-61．
16) 松中照夫(1987)：北海道立農業試験場報告，**62**，1-72．
17) 三木直倫(1993)：北海道立農業試験場報告，**79**，1-98．
18) 西田智子ほか(1992)：草地飼料作研究成果最新情報，**8**，85-86．
19) 農林水産省生産局(2007)：草地開発整備事業計画設計基準，87-134，日本草地畜産種子協会．
20) 大村邦男ほか(1985)：北海道立農業試験場集報，**52**：65-76．
21) 三枝俊哉(1996)：北海道立農業試験場報告，**89**，1-76．
22) 三枝俊哉ほか(2008)：日本草地学会誌，**54**(別)，320-321．
23) 坂本宣崇(1984)：北海道立農業試験場報告，**48**，1-58．
24) 須藤賢司(2004)：北海道農業研究センター研究報告，**181**，43-87．

【飼料作物の最新動向　「品種開発」】

　育種の第一歩は育種目標を定めることであるが，飼料作物ではこれまで収量や使用できる農薬の制限から耐病性，そして経済的な利用期間を伸ばす永続性などの改良が重点的に進められてきた．しかし，近年は気候温暖化への対応あるいは家畜への栄養品質の向上を目指す新たな育種目標のもとで品種が開発されてきている．例えば，北海道でも夏季の高温干ばつ傾向のなか，チモシーでは弱点である刈取り後の再生力を改良して雑草への競合力やマメ科牧草との混播適性を高めた「なつちから」が育成されている（口絵⑦）．オーチャードグラスでは家畜の消化性やサイレージ発酵品質の向上が期待できる水溶性炭水化物含量の高い「えさじまん」も育成された（口絵⑧）．イタリアンライグラスでは堆肥の多量施用下でも牛の硝酸塩中毒の原因となる硝酸態窒素の蓄積の低い品種「優春」の開発が進んでいる（口絵⑨）．イタリアンライグラス低硝酸新品種については下記を参照いただきたい．　　　　　　　　　〔奥村〕

http://www.naro.affrc.go.jp/project/results/laboratory/nilgs/2015/15_016.html

第3章　《飼料作物編》
飼料作物の育種の現況と将来

　飼料作物は牧草類や長大型とよばれるトウモロコシやソルガムといった大型飼料作物などの多くの草種（種，変種にほぼ該当する）を含んでいる．わが国では，栽培・利用されているすべての飼料作物について育種を行っているわけでなく，主要な草種に絞って育種を進め，そのほかについては海外から導入した品種を適応性試験等で評価し，優良なものを選択し利用している．

　本章では飼料作物の育種の特徴を理解するため，まず，わが国の飼料作物育種体制と種子増殖を含めた制度体制を紹介し（3.1節），次に飼料作物に適用される代表的な育種法の説明を牧草類と長大型作物に分けて行い（3.2節），さらに，新たな育種法や技術の適用といった飼料作物育種の将来について述べる（3.3節）．

3.1　飼料作物の育種体制と種子生産

3.1.1　飼料作物品種の育種体制

　飼料作物の品種育成は，農林水産省の試験場（現在の国立研究開発法人農業・食品産業技術総合研究機構の研究センター，研究部門等），旧指定試験地を含む道県の試験場，そして民間種苗会社で進められている．その歴史は比較的浅く，1950年に農業技術研究所と北海道農業試験場に牧草育種の研究室が設置されたのが最初であり，組織的な育種を始めてやっと60年を過ぎたところである．2010年度時点の公的機関の育種試験地を図3.1に示したが，対象の草種や試験地は時代の社会的状況やニーズにより置き換えがあり[12]，現在ではさらに改変が進んでいる．現在育種の進められている草種は，長大型飼料作物ではトウモロコシ，ソルガム，多年生イネ科牧草ではチモシー，オーチャードグラス，メドウフェスク，トールフェスク，ペレニアルライグラス，ギニアグラ

育成試験地●

組織・機関	対象飼料作物
(独)農業・食品産業技術総合研究機構	
北海道農業研究センター	トウモロコシ，イネ科牧草，マメ科牧草
東北農業研究センター	イネ科牧草
畜産草地研究所（那須拠点）	トウモロコシ，イネ科牧草
九州沖縄農業研究センター	トウモロコシ，ソルガム，イネ科牧草，エンバク
公設試験地	
(地独)道総研・北見農業試験場	チモシー
茨城県畜産センター	イタリアンライグラス
山梨県酪農試験場	ペレニアルライグラス
長野県畜産試験場	ソルガム
長野県野菜花き試験場	トウモロコシ
山口県農林総合技術センター	イタリアンライグラス
沖縄県畜産研究センター	暖地型イネ科牧草

特性検定試験地■

組織・機関	対象特性
(地独)道総研・根釧農業試験場	耐寒性
(地独)道総研・畜産試験場	耐冷性
長野県野菜花き試験場	耐病性
長野県畜産試験場	耐病性
山口県農林総合技術センター	耐病性
宮崎県畜産試験場	耐病性

系統適応性，地域適応性検定試験地▲，△

組織・機関	
公設機関▲	公設機関
(地独)道総研・上川農業試験場（天北支場）	石川県畜産総合センター
(地独)道総研・根釧農業試験場	長野県畜産試験場
(地独)道総研・畜産試験場	愛知県農業総合試験場
(地独)道総研・北見農業試験場	滋賀県畜産技術振興センター
(地独)青森県産業技術センター・畜産研究所	鳥取県畜産試験場
岩手県農業研究センター・畜産研究所	香川県畜産試験場
山形県農業総合研究センター畜産試験場	愛媛県農林水産研究所畜産研究センター
宮城県畜産試験場	長崎県農林技術開発センター畜産研究部門
群馬県畜産試験場	大分県農林水産研究指導センター畜産研究部
神奈川県畜産研究所	宮崎県畜産試験場
埼玉県農林総合研究センター畜産試験所	沖縄県畜産研究センター
静岡県畜産技術研究所	
(独)家畜改良センター△	(独)家畜改良センター
十勝牧場	家畜改良センター（白川分場）
新冠牧場	熊本牧場
奥羽牧場	宮崎牧場
岩手牧場	

図3.1　飼料作物育種の試験体制（2010年度）

ス，一年生ではイタリアンライグラス，エンバク，およびマメ科牧草としてアルファルファ，アカクローバ，シロクローバである．また，新たな育種対象として，ライグラス類とフェスク類の属間雑種であるフェストロリウム，マメ科牧草のガレガなどがある．これらの草種は，それぞれの主要な栽培地域に位置する育種試験地で品種開発が行われている．育種試験地で開発された系統については，生産力や育種目標となっている特性の予備的な調査を済ませ，さらに普及対象地域の適応性を評価するために，新品種候補系統として系統適応性検定試験等が実施される．

系統適応性検定試験（地域適応性検定試験，図3.1）とは，独立行政法人農業技術研究機構牧草育種関係研究室（現農業・食品産業技術総合研究機構の牧草育種関係課題をもつ研究領域）および牧草ならびにトウモロコシ，ソルガムの育種指定試験地において育成された新系統について，都道府県の栽培利用環境や各地域における適応性を公設の試験場で検定するものである．また，特性検定試験は，同様に育成された新系統の特性について，その発現が大きい道県の環境において検定するものである．例えば，寒地の越冬性における耐凍性や雪腐病抵抗性については，北海道東部の厳寒土壌凍結地帯である地方独立行政法人北海道立総合研究機構根釧農業試験場で，冬季に除雪や殺菌剤散布などの処理をすることで耐寒性を評価している．現在は道県の試験場に加えて，地域適応性検定試験として独立行政法人家畜改良センターの各牧場で適応性の検定を実施している．なお，これまで多数の優良品種を育成してきた指定試験事業は2010年度末で廃止となった．

3.1.2 種子の原種生産および海外増殖

国内の公的な育成機関で開発された品種の種子は育種家種子として家畜改良センターに提供され，原原種，原種種子を国内で増殖する．市販種子の増殖については，交配から採種時期が梅雨と重なることや，隔離などの条件から国内で大規模に生産することが困難であることから，北米，ヨーロッパ，中国などにおいて生産を行い，再輸入する．飼料作物種子はこのように国際的な流通が行われていることから，増殖種子の品質保証に関する国際的な規則に従う必要がある．そこで，増殖のために海外に輸出される種子についてはOECDの品種証明制度に従い，生産前歴や隔離距離などについての圃場検定，夾雑物や

異種子の混入などについての種子検定，育種家種子と原種由来の植物の特性変化の有無を調べる事後検定が行われ，これらについて証明された種子のみが増殖の対象となる．これらの証明については，原種生産も担っている家畜改良センターがその実務を行っている．さらに，家畜改良センター長野支場はISTA（International Seed Testing Association）の認定検査機関であり，国際的な種子流通において広く利用されているISTA国際種子分析証明書（ISTA international seed analysis certificate）の発行権限を有する．

3.2 品種開発の現状と育種法

3.2.1 牧草類に適用される主な育種法

　公的研究機関で過去20年間に育成された50品種の育種法，育種目標，選抜回数，育種年数を表3.1にまとめた．最近の10年間とそれ以前の11年間を比較すると，まず育種目標については最近の10年間では，収量以外の特性である品質，耐病性，環境耐性，混播適性などに重点が置かれている．一方，育種法，選抜回数や育種年限はほとんど変化がない．これはイタリアンライグラスを除いて多年利用される草種が多く，永続性などの評価に年数を要するからである．育種法については系統選抜や合成品種の占める割合が高く，これらの育種法では個体の能力評価が重要なことから，選抜回数を増やすよりも年次，反復，混播などの環境条件を変えて精度の高い評価に時間を掛けている．

　牧草類は他殖性の種が多く，自殖性作物の育種と大きく異なる点は，育種の過程で集団内の遺伝的な多様性を維持，拡大しながら基本的な特性の改良を行う点である．このように集団改良から始めて，集団の遺伝的改良を行う集団選抜法や系統選抜法により優良形質にかかわる遺伝子頻度を増加させながら，近交弱勢を起こさないようにヘテロ接合性を維持する．さらにヘテロシスを利用し，収量等を向上させるF_1育種法や合成品種育種法，また，単為生殖性の作物に対応したアポミクシス育種法，染色体倍加により環境耐性などを向上させる倍数性育種法により新品種が開発される．主な育種法について以下に簡単に紹介する．

a. 集団選抜法

　集団選抜法とは，他殖性作物の最も基本的な育種法である．集団内から育種

第3章 飼料作物の育種の現況と将来

表3.1 公的研究機関で育種された最近の主な牧草品種の育成経過

牧草種	品種登録年(登録出願公表の系統を含む)	登録品種数	集団選抜	系統選抜	合成品種	主な育種目標	選抜回数*	育種年数*
イタリアンライグラス	2001-2010	6	2	4	0	耐病性, 硝酸態濃度, 越夏性, 出穂性	6(3-9)	13(9-19)
	1990-2000	5	1	4	0	耐雪性, 耐倒伏性	5(4-7)	13(10-16)
ペレニアルライグラス	2001-2010	6	0	2	4	収量, 季節生産性, 越冬・越夏性	3(2-5)	20(13-27)
	1990-2000	1	0	0	1	越夏性, 収量	1	14
ハイブリッドライグラス	2001-2010	1	0	1	0	収量	3	19
フェストロリウム	2001-2010	1	0	1	0	越冬・越夏性	2	9
メドウフェスク	2001-2010	1	0	0	1	土壌凍結地帯向け	2	15
オーチャードグラス	2001-2010	3	0	1	2	収量, 越冬性, 耐病性	2(2-4)	15(13-18)
	1990-2000	2	0	0	2	収量, 耐病性	1.5(1-2)	15(10-19)
トールフェスク	2001-2010	1	0	0	1	永続性	1	14
チモシー	2001-2010	2	0	1	1	耐倒伏性, 混播適性	1.5(1-2)	15(13-15)
	1990-2000	2	0	0	2	収量, 耐病性	1.5(1-2)	20(15-24)
スムーズブロムグラス	2001-2010	1	0	1	0	収量	2	19
カラードギニアグラス	1990-2000	1	0	1	0	初期生育性	3	9
ギニアグラス	2001-2010	3	0	3	0	収量, 品質, 耐踏圧性	1	11(9-12)
ローズグラス	1990-2000	1	0	1	0	低温伸長性	2	13
バヒアグラス	1990-2000	1	0	1	0	低温期収量	1	9
アカクローバ	2001-2010	2	0	2	0	採食性	3	16
	1990-2000	2	0	2	0	混播適性, 永続性	2.5(2-3)	20(19-22)
シロクローバ	2001-2010	2	0	2	0	永続性, 耐雪性	2	17
	1990-2000	2	0	2	0	混播適性, 放牧適性	2.5(2-3)	12(11-13)
アルファルファ	2001-2010	3	2	0	1	耐湿性, 耐倒伏性, 越冬性	4(1-6)	14(9-18)
	1990-2000	2	0	0	2	収量, 耐病性	2.5(2-3)	16
合計/平均	2001-2010	31	4(13%)	17(55%)	10(32%)		2.8(1-9)	15(9-27)
	1990-2000	19	1(5%)	11(58%)	7(37%)		3.1(1-7)	14(10-24)
	1990-2010	50	5(10%)	28(55%)	17(34%)		3(1-9)	15(9-27)

*選抜回数, 育種年数の数値は平均値, また ( ) 内はレンジ.
品種の情報は品種登録ホームページ (http://www.hinsyu.maff.go.jp/), 農林認定品種データベース (http://meta.affrc.go.jp/hinshu/search_top.htm) および育成研究機関の研究報告等に基づく.

目標に合う優良な個体を選び，集団の中で採種を行い，後代を得る．特に遺伝率が高く，明瞭に対象形質を評価できる場合に適する．集団選抜法の改良型とも言える表現型循環選抜法は選抜個体間で交配する点で集団選抜と異なり，遺伝子頻度の低い形質の頻度向上に有効である．Kanbe et al. (1997)[11] はアルファルファの菌核病抵抗性系統開発に人工接種を適用して循環選抜を行った．最初の数世代は反応が低かったが，それ以降では急速に抵抗性個体の頻度が高まることを報告している．Burton (1992)[3] は収量性に関する選抜の精度，効率を向上させるため，循環選抜に近隣個体を単位とする選抜，受粉制限，1 サイクルの年限など複数の制限を付与する RRPS (recurrent restricted phenotypic selection) を提唱し，バヒアグラスの収量性を大きく向上させた．

b. 母系選抜法

母系選抜法とは，系統選抜法 (line selection) のうち，自殖性作物の系統育種法 (pedigree breeding) とは異なり，母系選抜 (maternal-line selection) あるいは半きょうだい選抜 (half-sib selection) とよばれ，系統の後代検定に基づいて行う育種法である．後代の試験プロットに反復をもたせることで環境要因を抑えることができ，選抜精度が高くなる．また，表現型のみから選抜する集団選抜では困難である収量についても選抜可能で，かつ系統のヘテロ性を維持できる点から牧草類に多く適用されている．この選抜法は現在，牧草類の主要な育種法となっており，栄養系を維持することが困難な一年生や短年生の種について合成品種育種法の適用が困難なため利用されている．

具体的な方法は育種の対象集団から表現型で優れた個体を選抜し，それらの個体の集団内の放任受粉種子の一部を用いて後代検定を行う．後代検定の結果，優れた親個体の残り種子をそれぞれ等量混合し，次代の系統とする．一般的に用いられている方法では，親個体の残り種子に戻らず，後代検定種子に由来する個体の中から優良なものを選び，これらの選抜個体間交配に基づく種子の等量混合を次代とする．永年生の牧草の場合，残り種に戻る場合には 1 サイクルの選抜に少なくとも後代検定と採種の 2 シーズンを必要とする．これらの方法について Casler and Brummer (2008)[4] は，遺伝率や選抜強度などを設定したモデルのシミュレーションから，系統選抜と系統内個体選抜を組み合わせる AWF 選抜法 (among-and within-family selection) の有効性を提唱している．

c. 合成品種育種法

合成品種育種法（synthetic cultivar method）は現在の牧草類に適用される育種法の中で最も重要なもので，市販品種段階で唯一ヘテロシスを利用した，すなわち適当な数の優良個体間の交配により雑種強勢の実現と近交弱勢の防止を狙う育種法である．

主な品種や形質のヘテロシスの発現については古谷（1990）[5] がまとめているが，牧草類で利用されている方法は，ももとなる集団から親候補とする優良個体を選抜し，それら選抜個体を多交配する．そしてその後代の収量などの特性から一般組み合わせ能力の高い親個体を選抜し，再度それらの個体間の交配により品種を育成する，というものである．この手法の特徴は，親クローンを保存しており再構成が可能なことである．親クローンの選抜については，真に優良な個体を精度高く選び出すため，通常は第1段階で数千個体を用いて多数の個体を評価・選抜し，続いてそれら第1段階の選抜個体を株分けや挿し木により栄養繁殖する．これらのクローンを用いて反復をとり，また密植して対象特性，収量や採種性，耐病性などの特性を精査する．特に多年生牧草類の場合は，永続性や越冬・越夏性など複数年にわたる評価が必要な特性もあることから，親クローンの選抜に時間を要する．

組み合わせ能力の評価については，優良個体間の交配に基づき，牧草類では多交配により後代を育成する場合が多いが，単交雑やダイアレル交配により後代が作出されることもある．多交配は選抜された優良クローンを隔離条件で相互交配するもので，任意交配となるように親クローンを栄養系で増やし，反復をとる．後代検定の際はこれら複数の同一個体由来の種子は等量混合する．選抜する優良親個体の数は通常4～10個体程度であるが，近年増える傾向があり，海外では100を超える多数個体から構成されるものもある．

d. 倍数性育種法

倍数性育種は1937年にBlakeslee and Avery（1937）[2] らがコルヒチン処理による植物の染色体人為倍加法を紹介して以降，各種作物で用いられ，染色体倍加植物の作出が行われている．染色体倍加植物は一般にもとの植物に比べて巨大化，生育の遅延，稔性の低下などが認められる．

スウェーデンで植物の倍数性育種の先駆的な研究を行っていたLevan（1942）[13] によると，染色体倍加による長所が顕著に現れる作物は，種子稔性

低下の影響を受けにくい栄養体を収穫対象とするものであり，染色体数が少ない．これらの点で，アカクローバやライグラス類の牧草類は倍数性育種に適した種である．

　染色体倍加の方法についてはコルヒチン水溶液による種子処理が最も一般的であり，ライグラス類に利用されている．しかし，コルヒチン処理では倍数性がキメラ状態になることが多く，またその効率も決して高くない．これに代わる方法として，高圧笑気ガス（N_2O）による染色体倍加がアカクローバで実用化された．すなわち，交配24時間後に7.5気圧で24時間処理することで84％の個体が四倍体となった[15]．ただし，この方法は受精胚の1回目の分裂時期を特定できる植物種以外では必ずしも効率は良くない．

　染色体倍加法に加え，処理個体の中から倍数体を選抜する技術も重要である．従来は孔辺細胞の葉緑体数や孔辺細胞の大きさ，花粉孔の数などから判断し，さらに後代について細胞遺伝学的な確認を行ってきた．しかし，最近ではフロサイトーメータにより核DNA量を測定することで迅速に確認できるようになった[29]．

e. アポミクシス育種法

　アポミクシスとは減数分裂や受精を経ない無性生殖の一種で，牧草類ではイネ科牧草，特に暖地型イネ科牧草の高次の倍数性種に多くみられる．優れた形質をもつ個体がアポミクシスであれば，その個体から生産される種子はすべて同じ遺伝子型であり，そこから生長した植物はクローンとなる．このアポミクシスを利用した育種法は，中川（2003）[17]の総説によれば，有性生殖個体の集団改良，染色体倍加による倍数体有性生殖集団の作出，アポミクシス個体との交雑，個体選抜の過程である．実際には，遺伝資源の集団の中から，あるいは同一種の中の有性生殖の個体との交雑により変異を拡大した集団から優良な個体を選抜する個体選抜あるいは系統選抜である．

　アポミクシス品種の開発には，遺伝資源の導入やその特性調査が重要であり，また染色体倍加法に加えてアポミクシス判定法や交雑法が必要である[16]．アポミクシスの判定には細胞遺伝学的な観察が有効であり，透明化法を用いた胚嚢分析により有性生殖か無性生殖かについて核の数により判定できる[18]．アポミクシス育種法を利用して，わが国ではギニアグラスの'ナツカゼ'，'パイカジ'が育成されている．

3.2.2 長大型飼料作物の育種

トウモロコシやソルガムなどの長大型飼料作物は，わが国ではホールクロップサイレージや青刈飼料として利用されている．牧草に比べて単収が高く，限られた飼料畑を有効に活用して自給飼料の確保を図る上で重要な役割を果たしている．ここでは，長大型飼料作物の育種についてトウモロコシを中心に述べる．

国内の公的機関で育種が行われているトウモロコシとソルガムでは，雑種強勢（ヘテロシス）を利用した一代雑種（F_1）品種が主流となっている．遺伝的に遠縁な品種・系統間の交配で得られる F_1 は，両親より旺盛な生育を示して多収となる．この現象を雑種強勢と言う．F_1 品種の育種では，自殖系統とよばれる純系を親系統とし，遠縁な親系統間で交配を行って雑種強勢が最大限に発現するような F_1 を作出することにより，生産力の高い品種を育成する．

育成された F_1 品種の種子生産は，雌雄異花のトウモロコシでは種子親の雄穂を物理的に除去することで行えるが，雌雄同花で自殖率の高いソルガムでは雄性不稔性の利用が不可欠であり，細胞質雄性不稔系統と維持系統により維持される種子親に，稔性回復遺伝子を持つ花粉親系統を交配して F_1 種子を得る．トウモロコシでも，世界的には細胞質雄性不稔系統を利用した F_1 種子の生産がある程度行われている．しかし，かつて広く利用されていたT型細胞質雄性不稔系統が1970年に本系統を特異的に侵すごま葉枯病Tレースによって世界的に壊滅的な被害を受け[10,28]，それ以来わが国では利用されていない．

a. 一代雑種育種の流れ

F_1 品種の育種は，①育種母材の選定および改良，②親系統の育成・導入および評価・選抜，③親系統間での交配による F_1 の作出と評価・選抜，という3つの過程から構成され，これら各過程間のバランスと有機的な連携を保ちつつ進められる[19]（図3.2）．

b. 母材の選定および改良

F_1 における雑種強勢の発現程度は両親系統の由来によって大きく異なる．このことは母材選定の際の重要なポイントである．すなわち，F_1 組み合わせにおいて雑種強勢が最大限に発現するような複数の母材集団をあらかじめ選定しておくことが，育種を効率的に進める上で極めて重要である．そのため，親品種・系統の由来と雑種強勢との関係について多くの研究が行われてきた．わ

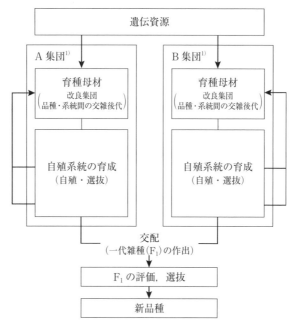

図3.2 トウモロコシ，ソルガムにおける一代雑種育種の流れ
1) A集団とB集団：トウモロコシではデント種とフリント種，ソルガムでは種子親と花粉親．

が国のトウモロコシ育種では，アメリカで改良が進んでいるデント種とわが国の生育環境への適応性が高い在来フリント種の交配組み合わせの利用がF_1品種育成の基本方式として採用されている[6,7,31]．

次に，選定された各集団について，循環選抜などによって改良された育種集団や優良自殖系統間の交雑後代などが母材として養成される．ソルガムでは，子実型の雄性不稔系統を種子親とし，目的に応じてソルゴー型やスーダン型など異なる型の系統が花粉親に用いられる[25]．

c. 自殖系統の育成

F_1の親となる自殖系統は，それらの母材から6〜7世代にわたって袋掛け交配による自殖と系統および個体選抜を繰り返すことで育成される．他殖性のトウモロコシでは，親系統育成の段階で自殖を繰り返すことにより弱勢が生じて生育や収量が顕著に低下する．一方，部分他殖性のソルガムでは，さほど顕著な自殖弱勢は見られず，既存の純系品種をそのまま花粉親系統として利用する

こともできる．種子親には雄性不稔系統とその維持系統をセットで育成し，それに稔性回復遺伝子をもつ花粉親を交配して F_1 が作られる．

自殖系統育成の過程において，病害抵抗性や種子生産性，組み合わせ能力などの特性評価とそれに基づく系統の選抜は，通常，系統としての特性が安定する自殖第3世代（S_3 世代）以降に行われる．こうした系統の評価と選抜は，育成あるいは導入された既存の自殖系統も含めて実施され，新旧系統の入れ替えを図りつつ優秀な親系統が選抜される．

d. F_1 の作出と評価・選抜

選抜された自殖系統間の交配により多数の組み合わせの F_1 が作出される．それらを実際に栽培して収量や生育特性に優れる F_1 を選抜し，さらに複数の年次・場所での評価を経て優秀性が確認された F_1 が，新品種として登録される．

F_1 作出のための交配は，トウモロコシでは，前述のように主としてデント種系統とフリント種系統との間で行われる．一方，ソルガムでは形態的・生態的な特性に見られる多様な変異を活用し，特徴ある品種が育成されている．例えば，通常の栽培ではほとんど出穂しない「未出穂タイプ」のソルゴー型育成品種である'風立'や'天高'は，両親が早生であるにもかかわらず極晩生の特性を示す．これらの品種を材料にして出穂開花特性と温度・日長反応に関わる遺伝子型との関係が解明されている[26,32]．

3.3 飼料作物育種の将来

収量に加えて多様な特性の改良を同時に進めるには，遺伝子の集積と多様性の維持の点からこれまでよりもさらに長い育種年限を必要とする．このため従来の育種法のみでは改良に限界があり，現在の普及品種への遺伝子導入やゲノム情報の活用が求められる．以下では将来の育種改良のために進んでいる技術や遺伝資源について簡単にまとめる．

3.3.1 遺伝子組換え技術

すでにトウモロコシやナタネ，ダイズ，ワタなどでは，北米を中心に遺伝子組換え技術によって育成された品種の商業栽培が広範に行われている．これらの作物は直接的に食用として利用するというより，むしろ加工原料や飼料とし

て利用されることが多い．わが国では，まだこれらの作物を含む飼料作物の組換え体の商業栽培はなされていない．一方で，今後さまざまな有用遺伝子が単離され，それらを組換え技術により新規に導入することで栽培や品質の向上に貢献することが期待される．高溝（2003）[21]は遺伝子導入技術としてのアグロバクテリウム法の改良や国産の選抜マーカー遺伝子の開発，耐病性および品質育種への利用，および遺伝子発現調節などについて述べ，寒地型イネ科牧草における遺伝子組換え体の育種利用を広く展望している．また，暖地型イネ科牧草については，消化性をはじめとした家畜の利用性の改良が求められ，単為生殖や栄養繁殖性のものが多いことから，交雑法に代わる遺伝子組換え技術を利用した育種法の構築が有効である．そのもととなる個々の作物種の組織培養法や遺伝子組換え技術について，明石（2003）[1]は今後の展開を述べている．

3.3.2 DNAマーカー利用選抜

DNAマーカーは，選抜の効率化，すなわち精度を高め時間の短縮を可能にする手法として，飼料作物においても研究が進められている．大きく分けると，①一般的な耐病性など主働遺伝子の集積に加えて，②トウモロコシなどのヘテロシス発現を解明するための遺伝的な近縁度の推定，③QTL解析と選抜への利用，④イントログレッションや戻し交雑の絞り込み，などである．

わが国では牧草などの他殖性作物について，上記の分野で独自の研究開発が行われている．②のヘテロシスを牧草に適用する試みとして，Tamaki et al. (2009)[22]が開発した特定組み合わせ能力を活用するクローンと系統による合成品種育種法であるCSS（clone and strain synthesis，あるいは2栄養系×1花粉親系統合成法）に，Tanaka et al. (2011)[24]はヘテロシス発現を高めるため，DNAマーカーにより群別した系統の相互循環選抜により栄養系を改良する方法を提唱している．③については，異なる遺伝子座間の相互作用を含めてQTLを検出できるGMM（genotype matrix mapping）法の開発があり，特定のマッピング集団を用いる必要がないことから直接育種集団に利用できる利点がある[8]．また，④については，ライグラスとフェスクの属間の移入交雑の解明のためペレニアルライグラスとメドウフェスクの種識別が可能なDNAマーカーの開発がある[23]．

3.3.3 種属間交雑

牧草類では，消化性を含む家畜への利用性と幅広い環境耐性，耐病性などを合わせもつことが求められる．例えば，ペレニアルライグラスは，高品質かつ再生能力の高い優れた牧草で，イギリスやニュージーランドなど各地で放牧用牧草として広く利用されているが，わが国では耐旱性，越夏性，越冬性に劣り，栽培ニーズは高いものの普及が進んでいない．そこで，環境耐性にすぐれるフェスク類との交雑により改良が古くから試みられてきた．詳細は4章に譲るが，育種法としては属間交雑と倍数性育種を組み合わせた複二倍体品種と一部の遺伝子を取り込む移入交雑の2つの方向がある．牧草類ではすでに転換畑用に耐湿性に優れた，'東北1号'，'盛系1号'，が育成されたほか，現在生産力を評価している系統もあり，品種開発が進むものと考えられる．種間雑種では，ペレニアルライグラスとイタリアンライグラスの雑種であるハイブリッドライグラスの品種が育成されている[27]．マメ科牧草では永続性の改良にシロクローバとクラクローバ[30]，アカクローバとジグザククローバ[9,20] の雑種が作出されているが，品種開発には至っていない．また，最近注目を集めている研究として，トウモロコシを転換畑で栽培する際に問題となる耐湿性の弱さを改良するために，テオシントから遺伝子導入を行う試みがある[13]．

3.3.4 遺伝資源の活用

現在，わが国で栽培されている飼料作物は原産地が海外のものがほとんどであり，その改良の元となる遺伝的変異の拡大には遺伝資源の導入が欠かせない．このため，これまで農水省植物遺伝資源事業により海外探索を実施してきた．過去20年の例を表3.2にあげるが，長大型，暖地型，寒地型の飼料作物を含む13ヶ国1300点を超える遺伝資源が収集されてきた．これらの遺伝資源はその後，同事業により特性評価，ならびに種子増殖が実施され，利用促進が図られている．近年，遺伝資源を巡る情勢は生物多様性条約により原産国の権利がより重視される傾向にあり，相手国との共同収集やその後の共同研究で交流を進める必要がある．

〔奥村健治・濃沼圭一〕

表 3.2 過去 20 年間に実施された海外遺伝資源探索収集

主な対象草種	収集先	収集目的，対象形質	収集点数	収集期間
アカクローバ	フィンランド，スウェーデン	栽培北限の耐寒性，耐病性	217	1990. 8. 25-9. 16
寒地型牧草	ロシア（ソ連）	高越冬性，寒冷地向きイネ科牧草生態型	70	1991. 9. 2-9. 24
エンバク，アルファルファ	ブルガリア，ギリシャ	多様な生態型，近縁野生種，暖地向け素材	268	1995. 7. 1-7. 31
ペレニアルライグラス，チモシー	ポーランド，チェコ，スロバキア	原産地の生態型，環境耐性，低投入持続性	137	1996. 7. 27-8. 26
ソルガム属，暖地型イネ科牧草	ケニア	原産地の多様な環境下での地方品種，野生種	219	1996. 11. 2-12. 1
フェスク類，ライグラス類	イタリア，フランス，スペイン	地中海型，ヨーロッパ型を含めた多様な生態型	252	2000. 6. 13-7. 22
ソルガム類	ミャンマー	多様な在来種	78	2002. 3. 1-3. 30
クローバ類	ブルガリア	山岳地等に適応した不良環境耐性	148	2006. 7. 21-8. 2

収集点数の合計は 1389 点．

引 用 文 献

1) 明石　良(2003)：日本草地学会誌，**49**：79-87.
2) Blakeslee, A. F. and Avery, A. G.(1937)：*J. Hered.*, **28**：393-412.
3) Burton, G. W.(1992)：*Plant Breed. Rev.*, **9**：101-113.
4) Casler, M. D. and Brummer, C.(2008)：*Crop Sci.*, **48**：890-902.
5) 古谷政道(1990)：育種学最近の進歩，**31**：14-25.
6) 池谷文夫ほか(1990)：宮崎県総合農業試験場研究報告，**25**：53-65.
7) Inoue, Y.(1984)：*Jpn. J. Breed.*, **34**：17-28.
8) Isobe, S. et al.(2007)：*DNA Res.*, **14**：217-225.
9) Isobe, S. et al.(2002)：*Can. J. Plant Sci.*, **82**：395-399.
10) 梶原敏宏ほか(1971)：関東東山病虫研究会報，**18**：23.
11) Kanbe, M. et al.(1997)：*Breed. Sci.*, **47**：347-351.
12) 川端習太郎(1987)：草地の生産生態(後藤寛治編)，1-12，文永堂出版.
13) Levan, A. (1942)：*Hereditas*, **28**：245-246.
14) Mano, Y. and Omori, F.(2007)：*Plant Root*, **1**：17-21.
15) 松浦正宏ほか(1974)：北海道農業試験場研究報告，**108**：99-105.
16) Nakagawa, H.(1990)：*Jpn. Agric. Res. Quart.*, **24**：163-168.
17) 中川　仁(2003)：日本草地学会誌，**49**：64-67.
18) Nakajima, K. and Mochizuki, N.(1983)：*Jpn. J. Breed.*, **33**：45-54.
19) 望月　昇(1982)：農業および園芸，**57**：1109-1114.
20) Sawai, A. and Ueda, S.(1988)：*J. Jpn. Grassl. Sci.*, **33**：157-162.
21) 高溝　正(2003)：日本草地学会誌，**49**：72-78.
22) Tamaki, H. et al.(2009)：*Grassl. Sci.*, **55**：57-62.
23) Tamura, K. et al.(2009)：*Theor. Appl. Genet.*, **118**：1549-1560.
24) Tanaka, T. et al.(2011)：*Crop Sci.*, **51**：2589-2596.

25) 樽本　勲(1971)：中国農業試験場報告, **A19**：21-131.
26) 樽本　勲ほか(2000)：育種学研究, **2**：59-65.
27) 田瀬ほか(2002)：山梨県酪農試験場研究報告, **14**：1-31.
28) Ullstrup, A. J.(1972)：*Ann. Rev. Phytopathol.*, **10**：37-50.
29) 山田敏彦(1997)：日本草地学会誌, **43**(別)：98-99.
30) Yamada, T. *et al.*(1989)：*J. Jpn. Grassl. Sci.*, **35**：180-185.
31) 山崎義人(1962)：育種学各論(浅見与七ほか編), p.459-463.
32) Yanase, M. *et al.*(2008)：*Grassl. Sci.*, **54**：57-61.

【飼料作物の最新動向　「北海道におけるトウモロコシ栽培」】

　北海道の根釧地域は夏季の気象条件が寡照・冷涼であり，トウモロコシ栽培の限界地帯と言われている．しかし，極早生品種の開発（口絵⑪）と狭畦栽培や交互条播（口絵⑫）などの技術開発により，マルチなしで栽培が可能となった．また，従来のホールクロップ利用から子実主体の利用法としてイアコーン栽培利用技術が開発された．イアコーンの「イア」はトウモロコシの雌穂(ear)を示すが，これを発酵させたサイレージはホールクロップサイレージと比較して栄養価が高く，濃厚飼料として輸入濃厚飼料の代替が可能である．ホールクロップサイレージとの違いは子実の熟度を完熟期まで進めてから収穫することであり，雌穂を収穫するためにスナッパヘッドを用いて収穫する（口絵⑬）．家畜の餌としての栄養価はもちろんであるが，省力的な栽培と収穫残渣の茎葉が土壌に還元されることから新たな畑地の輪作作目として期待されている．詳細は農研機構のウェブページに掲載されているイアコーンサイレージ生産・利用マニュアルをご覧下いただきたい．　　　　　　　　　　　　　　　　〔奥村〕

http://www.naro.affrc.go.jp/publicity_report/publication/files/earcornmanual.pdf

第 4 章　　　　　　　　　　　　《飼料作物編》
イネ科牧草

4.1　寒地型イネ科牧草

4.1.1　概　要

a.　栽培と生産の現状

　世界の牧草・飼料作物栽培面積は全陸地面積の約 26％（約 35 億 ha），農耕地面積の約 70％を占め[5]，地域的にはアジア，オセアニア地域における面積割合が多い（図 4.1）．寒地型イネ科牧草の多くはユーラシアおよび地中海地域に起源をもち，17 世紀以降ヨーロッパ移住民などによりに世界各地に導入され，現在では温帯から寒帯まで広範囲に栽培が及んでいる．生育適温は 15～22℃前後で，25℃以上では生育が抑制され，高温が続くと枯死することもある．寒地型イネ科牧草は 160 属，約 3,000 種を含むイチゴツナギ亜科（Pooideae）に属し，主要な牧草はイチゴツナギ連（Poeae），カラスムギ連（Avenea）に集中している．その中にはチモシー，オーチャードグラス，メドウフェスク，

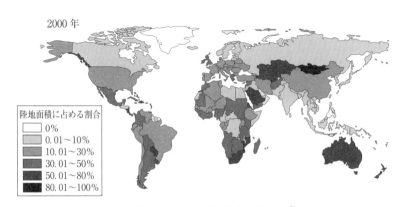

図 4.1　世界の牧草・飼料作物栽培（FAO（2008）[5]より）

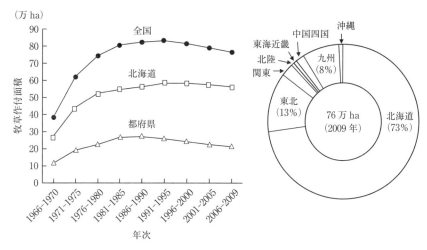

図4.2 牧草作付面積の推移および地域別牧草作付面積

トールフェスク，ペレニアルライグラス，イタリアンライグラスなどが含まれる[34]．現在わが国で栽培されている寒地型イネ科牧草は明治初期に冷涼なヨーロッパから導入されたもので，日本の冬季低温・多雪，夏季高温・多湿な気象条件に適応するように品種改良が行われてきた．わが国では北海道から九州地域までの年平均気温が約6～12℃の地域で栽培されており，東北以北の寒地・寒冷地では良好な生育を示し，永年利用が可能であるが，関東以南では夏季の高温により生育停滞や夏枯れが生じやすく，長期間の草地の維持はやや難しい．

国内の草地開発は戦後における畜産物の需要増大を契機として，1960～70年代に大規模な草地開発や公共牧場の整備が行われ，牧草作付面積は急激に増加した[11]．2009年の牧草作付面積は約76万haで，北海道で全体の約73％にあたる56万haが作付されている（図4.2）[30]．本州以南では約21万haが作付されており，地域別では東北地域が最も多く，次いで九州地域である．最も栽培面積の多い北海道においては寒地型イネ科牧草のうち，チモシー，オーチャードグラス，ペレニアルライグラス，メドウフェスクが主に栽培されており，現在，チモシーの種子需要割合が約9割を占めるに至っている．

b. 形態と生理・生態

イネ科牧草の形態は[26]．茎は基部すなわち冠部（crown）から生ずる分げつ（tiller）の形を取り，節（node）と節間（internode）からなり，1つの節から

1枚の葉を伸ばし，葉の基部には1個の分げつ芽がある．この分げつが，いくつかの種類では変形してストロン (stolon) あるいは地下茎 (rhizome) となり栄養繁殖に役立つ．葉は上半部が細い葉身 (leaf blade)，下半部は葉鞘 (leaf sheath) からなり，葉鞘と葉身の連結部が葉節である．葉鞘は円筒形の鞘となって稈 (culm) を包んでいる．葉身と葉鞘の連結部の内側には葉舌 (ligule)，葉身の下端の両部には葉耳 (auricle) があり，それらの有無と形は種に特有のもので同定に役立つ．花は穎を有する穎花で，結実すると穎果 (caryopsis) となる．花序はいわゆる穂 (head または ear) で，植物学的には穂状花序 (spike)，円錐花序 (panicle)，総状花序 (receme) の3種がある．穂はいくつもの小穂 (spikelet) からなり，小穂の最下部に包穎 (glume) がある．2枚ある包穎のうち，外側に重なる方を第一包穎 (first glume)，内側の方を第二包穎 (second glume) とよぶ．包穎の内側に小花 (floret) がある．小花は外穎 (lemma) とその内側に包まれた内穎 (palea) によって，内側の鱗被 (lodicule)，葯 (anther)，柱頭 (stigma) などを包む．

寒地型イネ科牧草は長日植物で，春に日長が長くなると穂を形成する．チモシーを除く寒地型イネ科牧草の花芽分化，発達には栄養成長期に低温または短日あるいはそれら両者の条件が必要である．季節生産性は，春から初夏にかけての比較的冷涼な温度条件下で旺盛な生育を示す（図4.3)[2]．この長日条件下で，出穂のため節間伸長とともに葉身長も急速に増大し，地上部乾物重が最大となる．これをスプリングフラッシュと言い，春における最初の収穫（1番草）は年間で最も多収となる．その後は急速な乾物の増加はなく，また夏の高温下で生育が抑制され，夏枯れの発生などによりサマースランプとよばれる生産性の低下が生ずる．秋には再び牧草の生育に最適な条件となり，夏の落ち込みを挟んで春と秋にピークをもつパターンを示すのが一般的である．このような二山型のパターンは，寒地よりも梅雨期の日照不足と夏季の高温・干ばつになりやすい暖地に行くに従って顕著となる[22]．

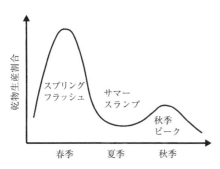

図4.3 寒地型イネ科牧草の季節生産性 (Balsako and Nelson (2003)[2] より)

c. 草地管理と利用

牧草の利用方法は,一般に採草利用,放牧利用および採草・放牧兼用利用に大別される.採草利用は舎飼期の飼料生産を目的として,比較的単純な草種組み合わせで集約管理により多収を図る.放牧利用は牧草生育期に直接家畜に採食させるもので,多収性よりも季節生産性の平準化に重点をおく.家畜の採食が可能であれば傾斜地などでも利用でき,地形的条件の制約が少ない.兼用利用は,牧草の生育最盛期に採草し,生育が鈍化した夏以降に放牧利用するものである[28].

寒地型イネ科牧草は,一年生の牧草と多年生の牧草に分けられる.一年生のイネ科牧草としてはイタリアンライグラスがあげられるが,越冬性が劣ることから北海道での栽培には適さず,関東以南の暖地・温暖地を中心に秋から翌年にかけて越年生牧草として広く利用されている.多年生のイネ科牧草については,冬季積雪が少なく土壌凍結の厳しい北海道東部を中心とした寒地で,越冬性にすぐれるチモシーが主要な草種となっている.そのほかの地域では,オーチャードグラスが広範囲に栽培可能な基幹草種となっている.またペレニアルライグラスは寒地型イネ科牧草のなかでは最も放牧適性に優れるが[16,32],越冬性,耐暑性が劣ることから土壌凍結のない寒地,寒冷地において主要な放牧用草種となっている.土壌凍結地帯での放牧には越冬性に優れるメドウフェスクやチモシーが利用される[14,39].トールフェスクは耐暑性に優れ,夏季高温条件下にも適しているが,採食性や栄養価がやや劣ることから,栽培面積は多くない.一般にこれらイネ科牧草は家畜飼料としての栄養バランス,窒素施肥の削減などの観点からアカクローバ,シロクローバなどのマメ科牧草と混播される.イネ科牧草とマメ科牧草の混播組み合わせとしては,地域,利用目的とともに草種・品種によりそれぞれ競合力が異なることから,生育の競合が少ないものを選択する.

草地の施肥管理および更新については2章3節および4節において詳説されているが,施肥の基本は家畜糞尿の適正利用を前提に,糞尿から供給される成分量を計算して不足する養分を化学肥料で補ったり,土壌養分含量に応じて過剰な養分は減肥するなど,各地域・土壌・基幹草種の違いに対応した管理を行うことである.牧草に対する施肥標準は,牧草の種類,気象・土壌条件などによって異なり,各都道府県で施肥標準が作成されている.

放牧草地ではスプリングフラッシュを抑えて季節生産性をなるべく平準化すること，また，施肥回数を減らして牧草密度を維持する施肥管理が必要である．北海道では土壌養分の過剰蓄積を回避するため，糞尿排泄に伴う養分還元量を厳密評価にした．その結果，乳用牛の放牧専用草地の施肥標準は，地域，土壌，基幹草種に関係なく被食量（放牧牛に採食される面積あたりの放牧草量）とマメ科牧草の混生割合によって異なることから，基準被食量（年間生草重量）を設定し，全土壌，全地帯を対象に施肥標準量に一定の幅をもたせて設定している[13]．

草地は経年化により，牧草組織の老化，土壌の緊密化やルートマット（植物遺体や表土に形成されたマット状の根）形成による物理性の悪化，土壌の酸性化，雑草の侵入に伴う牧草割合の減少などにより生産性が徐々に低下する．また生産力が低下した場合以外にも優良な草種や新品種を導入するために草地更新を行う場合もある．プラウ耕などにより全面を耕起して播種する完全更新法とプラウ耕を行わないで草地の表層あるいは播種床部分を破砕，攪拌して播種を行う簡易更新法がある．簡易更新法には表層攪拌法（ロータリーハローなどで表層のみを攪拌して播種する），作溝法（草地の表層部に溝を切り播種する），穿孔法（地表に穴をあけて播種する），部分耕起法（部分的に耕耘し播種する），不耕起法（蹄耕法などのように機械処理をしないで播種する）がある[12]．完全更新法は雑草が優占したりルートマットが厚くなることで，牧草密度が低下し，収量の低下が大きい場合に適用する．簡易更新法は地形改良，排水対策などの基盤整備はできないため，生産基盤や土壌の理化学性に大きな問題がない，あるいは地形が複雑であったり石礫や切株などによりプラウ耕が困難な場合に適用する．簡易更新は完全更新に比べ，作業工程を省略でき，迅速かつ低コストに行え，牧草生産の中断期間が短い利点がある．

4.1.2 チモシー

学名：*Phleum pratense* L., 英名：timothy, 和名：オオアワガエリ

a. 来歴と分布

チモシーは北部ヨーロッパおよび温帯アジアを原産地とし，17世紀後半に北アメリカで栽培され，現在は北欧，カナダなど広く世界の冷涼地域で栽培されている．チモシーの名は18世紀はじめにアメリカに輸入したTimothy

第4章 イネ科牧草

図 4.4 チモシーの草姿と穂

Hansen に由来する．

b. 形態と生育特性

多年生で出穂期の草丈は 80〜120 cm に達する．穂は円筒形で小穂の密生した円錐花序で，穂長は 6〜15 cm 程度となる（図 4.4）．ほかのイネ科牧草と異なり，茎基部節間が肥大して炭水化物を貯蔵する塊茎（haplocorm）を形成する．一般に栽培されている種は六倍体（$2n = 42$）である．耐寒性，雪腐病抵抗性などの越冬性関連形質は寒地型イネ科牧草の中で最も強く，永続性，栄養特性に優れる．一方，耐暑性，耐旱性が弱く，また夏から秋の再生は不良で他草種との競合には弱い．出穂期の乾物率は約 20％で，乾物中の可消化養分総量（total digestible nutrients, TDN）は 68％程度で，消化率，家畜の嗜好性も良好である．

c. 栽培管理

北海道と東北，関東中部地域の高冷地に適し，特に越冬条件の厳しい北海道東部では重要な草種である．採草利用を主体とするが，中〜晩生種は採草・放牧の兼用利用が可能である．作期は適応地域が寒地あるいは高冷地に偏っているため，春播きが一般的であるが，冬季が比較的温暖な地域では秋播きも可能である．しかし，定着が遅く雑草との競合に負けやすいため，1 番草収穫後に播種する場合は夏の高温・干ばつの時期を避けることが必要である．秋播きでの翌春の収量は，オーチャードグラスなどと比較すると高い．再生が必ずしも

良好ではないので，刈取り回数は2〜3回にとどまる．混播栽培ではチモシーと熟期の合うアカクローバとの混播が最適であるが，マメ科牧草と混播する場合は抑圧されないよう刈取り適期ができるだけ合う品種の選定が必要である．極早生，早生種はアカクローバあるいはシロクローバの大葉型から中葉型と，中生，晩生種はシロクローバの中葉型から小葉型との混播が適している．チモシーと競合力の差が大きいオーチャードグラスとの混播は適さない[46]．出穂後の品質低下は比較的小さいが，耐倒伏性は弱いので刈り遅れないように注意する必要がある．刈取り適期は1番草の乾物収量が増加し，かつ栄養価も良好な出穂始期から出穂期である．2番草以降の刈取り間隔は早晩性にもよるが，約50〜60日間隔とする．

d. 主要品種の特性

チモシーは，極早生から晩生まで早晩性の異なる品種があり，北海道での出穂始期は6月上旬から7月上旬の約1ヶ月にわたる．それらを組み合わせることにより，収穫適期の幅を拡大させることが可能である．

(1) 'クンプウ'

出穂始期が早生品種'ノサップ'より1週間早い極早生品種である．再生力が旺盛で，マメ科牧草との混播に適しているが，放牧適性は劣るので採草専用利用とする[24]．

(2) 'なつちから'

出穂始期が早生品種の'ノサップ'より1日遅い早生品種である．冷涼多湿条件下で多発する斑点病に対する抵抗性が強く，耐倒伏性は'ノサップ'より強く，採草利用で多収である．また混播栽培で競合力が優れ，特に2番草は再生が良好かつ多収である[6]．

(3) 'オーロラ'

出穂始期が早生品種の'ノサップ'より1日早い早生品種である．チモシー品種の中で耐倒伏性が最も強く，倒伏による収穫ロスや蒸れによる牧草品質の低下が少ない[38]．

(4) 'ホライズン'

出穂始期が早生品種の'ノサップ'より2日早い早生品種である．再生力に優れ，2番草で極多収を示し，夏季の生育が旺盛なアルファルファとの混播に適する[42]．

(5) 'キリタップ'

出穂始期が早生品種の'ノサップ'より10日遅い中生品種で，極早生・早生品種との組み合わせで収穫期の拡大が可能である．1番草の収量がきわめて高く，特に早刈りでも多収である[8]．

(6) 'ホクシュウ'

出穂始期が早生品種の'ノサップ'より2週間程度遅い晩生品種である．草型は匍匐型で，茎数が多く季節生産性が採草用品種より平準化していることから放牧用に適する[45]．

(7) 'なつさかり'

出穂始期が晩生品種の'ホクシュウ'より2日遅い晩生品種である．草型は直立型で耐倒伏性に優れるため採草利用に適する[53]．

4.1.3　オーチャードグラス

学名：*Dactylis glomerata* L., 英名：orchardgrass［米］, cocksfoot［英］, 和名：カモガヤ

a. 来歴と分布

オーチャードグラスは地中海から西アジアを原産地とし，牧草として重要なものは四倍体（$2n=28$）で，現在では極寒地や熱帯を除く世界中に分布している．

b. 形態と生育特性

多年生で出穂期の草丈は130〜150 cmに達し，葉身はよく伸び，分げつは多く，匍匐茎は生じない．葉身はV字型に折りたたまれて出現し，展開すると扁平になる．穂は円錐花序で開花期に広がり，英名cocksfootの由来となった鶏足状を呈する（図4.5）．耐寒性・雪腐病抵抗性などを含む越冬性は寒地型イネ科牧草の中では極強のチモシーよりは劣るが，高温・乾燥に対する抵抗性はトールフェスクに次いで優れる．しかし，耐湿性は必ずしも優れていない．また耐陰性が強く，果樹園のような日陰でもよく生育する（これが米名orchard（＝果樹園）の由来とされる）．施肥に対する反応が高く再生力に優れるが，年平均気温6〜7℃以下となる寒地・寒冷地や，年平均気温13℃以上となる温暖地・暖地では，冬枯れや夏枯れにより永続性が低下し，経年化に伴い株化し，雑草が侵入しやすく，出穂期以降の栄養価の低下が大きい．出穂期の乾物率は

図4.5　オーチャードグラスの草姿と穂

約20%，また乾物中のTDNは65%程度で，チモシーやライグラス類よりもやや低い傾向がみられる．家畜の嗜好性はチモシーよりやや劣る．採草利用としての年間刈取り回数は，寒地では3回，寒冷地から温暖地では3～5回が標準である．

c. 栽培管理

　寒地型イネ科牧草の中では幅広い環境適応性をもつことから，北海道から九州の高冷地に適し，永年草地の主要な基幹草種である．採草，放牧，兼用のいずれにも利用できる．作期は北海道，東北北部を主とする寒地では春播き，東北以南の寒冷地から暖地では秋播きが一般的である．春播き地域での播種当年の利用は秋に限られるが，2年目以降の主な利用期間は5～10月である．秋播き地域では，定着が良ければ2年目の春から利用できるが，本格的な利用は夏以降となる．3年目以降の主な利用期間は4～11月である．混播草種は地域によってやや異なるが，採草用としてはアカクローバ，シロクローバ，ライグラス類と混播し，寒地ではメドウフェスクを2番草以降の収量向上のために混播することも可能である．放牧用としてはシロクローバ，ペレニアルライグラス，ケンタッキーブルーグラスなどと混播し，寒地ではメドウフェスクを混播して季節生産性を平準化することも可能である．出穂期以降の品質・嗜好性の低下が大きく刈取り適期幅が狭いので，大規模に栽培する場合には出穂期の異なる

品種を組み合わせ，飼料価値の高い出穂期頃までに刈り取る．また寒地では冬枯れを防ぐため，越冬前に貯蔵養分を蓄積する時期である9月下旬～10月上旬の刈取り危険期の利用は避ける．放牧利用では春の余剰草をできるだけ少なくするため，春季の放牧圧を高めたり，余剰草を採草利用するなどの対策を取る．

d. 主要品種の特性

北海道から中部高標高地に適する寒地・寒冷地向き品種と，東北の中標高地から九州の高冷地に適する温暖地向き品種に分かれる．

(1) 'はるねみどり'

寒地・寒冷地向き品種．出穂始期は早生品種の'ワセミドリ'より1日遅い早生品種である．越冬性，収量性に優れ，特に春と秋の収量性が'ワセミドリ'よりも多収である[35]．

(2) 'ハルジマン'

寒地・寒冷地向き品種．出穂始期は中生品種の'オカミドリ'より1日遅い中生品種である．早春の草勢，雪腐病，すじ葉枯病抵抗性に優れる．収量性は'オカミドリ'と同程度であるが，1番草の収量は'オカミドリ'よりも多収である[50]．

(3) 'トヨミドリ'

寒地・寒冷地向き品種．出穂始期は中生品種の'オカミドリ'より約8日遅い極晩生品種である．越冬性，すじ葉枯病抵抗性に優れ多収である．1番草の乾物分解率がやや低く，放牧適性はやや劣る[27]．

(4) 'アキミドリⅡ'

温暖地向き品種．出穂始期は極早生品種の'アキミドリ'より2日早い極早生品種である．うどんこ病に抵抗性のある品種で，黒さび病，雲形病に対する抵抗性も優れ，収量性，栄養価の低下が少ない[40]．

(5) 'まきばたろう'

温暖地向き品種．出穂始期は中生品種の'マキバミドリ'より3日早い中生品種である．'マキバミドリ'よりも多収で，既存の中生品種の中でも収量性が高く，経年に伴う収量の低下も少ない．また，さび病，雲形病，うどんこ病に対する抵抗性にも優れる[1]．

4.1.4 メドウフェスク

学名:*Festuca pratensis* Huds., 英名:meadow fescue, 和名:ヒロハノウシノケグサ

a. 来歴と分布

メドウフェスクはヨーロッパ,シベリアを原産地とし,北欧・東欧をはじめ世界の冷涼地帯に分布する.

b. 形態と生育特性

メドウフェスクは多年生でトールフェスクに比べ植物体全体が小型で,葉耳の縁に短毛がないのに対し,トールフェスクには短毛がある.穂は円錐花序である(図4.6).またメドウフェスクは二倍体($2n=14$)であるのに対し,トールフェスクは六倍体($2n=42$)である.メドウフェスクはトールフェスクよりも永続性は劣り,肥沃で湿潤な土壌を好む.耐寒性などの越冬性関連特性はチモシーよりやや劣るが,オーチャードグラス並みかやや強い.草種としての早晩性はオーチャードグラスとチモシーの中間に入り,早生種の出穂がオーチャードグラスの晩生種の出穂とほぼ同時期である.栄養価,消化率はトールフェスクと同程度で,家畜の嗜好性はトールフェスクよりも良好である.チモ

図4.6 メドウフェスクの草姿と穂

シーやオーチャードグラスに比べると収量性はやや低いものの,再生が良好で短日下での秋季生育にも優れ,季節別収量が比較的平準で,家畜の嗜好性もオーチャードグラスより優れる.なお,メドウフェスクなどのフェスク類はライグラス類との属間交雑が可能であり,フェスク類の品質・嗜好性などの改善,また逆にライグラス類の環境耐性の改善を目標に,両者の属間雑種(フェストロリウム品種)の開発も国内外で行われている.

c. 栽培管理

適地はチモシーとほぼ同様で,北海道と東北の高冷地に適する.放牧および採草利用に適する.耐暑性・耐旱性に劣り,冠さび病・網斑病などにも弱いので,高温・乾燥となり病害の発生しやすい関東以西の温暖地・暖地での栽培には適さない.基幹草種として単播で利用されることはほとんどなく,これまでは混播草地における補助草種としてオーチャードグラスおよびマメ科牧草と混播して利用されてきた.現在は,主にペレニアルライグラスが利用できない北海道東部での集約放牧用として利用されている[39].またメドウフェスクにはエンドファイト(*Neotyphodium uncinatum*)が感染するが,トールフェスク,ペレニアルライグラスとは感染するエンドファイトが異なり,家畜中毒の被害を引き起こすアルカロイドは産生しない[3].

d. 主要品種の特性

(1) 'ハルサカエ'

越冬性が'トモサカエ'より優れ,多収で,放牧および採草・放牧兼用利用として北海道および本州中部以北の高冷地に適する.シロクローバとの混播適性も良好で,集約放牧にも適する[41].

(2) 'まきばさかえ'

雪腐病抵抗性が'ハルサカエ'より優れ,より越冬性が向上している.短草・多回刈りでの乾物収量が多い.また放牧適性もやや優れ,北海道の土壌凍結地帯での集約放牧利用に適する[44].

4.1.5 トールフェスク

学名:*Festuca arundinacea* Schreb.,英名:tall fescue,和名:オニウシノケグサ

図4.7　トールフェスクの草姿と穂

a. 来歴と分布

トールフェスクは西ヨーロッパを原産地とし，現在はアメリカ，フランス，オーストラリアなどで栽培されている．

b. 形態と生育特性

多年生で出穂期の草丈は120〜150 cm に達する．穂は円錐花序で，1次枝梗は比較的短い（図4.7）．寒地型イネ科牧草のなかでは最も環境適応性が高く，世界の温帯地域で広く栽培されている．また根系の発達が良く深根性であるため永続性に優れ，土壌保全能力が高いことから，傾斜放牧地や道路の法面などにも利用される．一方，初期生育は遅く，成長とともに茎葉が粗剛となり，晩春から夏にかけて家畜の嗜好性や栄養価が低下する．出穂期の乾物率は約20％，乾物中のTDNは63％程度で，オーチャードグラスとほぼ同様である．

c. 栽 培 管 理

北海道から九州まで全国的に適し，採草および放牧用に利用できるが，耐暑性・耐旱性に優れることから，主にオーチャードグラスを長期間栽培利用できない年平均気温13℃以上の暖地・温暖地の中標高地での放牧利用に適する．作期は寒地では5月上旬頃の春播き，暖地では9月中旬〜10月上旬頃の秋播きが一般的である．秋播き地帯では，2年目の春から放牧でき，冬の温暖な地域は厳寒期を除き周年放牧も可能である．トールフェスクは主として放牧地で

用いられるが，初年目の定着が遅いことから，定着するまでは強度の放牧は避ける．定着後はむしろ強めの放牧によって低草高が維持されると分げつ密度が高まり，草質は良好となる．ただし，長期にわたる強放牧や，草丈が5cm以下となるような放牧は，生産性と永続性が低下することから避ける．また現在芝草用として多数の品種が販売されているが，それらのほとんどが環境耐性，耐虫性の向上のためにエンドファイトが感染している．エンドファイトにより産生されるアルカロイドにより家畜中毒が生ずる[15]ことから，芝草用品種は飼料として利用しない．混播するマメ科草種としてはシロクローバが適するが，シロクローバが春や秋に優先する地域では，アカクローバの方が望ましい．

d. 主要品種の特性

(1) 'ホクリョウ'

越冬性に優れ，茎葉の消化性は高いが，耐暑性がやや劣ることから北海道・東北および北陸地域に適する晩生品種である[19]．

(2) 'ウシブエ'

九州から東北中部までの広範囲の地域に適応し，'サザンクロス'より永続性・収量性に優れる中生品種である．特に暖地の放牧草地等における永年的な高品質牧草生産が可能である[9]．

4.1.6　ペレニアルライグラス

学名：*Lolium perenne* L., 英名：perennial ryegrass, 和名：ホソムギ

a. 来歴と分布

ペレニアルライグラスはヨーロッパを原産地とし，現在は世界中の温帯地域で栽培されている．

b. 形態と生育特性

多年生であるが永続性は優れているとは言えない．出穂期の草丈はイタリアンライグラスよりも低く，50〜80 cmで分げつ数は多い．穂は穂状花序で無柄の小穂が花軸に平面上に互生する（図4.8）．ペレニアルライグラスの種子の護穎には芒がなく，また若い葉は折りたたまれて出現することで，イタリアンライグラスと区別できる．本来は二倍体（$2n=14$）であるが，飼料用としては四倍体品種が普及している．越冬性はイタリアンライグラスより強いものの，ほかの寒地型イネ科牧草のなかでは弱く，高温・乾燥への適応性も良くない．

図4.8　ペレニアルライグラスの草姿と穂

しかし，初期生育が良く，分げつ力と再生力が旺盛で，家畜の嗜好性・耐蹄傷性にも優れ，強い放牧圧下できわめて優れた特性を発揮することから，主に放牧用草地に利用される[32]．出穂期の乾物率は約20%，乾物中のTDNは70%程度であり，品質はイタリアンライグラスに類似していてきわめて良好である．

c. 栽培管理

オーチャードグラスより耐寒性・耐暑性・耐乾性は劣り，年平均気温8〜12℃程度の東北以南の高冷地に適する．このほか北海道では土壌凍結の少ない道北・道央・道南地域で利用できる．放牧，採草あるいは採草・放牧兼用利用のいずれにも利用されるが，主に出穂が早い中生品種は兼用利用に，晩生品種は放牧専用に利用される．作期は北海道および東北の高冷地では春播きされるが，東北以南では秋播きが一般的である．春播き地帯での播種当年の利用は秋に限られるが，2年目以降は5〜10月の間利用できる．単播で利用されることはほとんどなく，オーチャードグラス，シロクローバなどと混播される．秋播き地帯では定着が良ければ2年目の春から利用できる．発芽が良好で定着も容易だが，秋播きの場合には播種期が遅れると寒害を受けやすい．高頻度の放牧利用によって密な草地を形成する反面，伸ばしすぎると再生不良が著しいので，草地を長期間維持するには短草条件での集約的な利用が適する．冬枯れの危険がある地域では，早めに秋の放牧を終了し，越冬前の生育日数を十分確保する．

またトールフェスクと同様に，芝草用ペレニアルライグラスは耐虫性や耐旱性を付与するためエンドファイトを感染させたものが多く，エンドファイトにより産生されるアルカロイドにより家畜中毒が生ずる[15]ことから，芝草用品種は飼料として利用しない．

d. 主要品種の特性

北海道から中部高標高地に適する寒地向き品種と，東北の中標高地から九州の高冷地に適する寒冷地および温暖地向き品種に分けられる．

(1) 'ポコロ'

寒地向き品種．出穂始期は晩生品種の'フレンド'より4日早い晩生品種である．耐寒性・耐雪性・雪腐病抵抗性は'フレンド'と同程度であるが，収量性・永続性は優れ，放牧用に適する[36]．

(2) 'チニタ'

寒地向き品種．出穂始期は晩生品種の'ポコロ'より5～8日早い中生品種である．収量性は'ポコロ'と同程度で，季節生産性は'ポコロ'に比べ春季はやや少なく，秋季はやや多い．採草・放牧兼用あるいは放牧用に適する[52]．

(3) 'ヤツユメ'

寒冷地および温暖地向き品種．出穂始期は晩生品種の'ヤツユタカ'より4日早い晩生品種である．越夏性や耐雪性は'ヤツユタカ'と同程度であるが，収量性に優れ，春季および秋季は'ヤツユタカ'より多収である．放牧専用草地に適する．

(4) 'ヤツカゼ2'

寒冷地および温暖地向き品種．出穂始期は中生品種の'ヤツカゼ'と同じ中生品種である．冠さび病・網斑病抵抗性に優れ，収量性も'ヤツカゼ'より優れ，特に夏季から秋季にかけて多収である．採草・放牧兼用あるいは放牧用に適する[43]．

4.1.7 イタリアンライグラス

学名：*Lolium multiflorum* Lam., 英名：Italian ryegrass, 和名：ネズミムギ

a. 来歴と分布

イタリアンライグラスは地中海地方の原産で，現在は世界の温帯・亜熱帯ま

で広く分布している.

b. 形態と生育特性

1～2年生で出穂期の草丈は100～130cmに達する. 穂は穂状花序でペレニアルライグラスよりも多くの無柄の小穂が花軸に平面上に互生する（図4.9）. ペレニアルライグラスとの識別には護穎の芒の有無のほか, イタリアンライグラスの根が蛍光反応性を示すことも利用される[4,31]. 初期生育が旺盛で, 比較的短期間で多収をあげることができ, ほかの作物との作付体系に組み入れやすい採草用の草種である. イタリアンライグラスは二倍体（$2n=14$）と四倍体（$2n=28$）品種があり, 極早生・早生品種は主に二倍体が, 中生・晩生品種は四倍体が多くを占めている. 寒地型イネ科牧草のなかでは越冬性・越夏性が劣るものの, 湿潤条件ではほかの牧草より優れ, 東北以南での集約的な飼料生産に適している. 出穂期の乾物率は約18％, 乾物中のTDNは70％程度とイネ科牧草としてはきわめて高く, 家畜の嗜好性も良好である.

c. 栽培管理

北海道から沖縄まで栽培できるが, 主に東北中部以南で利用できる. 停滞水にはそれほど強くないが, やや排水不良な転換畑などの過湿条件でもよく生育する. 作期として基本は東北中部以南で秋播きされ越年利用される. 播種適期

図4.9 イタリアンライグラスの草姿と穂

は，東北地方は9月中旬～10月中旬，関東・中部地方は9月下旬～10月下旬，西南暖地は10月上旬～11月上旬である．ただし，耐雪性は弱く，根雪日数が120日を越す地域には適さない．また北海道と東北の高冷地では，越冬できないため春播きされる場合もある．発芽は良好で定着も容易だが，播種期が遅れると寒害を受けやすい．さらに暖地では播種期が早すぎると発芽直後にいもち病や立枯病の被害を受けやすい．基本的な作付体系ではほとんど単播されるが，イタリアンライグラスの収穫時期における倒伏の軽減と増収効果を得るため，あるいは長期間の省力栽培のために，ムギ類と混播する場合もある[23,39]．また，暖地型牧草草地における冬季間の生産量の確保や，耕作放棄地や転作田における肉用牛の冬季放牧用飼料としての利用も可能である[33]．

d. 主要品種の特性

　イタリアンライグラスは早期水稲の前作用から2～3年間の短年利用向きまで多様な品種が育成されており，出穂の早晩性・再生力などから下記の5つの利用型に分けられる．

　①年内利用型：極早生種で，暖地で早播きすると年内出穂することから年内収量が多い．耐寒性・耐雪性は弱く，越冬後の利用には適さない．

　②極短期利用型：極早生種で，初期生育が旺盛で節間伸長が早く，早春に出穂し早くから利用可能である．気温が上昇してからの再生力は弱い．耐寒性・耐雪性は低く，残根量は少ない．

　③短期利用型：早生～中生種で早春の伸長が良好で，高い生産性を発揮する．再生力は春季は強いが，気温の上昇とともに衰える．生育期間は極短期利用型より1ヶ月程度長い．耐寒性，耐雪性もある程度高い．

　④長期利用型：晩生種で，生育後期においても再生力が強く，初夏まで長い期間刈り取り利用できる．

　⑤極長期利用型：晩生種で，夏季冷涼な地域で2～3年間周年利用できる．再生力に優れ越夏性が高く，夏季病害にも強く，秋季生育が良好である．

　以下に，これら各型の代表的な品種を述べる．

　(1) 'シワスアオバ'

　年内利用型．暖地で10月上旬（平均気温17℃）までに播種すると，11月中旬に出穂する二倍体の超極早生品種である．極早生品種の'ミナミアオバ'に比べ，年内草の収量は高く，圃場残根量は半分以下で，水稲および夏作飼料作

物の前作に適する[20].

(2) 'さちあおば'

極短期利用型.いもち病抵抗性を有する二倍体品種で,西南暖地に適する.いもち病が発生しやすい西南暖地で9月上旬から播種が可能で,年内と春の収量が多収である[25].

(3) 'はたあおば'

短期利用型.耐倒伏性に優れ,乾物収量は早生品種の'ニオウダチ'より多収な二倍体品種である.東北南部から関東東海および中国・四国までの根雪日数40日程度の積雪の少ない地域に適する[48].

(4) 'ナガハヒカリ'

短期利用型.耐雪性に優れる四倍体品種である.耐倒伏性・冠さび病抵抗性にも優れる.栽培適地は,根雪日数90日程度までの積雪地帯,および中部以西の高標高地帯に適する[21].

(5) '優春'

短期利用型.既存品種のなかでは硝酸態窒素およびカリウムの蓄積含量が相対的に少ない品種である.乾物収量・耐倒伏性にも優れる[7].

(6) 'ヒタチヒカリ'

長期利用型.耐倒伏性と冠さび病抵抗性に優れる四倍体品種である.乾物収量は'ヒタチアオバ'よりやや多収である.根雪日数60日以上の多雪地帯を除く南東北から九州地帯まで適する[47].

(7) 'アキアオバ3'

極長期利用型.越夏性に優れ,播種後2年目の春季まで利用可能な四倍体品種である.乾物収量は'アキアオバ'より多く,越夏前よりも越夏後の収量性に優れる.多雪地帯を除く東北南部地域,および関東東山地域の高冷地に適する[49].

4.1.8 そのほかの寒地型イネ科牧草

a. リードカナリーグラス

学名:*Phalaris arundinacea* L.,英名:reed canarygrass,和名:クサヨシ

ヨーロッパ,北アメリカおよびアジア温帯地域に広く自生する.多年生で茎葉はきわめて粗剛で,地下茎で栄養繁殖し,草丈は2m以上に達する.穂は

円錐花序で小穂が密集する．耐湿性に優れるほか，耐酸性に強く，適応範囲もpH 4.9～8.2と広く，肥沃でない土壌でもよく生育する．冬季の低温により葉身が枯れ上がるが，地下茎で越冬するため植物体の越冬程度はチモシー並に強く，オーチャードグラスより良好である．また耐旱性はトールフェスク並に強い．粗タンパク質含量は一般にオーチャードグラス，チモシー，トールフェスクなどより高く，消化率もアルファルファと同様の高い値を示す．ただし，生育が進み出穂期以降になると栄養価・嗜好性は急速に低下する．またグラミン，ホルデニン，5-メトキシ-N-メチルトリプタミン，ジメチルトリプタミンなどのインドールアルカロイドを含んでいるため家畜の嗜好性が劣るが，アルカロイド含有率の低い品種も育成されている．採草利用を主体とし，特に省力的なロールベール方式による周年収穫作業に適している．北海道から九州の中標高地までの夏季高温となる地域を除いた比較的温暖な地域に適する．特に耐湿性に優れ，冠水抵抗性はケンタッキーブルーグラスとともに寒地型イネ科牧草のなかで最も強く，積雪地の融雪水などの停滞水状態にもよく耐え，地下茎で増えるため地盤の軟弱な湿潤地にも適する．採草利用では1番草の出穂始期から出穂期の間であれば高品質な乾草収穫が可能であるが，刈り取りが遅れると繊維成分が急激に増加し，粗タンパク質含量・乾物消化率が低下し，家畜の嗜好性が落ちる．国内育成品種はなく，主要な品種としては低アルカロイド品種の'パラトン'[18]，'ベンチャー'[17]がある．

b. ケンタッキーブルーグラス

学名：*Poa pratensis* L., 英名：kentucky bluegrass, 和名：ナガハグサ

ヨーロッパ原産で，温帯から亜寒帯に分布している．多年生で地下茎で広がり，密な草地を形成する．穂は円錐花序で，葉身は先端が舳先状を呈する．草丈は放置すると出穂茎が70 cm以上に達することもある．耐寒性は強いが，耐暑性・耐旱性は強くなく，高温期には生育が停滞し，さび病が発生しやすい．ほかの寒地型イネ科牧草より栄養価・嗜好性ともにやや劣る．一度定着すると地下茎によって密な草生を形成することから，放牧地で用いられるほか，公園，運動場，ゴルフ場の芝生用，道路の法面などの土壌保全用としても使用されている．一般的にはオーチャードグラス，シロクローバ，アカクローバなどと混播して利用される．北海道と本州中部以北の年平均気温12℃程度までの寒冷地に適する．生殖様式は一部有性生殖も行う条件的アポミクシス（無配偶生殖）

で，国内では育種は行われていない．主要な品種としては'ラトー'，'トロイ'，'ケンブルー'などの放牧用品種がある．

c. フェストロリウム

学名：x *Festulolium* Aschers. et Graebn.　英名：festulolium

フェストロリウムは，フェスク類のもつ優れた耐寒性や耐旱性などの環境ストレス耐性および永続性と，ライグラス類のもつ優れた消化性・再生力・収量性などを合わせもつように育成された属間雑種である[10]．フェスク類としてはメドウフェスクやトールフェスク，ライグラス類としてはイタリアンライグラスやペレニアルライグラスが主に利用される．品種はフェスクとライグラスの雑種に由来する複倍数性品種と，フェスクまたはライグラスの目的とする遺伝子のみを導入する戻し交雑により育成された移入交雑品種がある．品種育成は，チェコ，ポーランドなどヨーロッパを中心に，主にイタリアンライグラスとメドウフェスクの組み合わせにより行われている．主要な品種としては'東北1号'と'バーフェスト'がある．'東北1号'[51]は出穂始期が'バーフェスト'と同じ5月下旬である．越冬性は'バーフェスト'やオーチャードグラス品種よりも劣るが，耐湿性・冠さび病抵抗性・越夏性は'バーフェスト'より優れ多収である．寒冷地の中標高以下の転作田や飼料畑での採草利用に適する．

〔田瀬和浩〕

引 用 文 献

1) 荒川　明ほか(2006)：畜産草地研究成果情報，**6**：61-62.
2) Balsako, J. A. and Nelson, C. J.(2003)：*Forages, Volume 1：An introduction to grassland agriculture, 6th ed.* (Barnes, R. et al. eds.), p.125-148, Iowa State Press.
3) Christensen, M. J. *et al.*(1993)：*Mycol. Res.*, **97**：1083-1092.
4) Corkill, L.(1932)：*Nature*, **130**：134.
5) FAO(2008)：*Are grasslands under threat? Brief analysis of FAO statistical data on pasture and fodder crops.*
   http://www.fao.org/ag/agp/agpc/doc/grass_stats/grass-stats.htm
6) 藤井弘毅ほか(2010)：北海道農業研究成果情報，158-159.
7) 深沢芳隆ほか(2006)：畜産草地研究成果情報，**6**：85-86.
8) 古谷政道ほか(1992)：北海道立農業試験場集報，**64**：75-89.
9) 我有　満ほか(2004)：九州沖縄農業研究成果情報，**4**：195-196.
10) Ghesquière, M. *et al.*(2010)：*Fodder crops and amenity grasses* (Boller, B. *et al.* eds.), p.293-316, Springer.
11) 平島利昭(1984)：畜産の研究，**38**：485-490.

12) 北海道農政部(2005)：北海道草地の簡易更新マニュアル，p.1-13，北海道農政部.
13) 北海道農政部(2010)：北海道施肥ガイド2010，p.189-200，北海道農政部.
14) 池田哲也(2006)：北海道農業研究センター研究報告，**185**：33-85.
15) 井上達志(2003)：日本草地学会誌，**49**：528-535.
16) 石田　亨(1993)：北海道草地研究会報，**27**：27-32.
17) Kalton, R. R. et al.(1989a)：Crop Sci., **29**：1327.
18) Kalton, R. R. et al.(1989b)：Crop Sci., **29**：1327-1328.
19) 川端習太郎ほか(1972)：北海道農業試験場研究報告，**103**：1-22.
20) 小橋　健ほか(1998)：山口県農業試験場研究報告，**49**：47-60.
21) 小林　真ほか(1992)：北陸農業試験場報告，**34**：141-154.
22) 窪田文武ほか(1973)：日本草地学会誌，**19**：302-312.
23) 国吉　誠(1999)：富山県畜産試験場研究報告，**14**：39-42.
24) 増谷哲雄ほか(1981)：北海道立農業試験場集報，**45**：101-113.
25) 水野和彦ほか(2003)：山口県農業試験場研究報告，**54**：11-24.
26) Moser, L. E. and Nelson, C. J.(2003)：*Forages, Volume 1：An introduction to grassland agriculture, 6th ed.*（Barnes, R. et al. eds.），p.25-50, Iowa State Press.
27) 中山貞夫ほか(2002)：北海道農業研究センター研究報告，**176**：57-74.
28) 農林水産省畜産局(1995)：草地管理指標―草地の維持管理，草地の土壌管理及び施肥編，p.31-32，農林水産省畜産局.
29) 農林水産省畜産局(1995)：草地管理指標―草地の維持管理，草地の土壌管理及び施肥編，p.68-95，農林水産省畜産局.
30) 農林水産省大臣官房統計部(2010)：耕地及び作付面積統計，p.96-97，農林統計協会.
31) Nyquist, W. E.(1963)：Crop Sci., **3**：223-226.
32) 落合一彦(1995)：集約放牧マニュアル（集約放牧マニュアル策定委員会編），p.11-12，北海道農業改良普及協会.
33) 小川恭男ほか(1994)：日本草地学会誌，**40**(別)：295-296.
34) 長田武正(1989)：日本イネ科植物図譜，p.1-34，平凡社.
35) 眞田康治ほか(2006)：北海道農業研究センター研究報告，**185**：13-31.
36) 佐藤尚親ほか(2002)：北海道立農業試験場集報，**82**：57-66.
37) 清水矩宏・舘野宏司(1991)：日本草地学会誌，**37**(別)：89-91.
38) 下小路英男(1994)：北海道立農業試験場集報，**61**：291.
39) 須藤賢司(2004)：北海道農業研究センター研究報告，**181**：43-87.
40) 杉田紳一ほか(1995)：草地試験場研究報告，**52**：1-11.
41) 高井智之ほか(2001)：北海道農業試験場研究報告，**173**：47-62.
42) 玉置宏之ほか(2002)：北海道立農業試験場集報，**69**：161.
43) 田瀬和浩ほか(2005)：山梨県酪農試験場研究報告，**17**：1-28.
44) 田瀬和浩ほか(2008)：北海道農業研究成果情報，88-89.
45) 植田精一ほか(1977)：北海道立農業試験場集報，**38**：34-46.
46) 脇本　隆(1980)：北海道立農業試験場集報，**31**：1-80.
47) 矢萩久嗣ほか(1996)：茨城県畜産試験場研究報告，**23**：31-49.
48) 矢萩久嗣ほか(2004)：茨城県畜産センター研究報告，**37**：49-69.
49) 矢萩久嗣ほか(2006)：畜産草地研究成果情報，**6**：83-84.
50) 山田敏彦ほか(2002)：北海道農業研究センター研究報告，**177**：15-36.
51) 米丸淳一ほか(2008)：畜産草地研究成果情報，**8**：85-86.

52) 吉田昌幸ほか(2009)：北海道立農業試験場集報，**94**：17-30.
53) 吉澤　晃ほか(2005)：北海道立農業試験場集報，**88**：37-47.

4.2　暖地型イネ科牧草

4.2.1　概　要
a.　栽培と生産の現状

　暖地型牧草は，熱帯・亜熱帯の暖地における家畜の主要粗飼料源である．わが国でこれらが九州・沖縄地域に導入され，栽培試験が盛んに行われるようになったのは，1960年代以降である．暖地型イネ科牧草は，C_4炭酸固定経路を有することが，高い成長速度，高い水・窒素利用効率と比較的低い栄養価をもたらしている．熱帯地域の気温・日射量の変動は小さいのに対して，降雨の量とその季節的分布が草種の決定に重要な要因となる．一方，沖縄県や奄美諸島などの亜熱帯地域や九州などの西南暖地では，気温，特に冬の低温に対する耐性（越冬性）が多年利用における草種の決定に重要な役割を果たす．

b.　生理・生態

　暖地型イネ科牧草の葉身の形態は，生理的機能と密接に関連しており，厚い細胞壁をもつ維管束鞘細胞層が維管束を取り囲み，維管束鞘細胞に薄い細胞壁の葉肉細胞が配位するC_4「Kranz」葉構造をもつ．そのため，細胞間の距離が短く，厚壁細胞と維管束組織の割合が高い．多くの暖地型イネ科牧草は，いわゆる「T」，「I」格子状構造を有し，表皮が消化速度の低い厚壁細胞と維管束鞘細胞を介して維管束と結合しているため，表皮が消化されにくく，ルーメン微生物が葉身内部の高消化性の細胞に到達しにくく，消化性を低めている[2]．

　多くの暖地型イネ科牧草の日長に対する反応性は中性（中日性）であるため，生育期間を通して節間伸長し，出穂する．一方，ネピアグラスのように，短日性であっても栄養成長期に節間伸長する草種もある．これらの特性のために，栄養成長初期や刈取り直後を除いて，葉身の割合が低くなりやすい[30]．暖地型牧草の種子繁殖では，有性生殖に加えてアポミクシス（単為生殖）があり，アポミクシスでは交配が起こらず遺伝的な改良が困難となるため，改良には有性生殖系統の利用が求められている[3]．

　生理的な特徴としては，炭酸固定効率の高さと光呼吸がほとんどみられない

ため，光合成速度は C_4 牧草では C_3 牧草の約2倍であるが，蒸散速度はほぼ同程度である．個体群レベルでは，C_4 牧草の水利用量は C_3 牧草とほぼ同程度で，炭酸固定量は高くなるため，水利用効率は約2倍になる．C_3 牧草はリブロース-1,5-ビスリン酸カルボキシラーゼ/オキシゲナーゼ（Rubisco）に可溶性タンパク質の30～50%を投資するのに対して，C_4 牧草では約半分の投資でよくなるため，一般に窒素利用効率が高くなる[2]．

C_4 光合成経路が，比較的低い葉身窒素含有率のもとでの高い炭酸固定活性を示すため，C_4 牧草の粗タンパク質含有率は，C_3 牧草に比べて平均で約40～60 g/kg 低くなる．また，C_4 牧草の in vitro 乾物消化率（IVDMD）が C_3 牧草に比べて平均で約80～150 g/kg 低くなるのは，厚壁の維管束鞘細胞と厚壁細胞，格子状構造を葉身が有するためである．さらに高温条件下では，リグニンの蓄積が進み，消化性を低下させる[1]．

c. 草地管理と利用

暖地型イネ科牧草地の造成にあたって注意すべき点は，ほかの飼料作物種と同様の点が多いが，多くの種で種子の稔性が低く，不稔であるため栄養繁殖が要求される．C_4 牧草種では肥料（特に窒素）の要求性に変異が大きいが，窒素施肥の不足による草地の退化が頻発しやすい．温暖地では放牧利用が一般的であるが，剪葉の程度に対する耐性には変異が大きいため，草種選定には注意を要する[17]．

熱帯・亜熱帯地域における暖地型イネ科牧草の用途とその特徴を列記すると，採草利用では畜舎の近傍などの飼料畑で栽培することにより，飼料の収穫が容易となり，家畜糞尿の散布が平易になる利点がある．放牧利用では，放牧利用できる土地が確保されれば省力的飼養ができるものの，家畜のほかの圃場への侵入を防ぎ，かつほかの野生動物の草地への侵入を防ぐための柵の設置が必要となる場合がある．生垣利用では，ほかの圃場への家畜の侵入を防ぐため，暖地型マメ科飼料木が利用されることがあり，同時に高タンパク質の給源としての用途も兼ねることとなる．傾斜地の等高線に沿った栽培では，土壌や雨水の流亡を防ぎ，生垣利用を兼ねることも可能である．一年生作物（キャッサバやトウモロコシ），あるいは木本のプランテーション作物（バナナ，ココヤシ）栽培における雑草の繁茂抑制，放牧草としての利用を意図し，主に匍匐型草種が栽培できるなどの種々の用途があげられる[6]．

4.2.2 バヒアグラス

学名：*Paspalum notatum* Flugge，英名：bahiagrass，和名：アメリカスズメノヒエ

a. 来歴と分布

バヒアグラスは中南米原産で，アメリカには1913年に導入され，主に南部沿岸地域に分布している．さらにアルゼンチン，ウルグアイ，パラグアイなどのラテンアメリカ，インド，オーストラリア，台湾などの亜熱帯から暖温帯に広く分布している．日本には，1952年に九州農業試験場に導入，試作され，現在では西南暖地の低標高地帯で最も重要な放牧用基幹草種となっている[17]．キビ亜科に属する．

b. 形態と生育特性

草高20～50 cm の匍匐性の多年生草種で，深根性で，直径5 mm 以上の太く短い匍匐茎で広がる．出穂時に80 cm に達し，葉身長20～50 cm，葉幅3～10 mm である（図4.10）．穂状花序で，5～10 cm の総が通常V字状で2列に分かれ，小穂は総の片側に2列に密に着生し（図4.10），種子は長さ3 mm で千粒重1.8～4.0 g である．長日植物で九州では6～10月まで出穂する．

バヒアグラスは砂壌土を好み耐乾性が大きく，バーミューダグラスやダリスグラスに比べて土壌適応性が広い．雑草に対する耐性が高く，一旦密な草地を形成すると，耐踏圧性が極めて強く，多年にわたり放牧利用が可能である．高温・多照下で生産性が高いが，放牧下の耐陰性も合わせもつ．耐寒性は暖地型牧草で最も強く，西日本の低暖地で越冬可能である．病害虫による被害を受けにくく，低肥沃度の土壌においても適度な収量性をあげ得る．乾物収量は多肥

図4.10 バヒアグラス（品種 'Tifton 9'）の造成草地（左）および品種 'Pensacola' の出穂茎（右）

の下で 20 t/ha 以上で，粗タンパク質含有率 5〜20%，IVDMD 50〜70% である．通常放牧利用され，乾草調製を行うと葉の割合が高い．放牧された肉牛の増体は中程度である[30]．

c. 栽培管理

播種は通常，晩霜の恐れのなくなった 4 月中旬〜6 月中旬に，播種深 0.6〜1.25 cm，播種量 20 kg/ha で散播するが，鎮圧の可能な播種機では定着性が向上でき，シードペレットの開発とその利用法が検討され，表面播種には地表を攪乱し，6 月に播種するのが適当である[4,31]．また，セルトレイで養成した苗の移植法が開発されている[17]．8 月下旬〜9 月中旬の秋播きも可能で，この場合，越冬性の確保が重要である．発芽・初期成長が遅く，雑草管理（掃除刈りなど）が定着性の向上に重要である．300 kg N/ha までの 1〜2 回の追肥施用により，定着性が増す．造成翌年以降の年間施肥量は，多収を確保するためには，ha あたり窒素 112〜224 kg を 3〜4 回に分施し，リン 29 kg およびカリウム 56 kg が必要である．マメ科牧草との親和性は，リンおよびカリウムの施用下で，寒地型牧草のシロクローバなどとは認められている．種子収量は比較的高く，精選種子収量で ha あたり 112〜336 kg と報告されている．

d. 主要品種の特性

二倍体品種（Pensacola 型）は有性生殖系統で，葉身が長く葉幅が狭く匍匐性と耐寒性に優れ，アメリカ・フロリダ州で選抜された 'Pensacola' やわが国では 'ナンゴク'，'ナンプウ'，'シンモエ' が育成されており，近年立性で葉の割合の高く，'Pensacola' に比べて多収の 'Tifton 9' や，出芽が早く発芽勢の優れる 'TifQuik'，'Pensacola' に比べて耐寒性が改良された 'UF-Riata' などがアメリカにおいて品種登録された．四倍体品種（common 型）は，葉幅が広く株張りと耐寒性に劣るが良採食性で，'ナンオウ' やオーストラリアで育成された 'Competidor' などがある．'ナンオウ' の休眠打破には乾熱処理を採種の翌春に行うのが有効である[28]．

4.2.3 アトラパスパラム

学名：*Paspalum atratum* Swallen，英名：atrapaspalum

a. 来歴と分布

アトラパスパラムは南米・ブラジルの低湿地が原産で，1990 年代にブラジ

図4.11 アトラパスパラム(定着直後(左),出穂期(右))

ルでみいだされ,アメリカ,東南アジアなどに導入され,栽培が普及している.キビ亜科に属する.

b. 形態と生育特性

株型の多年生草種で,草高は通常1m以内であるが(図4.11),短日感応後に幼穂形成・節間伸長し,草高2mに達する(図4.11).葉幅は25mm以上で広く,葉身割合が高く,採草利用に適し,家畜の嗜好性も高い.円錐花序で,穂長26cm,総が20本に達し,千粒重2.2〜4gである分.肥沃土壌でよく生育するが,肥沃度の低い酸性土壌にも適応できる.湛水栽培が可能で[12],長い乾期にも耐えるが,耐霜性は低い.種子収量は人力採種で1t/haに達するが,脱粒性も高い.通常播種により造成し,発芽率80%以上で発芽勢も高いが,株分けによる造成も可能である.刈取り後の再生能力に優れるが,頻繁な刈取りでは生産性が低下する.乾物収量は10〜15t/haで,高施肥条件で26t/haに達し,粗タンパク質含有率は約11%,IVDMDは50〜68%である[6].ブラジルでは'Terenos',アメリカでは'Suerte'が登録された.

4.2.4. ダリスグラス

学名:*Paspalum dilatatum* Poir., 英名:dallisgrass, 和名:シマスズメノヒエ

a. 来歴と分布

ダリスグラスは,南米原産で,1842年にはアメリカでの栽培歴が記録されている.アメリカではニュージャージー州からテキサス,オクラホマ州までの南部に分布する.日本には,1956年に九州農業試験場が'Louisiana B-230'

を導入したのが端緒である．草種名の由来は，20世紀初頭に，アメリカで本草種の普及に尽力したDallis, A. T. 氏に拠っている．キビ亜科に属する．

b. 形態と生育特性

株型の多年生草種で，草高20～50cmである．出穂茎では最大150cmで深根性である．葉は濃緑色で，葉身長は30～50cm，葉幅は3～13mmで

図4.12 ダリスグラスの出穂茎（セントオーガスチングラス草地に混在している）

ある．穂状花序の総が穂軸にほぼ直角に互生し，片側の2列に小穂が付く（図4.12）．1小穂1小花で有毛であり，千粒重1.3～2.0gである．耐寒性と低温伸長性に優れ，亜熱帯か降霜の少ない温暖地に適する．スポーツターフなどの芝地への侵入が問題視されている[24]．年降雨量750～1700mmの地域に適応でき耐乾性に優れるが，冠水抵抗性は劣る．施肥反応性に富み，乾物収量15 t/haで，粗タンパク質含有率4～23％，IVDMD 57～63％で，晩夏まで飼料品質が低下しにくい．出穂・開花前では寒地型牧草のシロクローバやイタリアンライグラスなどとの親和性が高く，地下茎部が大きく強度の刈取りや放牧に耐え，主に肉牛の放牧に利用される．また重粘土壌への適応性も有する．しかし，株中央の地下茎部から再生しない「株抜け」が発生して生産性が低下し，放牧年限が縮まる．穂が麦角病に罹ると品質や収量が低下し，産出するアルカロイドが家畜毒性をもつ．

c. 主要品種の特性

ダリスグラスは単為生殖（apomixis）をするため，交雑育種が困難で，主要品種には，自然変異の結果生じた生態型から選抜された'Louisiana B-230'，'同B-430'，日本で品種登録された'ナツグモ'，ニュージーランドで登録された'Grasslands Raki'などがある．

4.2.5 キシュウスズメノヒエ

学名：*Paspalum distichum* L., 英名：knotgrass

a. 来歴と分布

キシュウスズメノヒエは，熱帯アジア，北中南米，ヨーロッパ，アフリカの

図 4.13　キシュウスズメノヒエ（左）と出穂茎（右）

熱帯・亜熱帯地域に分布し，アメリカではフロリダ州からオクラホマ，テキサス州に分布する．原産地は太平洋州という説と南アフリカという説があり，確定していない．キビ亜科に属する．

b. 形態と生育特性

匍匐茎，地下茎を有する匍匐性の多年生草種である（図 4.13）．湿地で肥沃な土壌では，匍匐茎が旺盛に生育し密な草地を形成するが，水田で輪作作物として栽培した場合には強害雑草化の恐れがある．種子の稔性は 5～10％ と低い．草高 20～40 cm で，2 本の穂状花序は 4～9 cm 長を有する（図 4.13）．草地造成は，匍匐茎を細断して散布して行い，細断茎の萌芽の適温は 30℃ とされる．草量は一般的にそれほど高くないが，放牧家畜の嗜好性は高く，ロールベールサイレージ調整も可能である[1]．

4.2.6　ローズグラス

学名：*Chloris gayana* Kunth，英名：rhodesgrass，和名：アフリカヒゲシバ，オオヒゲシバ

a. 来歴と分布

ローズグラスは東，南アフリカの標高 600～2000 m の熱帯・亜熱帯地域が原産で，ヒゲシバ亜科に属する．関東以西の特に九州では耕地，南西諸島ならびに沖縄では放牧地に導入され，最も普及した暖地型イネ科牧草である．草種名の由来は，アフリカで本草種の栽培に努めた Rhodes, J. C. に由来し，オーストラリアおよびアフリカでは最も重要な栽培草種となっている[18]．

b. 形態と生育特性

多年生草種で,通常匍匐性である.草高は出穂茎では0.5〜2mで,茎は細くて倒伏しやすく,葉は無毛で葉身長15〜20cm,葉幅2〜20mmの多葉性である.穂状花序で長さ4〜15cmの総が穂軸から掌状に3〜20本出る(図4.14).千粒重は0.1〜0.25gである.匍匐茎の節から新株を形成し,速やかに裸地

図4.14 ローズグラス

を被覆する.種子繁殖で,発芽率は40%前後である.乾物収量は10〜25t/haで施肥に対する反応性が高く,飼料品質は,粗タンパク質含有率3〜17%,IVDMD 40〜80%と変動が大きい.生育適温は20〜37℃で広く,低温伸長性に優れる品種'アサツユ'が育成された[27].耐霜性は劣り,九州以北では1年利用である.土壌水分適応性が広く,間欠的な冠水地域でもよく育つ耐湿性と,年降雨量600mmの半乾燥地帯でも生育可能な耐乾性を合わせもつ.pH 4.5以上の土壌に適応でき,火山灰土壌や砂質土壌でもよく生育し,耐塩性が高く,葉にナトリウムを蓄積する.アルファルファ,ファジービーンなどのマメ科牧草との混播適性が高い.沖縄において,ローズグラス草地へのエンバクの追播が有効であった[29].

c. 主要品種の特性

二倍体品種の'Katambora','Pioneer','ハツナツ','アサツユ'などは日長感応性が低いため夏期に出穂し,年間2〜3回程度の採草利用が可能で,開花始期以前の刈取りにより,良質の乾草が調製できる.四倍体品種の'Callide','Samford'などは,茎葉が大型で再生力が旺盛であるが,出穂性は低い.南アフリカの標高1400mの高地で選抜された高塩基・塩分耐性系統'ATF3964'の育成系統がある[2].

4.2.7 ギニアグラス

学名:*Panicum maximum* Jacq., 英名:guineagrass

a. 来歴と分布

ギニアグラスは熱帯東アフリカ原産で,アフリカでは沿岸部から標高

2000 m に及ぶ肥沃な土壌地域に広く自生する．1700年代中盤に西インド諸島に伝来し，その後ラテンアメリカ諸国に導入された．多様な自生地に適応した種々の生態型や系統が報告され，世界の熱帯・亜熱帯において最も広く栽培される草種の1つである．日本には1960年代に導入され，現在九州以北では夏作の一年生牧草として利用され，沖縄県では多年利用が可能である[18]．キビ亜科に属する．

b. 形態と生育特性

株型の多年生草種である．草高は0.5～4.5 m，葉身に毛の有無の変異があり，葉身長15～100 cm，葉幅10～35 mmで，形態的な変異に富む（図4.15）．出穂期は7～12月にわたる．出穂茎が1.5～1.8 mの大・中型品種と1.5 m以下の小型品種に分かれる．垂れて開く12～40 cmの円錐花序で，千粒重は0.45～1.4 gである．出穂や1穂内の開花が長く続くため，稔実期間が長く，種子の脱粒性（shattering habit）が高い．東南アジアでは人力による効率的な採種法が考案されている．根系は深く，密な分枝根が多く耐乾性が高い．西南暖地では4月下旬～6月中旬に，播種量10～20 kg/haで散播・条播する．降霜下での越冬性に劣るが，九州でも自然下種を用いた連年栽培が可能である．浅い土層から石礫地まで生育でき，肥料反応性が高く，排水良好な肥沃地で，年間降水量900 mm以上の地域で最も高収・高品質を示す．刈取り適期としては草丈130～160 cmの伸長期であり，硝酸態窒素含量が高くなりやすいため草丈120 cm以上で刈り取り，被覆尿素（緩効性肥料）による窒素の吸収・利用率の向上を図ることができる[25]．冠水耐性は低く，pH 5.0以下の酸性土壌や高アルミニウム，マンガン土壌に対する耐性も低い．年間乾物収量は20～

図4.15 ギニアグラス（品種 'パイカジ'（左），'うーまく'（右））

30 t/haで, 粗タンパク質含有率6〜25%で, IVDMD 50〜64%である. 弱放牧下ではセントロ, サイラトロなどの蔓性暖地型マメ科牧草との混播適応性に優れる[30]. 種子の休眠性があり, 採種翌年の発芽率は約10%と低いため, ジベレリン処理（予措）で発芽を促進するが, 株分け苗による増殖も可能である. 生殖様式は, アポミクシス（無配偶生殖 apomixsis）と有性生殖（sexual reproduction）がある. センチュウ抑制効果に優れ, 緑肥利用も行われる. アメリカ, フロリダ州などでは柑橘果樹園の, 西南暖地ではトウモロコシなどの青刈飼料畑の強害雑草となることが報告されている.

c. 主要品種の特性

主要大・中型品種にはブラジルで育成された'Colonao', 'Tanzania-1', 'Aries', タイで育成された'St Muang'（'purple quinea'と呼称される), 日本で育成された大型品種の'ナツカゼ', 'ナツカゼ'に比べて放牧下での永続性に優れる'ナツユタカ'[15,16], 南西諸島において'ナツユタカ'に比べて永続性に優れる'パイカジ'[16], 出穂性が低く, 生育に伴う飼料品質の低下を抑制できる'うーまく'[19]などが採草・放牧に利用され, 小型品種には'Sabi', 'ナツコマキ'などがあり主に放牧利用される[4]が, ロールベール調製にも適する[20]. オーストラリアで育成されたグリーンパニック（*P. maximum* var. *trichoglume*）の'Petrie'はギニアグラスの一変種で, 小型の株型で葉幅は狭く草高1mほどに達し, 砂質あるいは重粘土壌を除いた広範囲の土壌に適応し, 重放牧耐性を有する.

4.2.8 カラードギニアグラス

学名：*Panicum coloratum* L., 英名：coloured guineagrass

a. 来歴と分布

カラードギニアグラスは, 熱帯アフリカの重粘地が原産で, 亜熱帯〜温帯南部で栽培されている. キビ亜科に属する.

b. 形態と生育特性

短い根茎をもつ株型の多年生草種で形態的変異性が大きい. 茎は2〜4 mmで細く直立し, 分げつ性が高い. 草高は0.4〜1.5 m, 葉身長5〜40 cm, 葉幅は4〜14 mmで滑らかで, 分枝根が発達し, 長さ20〜40 cmの円錐花序で, 千粒重は0.7〜1.3 gであるが, 稔実種子は少ない. 450 kg N/haまでは

図4.16 カブラブラグラス(品種 'タユタカ')

窒素反応性が高く乾物収量は8〜23 t/ha で,粗タンパク質含有率5〜19%,IVDMD 47〜60%で選好性は良好である[30].耐乾性と一時的な滞水にも耐える耐湿性を備えた品種'タミドリ'が育成され[9],本州転換畑の夏期乾草生産に適性がある.

c. **主要品種の特性**

変種のカブラブラグラス(var. *kabulabula*)は一般種を大型にした草姿を呈し,草丈は高く,葉身長は大きく,アメリカでは千粒種が20〜25%大きく発芽勢に優れる'Verde'が,わが国では'タミドリ',湛水耐性と収量性に優れる'タユタカ'が育成された[10](図4.16).マカリカリグラス(var. *makarikariensis*)は草高1.0〜1.5 mで株型の多年生草種で,葉身長5〜40 cm,葉幅4〜14 mmであり,一見して葉身,葉鞘ともに銀緑色または白青色を呈する.南アフリカのMakarikari低湿地で発見されたとされ,耐湿性,耐冠水性が高く,弱い耐霜性を有し,降水量500〜1000 mmの亜熱帯地域に適する.ローデシア産の'Bambatsi',オーストラリア産の'Pollock','Burnett'がある.

4.2.9 バーミューダグラス

学名:*Cynodon dactylon* (L.) Pers., 英名:bermudagrass, 和名:ギョウギシバ

a. **来歴と分布**

バーミューダグラスの属する*Cynodon*属草種は,アフリカ南東部の原産と考えられ,アメリカ,ジョージア州には1751年に導入され,20世紀初頭におけるアメリカ南部で最も重要な放牧草種となった.日本への伝来時期は不明である.ヒゲシバ亜科に属する.

b. **形態と生育特性**

多年生草種で,匍匐茎や地下茎を伸長させて圃場を被覆し,密な草地をつくる.草高は通常10〜40 cmで,葉身長3〜12 cm,葉幅2〜4 mmで細い(図4.17).穂状花序で,3〜7本の総を放射状に出し,千粒重は0.2〜0.3 gであ

る．根群は比較的密に分布する．平均気温24℃以上で生育が旺盛で，夜温が零下では休眠し，−3℃以下で地上部は枯死する．発芽率と低温発芽性が低く，良好な発芽には20℃以上を要する．播種量は5〜10 kg/haである．耐乾性が強く土壌適応性が広い．耐塩性が強く，地下部に光合成産物を転流し耐性を増す．耐寒性も比較的強く，西南暖地の低標高地

図4.17 バーミューダグラスの匍匐茎

で越冬可能である．年間乾物収量は5〜15 t/ha，粗タンパク質含有率は遅刈りで3〜9％，早刈りで20％と変異に富み，IVDMDは40〜69％である．緑化・被覆用の利用も多い．寒地型マメ科牧草のシロクローバ，クリムソンクローバなどとの混播適性を有し，土壌養水分の供給がマメ科牧草の要求量に合致する場合には，放牧季節の延長，飼料品質の向上，窒素施肥量の削減などの効果を有するが，バーミューダグラスが適性を有する砂質で乾燥の強い土壌は，これらのマメ科牧草の成長には適さない[30]．

c. 主要品種の特性

'Coastal'バーミューダグラスは，1943年に登録された栄養繁殖品種で，Common種に比べて高収・高品質で，耐霜性，耐乾性も高く，頻繁な採草条件下での収量性も高い．アメリカ，ジョージア州で育成された種子繁殖性の'Midland'は，Common種に比べて高収で，'Coastal'に比べて耐寒性が高い．'Tifton 44'はドイツで最も高収性を示すF_1交雑種で，耐寒性が高く春先の成長が優れ，'Coastal'に比べて放牧下での増体性に優れると報告されている．近年，高収・高消化性の'Tifton 68'，定着が早く匍匐性の高い'Tifton 78'，乾物収量性と消化性の向上を目的とした'Tifton 85'がアメリカで次々に育成された．

4.2.10 ジャイアントスターグラス

学 名：*Cynodon nlemfuensis* Vanderyst var. *nlemfuensis*，英 名：giant stargrass

図4.18 ジャイアントスターグラス

a. 来歴と分布

ジャイアントスターグラスは，東アフリカの標高800～2000 mの中標高地で，年降水量約600 mmの半乾燥地帯が原産である．ヒゲシバ亜科に属する．草勢が良く，アメリカ，フロリダ州からラテンアメリカまでの熱帯から暖温帯までに広く分布し，日本では沖縄県八重山地域の基幹草種となっている[14]．

b. 形態と生育特性

匍匐性の多年生草種で地下茎はない（図4.18）．草高50～100 cm，稈径1～3 mm，葉身長3～30 cm，葉幅2～7 mmである．穂状花序で3～11 cmの総を穂軸から数本出し，内側に巻く．この中で草高1 m，稈径2～3 mm，葉幅5～7 mm，6～13本の総を出す大型のタイプを，var. *robustus* に区別される場合がある．種子は不稔粒が多く，千粒重は0.25～0.45 gである．主に匍匐茎を2～3節に切り，1 t/haの密度で散布し草地造成する．乾物収量は16～20 t/haでやや低いが，土壌適応性が広い．4週ごとの刈取りで，粗タンパク質含有率11～16%，IVDMD 55～60%である．踏圧（trampling, treading）に対し生育初期には弱いが，匍匐茎が伸長し地表全面を覆うと強く，過放牧や盛夏時の放牧にも十分耐え，牧養力が高い．放牧牛の増体は放牧圧に依存し，草冠の上位葉のみを選択採食させると，日増体量が高まる[30]．高施肥では生育初期に青酸を最大0.015%含有するので注意が必要である．予乾サイレージ調製には，グルコース添加による発酵品質の改善が認められた[23]．

c. 主要品種の特性

'Tifton 68'は種子繁殖性のF_1交雑種で，大型で茎が大きく，地下茎を欠き，'Coastal'バーミューダグラスに比べて収量性，消化性も高くなるが，耐寒性を欠くため，アメリカ，フロリダ州南部，テキサス州および熱帯・亜熱帯に利用が限られる．近年，高栄養価で，有機物消化性に優れ，牧養力の高い'Florico'がアメリカで育成された．

4.2.11 ディジットグラス

学名：*Digitaria eriantha* Steud., 英名：digitgrass, fingergrass

a. 来歴と分布

ディジットグラスはアフリカ原産で，熱帯圏の重要草種の1つである．アメリカには匍匐型のパンゴラグラス（'pangola' digitgrass）が1935年に導入されたが，耐寒性に劣るためフロリダ州中南部に栽培が限られている．日本では沖縄県に導入後，採食性が良いため短期間に重要草種になった[22]．キビ亜科に属する．

b. 形態と生育特性

匍匐型品種は多年生草種で，長い匍匐茎を出し，各節から発根して新株をつくり，多数の細長い葉で密な植生をつくる（図4.19）．草高1～1.5 mで，メヒシバに似た穂状花序が穂軸から放射状に数本着生する．初期成長はやや遅いが，夏期の高温時では成長が盛んとなる．西南暖地の沿岸部の無霜地帯で越冬する．匍匐型品種の草地造成は，4月以降2～3節の茎を，0.5～2 t/ha移植，あるいは散布後ディスクハローにより耕起・覆土して行う．施肥反応性は高く，100～200 kg N/haでは増施に伴い収量，粗タンパク質含有率がともに増加する．飼料品質は高く，バヒアグラス，バーミューダグラスよりも優れる．家畜の選好性に優れ，放牧利用主体だが過放牧に弱く，草高30 cmを目安とした輪換放牧が望ましい[21]．また，夏期の生育最盛期に刈高10 cm，3～5週間隔で採草利用でき，乾物収量は約10～20 t/haとなる．

c. 主要品種の特性

近年，種子繁殖可能な株型の'Premier'，'Advance'がオーストラリアで

図4.19 ディジットグラス（品種'Transvala'，左）とその草地（右）

図 4.20　センチピードグラス

育成されたが，利用は限定的である．栄養繁殖で匍匐型でパンゴラ萎縮ウィルス抵抗性の'Transvala'などの新品種は，栽培地域が拡大している．また近年，'Transvala'よりも耐寒性，耐霜性に優れる'Survenola'がアメリカで育成された．

4.2.12　センチピードグラス

学名：*Eremochloa ophiuroides* (Munro) Hack., 英名：centipedegrass

a. 来歴と分布

センチピードグラスは中国原産で，東南アジアに広く自生する．アメリカ南部に広く導入されている．キビ亜科に属する．

b. 形態と生育特性

匍匐性の多年生草種で，草高30〜40 cm，葉身長20〜30 cm，葉幅3〜6 mmで，匍匐茎が旺盛に伸長して密な草地を形成する（図4.20）．他家受粉時の稔実率は50％前後と高く，種子繁殖，あるいは匍匐茎の細断，ばらまきにより造成する．出穂は夏以降で，短い穂状花序を抽出する．耐暑性，耐乾性に優れ，耐寒性も高い．放牧利用における嗜好性の高さが報告されている[5]．水田畦畔などの被覆・緑化植物としても利用される．生育後期まで緑色を保ち，−7℃まで耐え得る耐寒性の高い'Tifblair'などが育成されている．

4.2.13　ネピアグラス

学名：*Pennisetum purpureum* Schumach, 英名：napiergrass, elephant grass

a. 来歴と分布

ネピアグラスは湿潤熱帯アフリカ原産で，1913年にアメリカ農務省が試作のために導入し，現在では沿岸部から標高2000 mの高標高地までの年降水量1000 mm以上の熱帯・亜熱帯地域に広く分布している．日本では1930年代に鹿児島県奄美大島に導入され，1965年以降南西諸島で主要牧草となり，南九州沿岸の一部でも栽培される[18]．キビ亜科に属する．

図4.21　ネピアグラス（品種 'Wrukwona'；左）と矮性晩生品種（DL）の放牧利用（右）

b. 形態と生育特性

株型の多年生草種で，草高は4m以上に達する（図4.21）．サトウキビに似て直立した，直径3〜4cmの茎を多く抽出し，各節から葉身長30〜120cm，葉幅1〜5cmの葉を着生する．密な円錐花序で穂長20〜30cm，小穂に多数の約1cmの剛毛を付け，千粒重0.3gであるが，稔性を欠く．刈高を高めると高位節分げつが再生する．通年栽培可能な熱帯では乾物生産力が最大85.9t/haに達すると報告されるが，通常20〜30t/haである．温帯でネピアグラスに匹敵する乾物生産力をもつ草種はなく，窒素施肥に対して600kg〜900kgN/haまでは増収する[32]．高温（30〜35℃）下での成長性に優れ，10℃で成長が停止し，降霜により葉が枯死するが，地下茎部の分げつ芽が障害を受けにくい九州の低標高地では，越冬し多年利用可能である[13]．栄養繁殖として茎挿し（stem cutting）を行い，適切な施肥下では，病虫害，雑草害，台風害は少ない．冠水耐性は低いが，中程度の耐湿性を有する．重粘な土壌での生育も劣る．生育段階の初期では乾草利用できるが，主に青刈り，サイレージ利用され，家畜の嗜好性も高い．

c. 主要品種の特性

主要品種に，'Merkeron'，'Capricorn'，'台湾A146'，'Wrukwona'，'大島在来種'，'種子島在来種' があり，粗飼料利用のほかにバイオ燃料の原料植物としての検討が進められている．アメリカ，ジョージア州で育成された矮性の 'Mott' は，草高1.5〜2.0mで節間の伸長が抑制されるが，節数が多く高品質の葉の割合が高いため，アメリカにおける肉牛放牧下での増体量1.0kg/日と報告され，またホルスタイン乳牛に給与するサイレージをトウモロコシから 'Mott' ネピアグラスに代替しても，産乳量の低下が3〜7%に過ぎなかっ

たとの報告がある．わが国でも主に肉用繁殖牛に対する放牧利用が検討されている[11]．虫害としてアワヨトウの部分的な食害が報告され，その防除法として越冬後に降霜により枯死した'Mott'ネピアグラスの焼却処理の効果が知られている．パールミレットとの交雑種にバナグラス，プサジャイアントネピア，キンググラスがあり[30]，中国・江蘇省では乳牛や淡水魚の青刈り飼料としても利用される．ネピアグラスおよび雑種ペニセタムの越冬性における系統間差異が検討され，その栽培可能性が示された[26]．

4.2.14 キクユグラス

学名：*Pennisetum clandestinum* Hochst. ex Chiov.，英名：kikuyugrass

a. 来歴と分布

キクユグラスは東部・中央アフリカの標高1500～3000 m，降雨量1000～1600 mmの地域が原産である．熱帯低標高地では生育が劣り降霜地帯でも枯死し，年間を通じて温暖で湿潤な亜熱帯あるいは熱帯の高地に適する．キビ亜科に属する．

b. 形態と生育特性

匍匐性の多年生草種で，節間が太い匍匐茎を成し，地下茎により密な草地を形成する（図4.22）．採草利用では草高50～60 cm，放牧下で密な芝状となる．葉身長20 cm以下，葉幅1～5 mmで葉に柔毛がある．密な穂状花序は葉鞘よりわずかに先端を出し，小穂は葉鞘に包まれ早朝に花糸を抽出する．西日本では，高温の夏よりも初夏，初秋で生育が良好となる．霜害があるが，適度な窒素施肥により低暖地でも越冬可能である．千粒重約2.5 gで，造成には栄養茎を散布・覆土するか，種子（ペレット種子）を播種量1.1～2.2 kg/haで散播する．密な地下茎による土壌侵食の防止効果が大きく，暖地型マメ科牧草*Arachis pintoi*，シロクローバなどとの混播適性を有する．

c. 主要品種の特性

ケニアの高地で選抜され，草高が高く節間が長く種子収量性の高いオーストラリアで育成された'Whittet'，アメリカ，

図4.22 キクユグラス

アリゾナ州で育成され，'Whittet' に比べて草地の密度が高く，葉が柔らかい 'AZ-1'，ザイール由来と考えられ，'Whittet' に比べてより匍匐性で，葉が細く，節間の短くより密な草地を形成する 'Breakwell'，'Whittet' に比べて直立性が高く，葉が多く多収な 'Crofts'，種子収量が高く，低温伸長性に優れる 'Nochar' がオーストラリアで育成された[2]．

4.2.15　シグナルグラス

学名：*Brachiaria decumbens* (Hochst.) Stapf，英名：signalgrass

a. 来歴と分布

シグナルグラスは東南アフリカの標高500〜2300 m地域が原産であり，ラテンアメリカおよびアジアでは，年降水量1250 mm以上で5ヶ月以上の乾季のない熱帯地域に自生する．キビ亜科に属する．

b. 形態と生育特性

匍匐性の多年生草種で主に放牧利用される．匍匐茎，地下茎が急速に伸長して密な草地を形成し，匍匐茎の各節から伸長する直立茎は50〜70 cm，葉身長5〜25 cm，葉幅7〜20 mmで，葉の背軸側に柔毛を密生する（図4.23）．穂軸から一方向にほぼ直角に，3〜5本の総を出す形状が信号機に似ることが命名の由来となっている．千粒重3.6 gである．休眠性は，採種後に10ヶ月以上の常温貯蔵で打破されるため，2〜4 kg/haを播種して草地を造成する．生育適温が高く霜害を受ける．適湿で肥沃な土壌で生産性が高く，乾物収量10 t/ha以上をあげ，強酸性土壌でのアルミニウム耐性や耐陰性ももち，熱帯の乾期でも長く緑色を保つ．重放牧に対する耐性を有し，マメ科牧草との親和性も高いが，ウシ，スイギュウなどへの給与は問題ないが，ウマへの給与には適さず，ヒツジ，ヤギ，子牛への給与では光感作（photosensitization）を引き起こす恐れがある．オーストラリアで登録された 'Basilisk' がある[30]．

4.2.16　パラグラス

学名：*Brachiaria mutica* (Forssk.) Stapf，英名：paragrass

図4.23　シグナルグラス（品種 'Basilisk'）

図 4.24 パラグラス（左）と匍匐茎（右）

a. 来歴と分布

パラグラスはアフリカ原産で，熱帯の中南米，東南アジアの年降水量 1500 mm 以上の過湿地で広く栽培され，日本では沖縄県の放牧・採草地に導入されている．キビ亜科に属する．

b. 形態と生育特性

匍匐性の多年生草種で，出穂すると草高約 2 m に達し，葉身長 6〜30 cm，葉幅 5〜20 mm である．適湿土壌で匍匐茎を盛んに伸長し，各節から直立茎を伸長させ草地を被覆する（図 4.24）．幼穂は短日下で形成され，円錐花序は長さ 6〜30 cm，総に 2〜3 cm の小穂が密生する．耐霜性はなく高温に適し，5〜12 t/ha の乾物収量が得られる．種子稔性が低いが，オーストラリアでは種子が販売されている．栄養繁殖による草地造成が容易であり，雑草化の恐れもある．ブラジルでは 'Comum'，'Fino'，ザイールでは高収性のために栽培が奨励される 'Lopori' が知られている[30]．

4.2.17 パリセードグラス

学名：*Brachiaria brizantha* (Hochst. ex A. Rich.) Stapf，英名：palisade grass

a. 来歴と分布

パリセードグラスはアフリカ原産で，標高 2000 m，年降水量 800 mm 以上の地域に自生する．キビ亜科に属する．

b. 形態と生育特性

株型の多年生草種で，採草，放牧用として利用される．草高 1〜2 m，葉身長 10〜100 cm，葉幅 3〜20 mm で（図 4.25），低肥沃土，酸性土などに適応

し，耐霜性はないが，熱帯の乾期で緑色を長く維持する．ヒツジ，ヤギなどへの給与で光感作を引き起こす．種子生産性が高く，落下種子の機械収穫により1 t/haの純種子収量が報告されている．2〜4 kg/haを散播して造成する．乾物収量は8〜20 t/haで，粗タンパク質含有率7〜16％，IVDMD 55〜75％であり，シグナルグラスに比べて選好性に優れ

図4.25　パリセードグラス（品種 'MG-5'）の草地

る．ブラジルで登録された 'Marandu' や 'Karanga'，'Serengeti'，'MG-5' などがある[30]．

4.2.18　セタリア

学名：*Setaria sphacelata* (Schum.) Stapf & C. E. Hubb. var. *anceps* and var. *splendida*，英名：broadleaf setaria, golden timothy

a.　来歴と分布

セタリアは南アフリカ原産で，熱帯・亜熱帯アフリカに広く自生する．ケニアで牧草として導入後，湿潤で低地の熱帯地域に普及した．キビ亜科に属する．

b.　形態と生育特性

株型の多年生草種で，短い根茎をもち，草高1〜3 mである．葉身長30〜80 cm，葉幅8〜20 mmで灰緑色の葉色を有し変異に富む（図4.26）．穂状花序で穂長20〜30 cm，短い花梗をもつ小穂が密に付き，千粒重約0.7 gで他殖性である．年降水量1000 mm以上の地域に適し，季節的な冠水耐性を有し，軽度の降霜耐性をもつが，強酸性（pH 5未満），強アルカリ性土壌には適さない．火入れ（burning）に強く，造成は雑草除去後に条間30〜50 cmで2〜6 kg/haを播種し，軽く覆土する．窒素，カリウムの肥効は大きい．家畜の選好性良で，粗タンパク質含有率6〜20％，

図4.26　セタリア（品種 'Kazungula'）

IVDMD 50〜70％で高い．放牧，生草，乾草，サイレージ利用されるが，輪換放牧が望ましい．シュウ酸 (oxalate) 含有率が高く，長期放牧は家畜 (特にウマ) に毒性の恐れがある．

c. 主要品種の特性

var. *anceps* に属する 'Kazungula' は四倍体で耐湿性が高く旺盛な生育を示すが，耐乾性は劣り，シュウ酸含量が高い．耐霜性を向上させた 'Narok'，冬季の収量性，緑度保持力を高めた 'Solander' および種子収量を向上させたがシュウ酸含量の高い 'Splenda' も四倍体品種である．'Nandi' は二倍体で生育は 'Kazungla' に劣り，耐乾性も低いが，シュウ酸含有率が低い[30]．

4.2.19 セントオーガスチングラス

学名：*Stenotaphrum secundatum* (Walt.) Kuntze., 英名：St. Augustine grass

a. 来歴と分布

セントーオーガスチングラスは，西インド諸島，オーストラリア，メキシコ南部に広く自生する．フランス南部，イタリアに導入後，アメリカにはキューバを介して伝来した．日本への来歴は不明である．キビ亜科に属する．

b. 形態と生育特性

匍匐型の多年生草種で，草地あるいは芝地全面を密に覆う（図4.27）．草高は 10〜15 cm，葉は滑らかで，葉身長約 10 cm，葉幅 5〜10 mm で，穂状花序を抽出する．耐霜性，耐陰性，耐塩性，黒泥土に対する耐性を有し，pH 5.0 以上の土壌に適する．種子の稔性は低いため，匍匐茎散布の栄養繁殖により造

図4.27　セントオーガスチングラス（左）と匍匐茎（右）

成する．'Roselawn' は，草地と芝地の兼用品種である[30]．近年，高耐塩性の 'Seville'，耐寒性を高めた 'Raleigh'，耐寒性，耐陰性を高めた 'Del Mar' が育成された[2]．

4.2.20 ウィーピングラブグラス

学名：*Eragrostis curvula* Nees，英名：Weeping lovegrass，和名：シナダレスズメガヤ

a. 来歴と分布

ウィーピングラブグラスはタンザニア原産で，ローデシア，モザンビークに自生する．ケニア，タンザニア，オーストラリア，アルゼンチンなどの熱帯，亜熱帯から温帯地域にも導入された．日本へは1950年代以降，土壌保全的用途として，道路の法面に利用されている．ヒゲシバ亜科に属する．

b. 形態と生育特性

叢生の多年生草種で，株基部から細くて長く下垂する葉を多数出し，強剛な葉群を形成する（図4.28）．出穂時の草高は1.0〜1.5 mで盛夏以降に，長さ20〜30 cmの円錐花序を抽出する．耐寒性は暖地型牧草の中で最も強く，耐暑性も強く砂質土壌に適し，関東以西沖縄までの地域で永年的に利用可能である．単為生殖性の種子繁殖であり，haあたり1 kg程度を播種深1 cm程度で覆土する．窒素はhaあたり100 kg以上を施用すれば，年間乾物収量は5〜10 t/haで，粗タンパク質含有率は6〜12％で，飼料品質に劣るが，春と秋の嗜好性が高くなる．種子生産量はhaあたり250〜700 kgで，千粒重は約0.3 gである．種子の休眠性は深くなく，海岸砂丘地にある永年草地の放牧・採草用として特に利用され，土壌侵食防止にも広く利用されている．セルロースに対するリグニン比を改善し，増体性を高めた 'Morpa' が育成され，多葉性で選好性に優れる 'Ermelo'，'Ermelo' に比べて葉が細く，選好性に優れる 'Agpal' が南アフリカで育成された[30]．

図4.28 道路脇で雑草化したウィーピングラブグラス

4.2.21 テフ

学名：*Eragrostis tef* Trotter，英名：teff

a. 来歴と分布

テフはエチオピア原産で，古代エジプト時代における栽培が知られており，古くインドに伝来し，両地域での栽培に限定される小穀類である．

b. 形態と生育特性

図4.29 テフ（栄養成長期）

株型の一年生草種で，アメリカにおいては種子が稔実する以前に青刈り飼料草としての利用が検討されている．草高30〜120cm，茎葉は細長く柔らかで，分げつをよく抽出する．大きな地下茎部から多数の繊維状の根を出す．夏季に長い枝梗をもつ円錐花序を出し，小穂は長さ5〜10mm，4〜7小花からなり，千粒重は0.3gである．自家受精により開花後約30日で成熟し，やや脱粒性を有する．発芽率が80％以上と高く，土壌が適湿条件であれば2〜3日で出芽し定着が速やかである（図4.29）．広範囲の土壌に適応性をもち，乾燥や冠水に対する耐性も有する．耐霜性がないため，播種は地温18℃以上になってから行い，種子が微小なため0.3〜0.6cmの播種深が望ましいとされ，haあたり10kgの播種量で散播・鎮圧により良好な定着が得られる．施肥量はhaあたり窒素50〜70kgを施用し，過剰施肥による倒伏をさける．播種後55〜60日の子実の稔実が進む前に1番草が収穫可能で，刈高を10cm以上に保ち，刈り株の再生腋芽を残すことにより，45〜55日間隔での3〜4回の収穫が可能となる．3回収穫でhaあたり14〜16tの乾物収量で，粗タンパク質含有率16〜17％，NDF含有率58〜60％である．冬作のアルファルファなどとの輪作体系が可能で，'Tiffany'が市販され，南九州における栽培適応性が検討され，夏季の採草利用が有効とされている[7]．

4.2.22 シバ

学名：*Zoysia japonica* Steud.，英名：Japanese lawngrass，和名：シバ

a. 来歴と分布

ノシバと俗称されるわが国の野草地の中心的草種の1つで，北海道南部から

南九州まで分布し，標高1600 m の高地にも分布している．古来，広く放牧草として利用されてきた．

b. 形態と生育特性

シバは草丈 30 cm に達し，*Zoysia* 属で最も大型である．耐寒性が強くて，冬には休眠する．シバは長日性植物で5～6月に開花する．稔実した種子が家畜に採食され，糞とともに土壌に還元され，

図4.30 シバ（品種 '朝駆'）

世代交代が進む．放牧牛の採食の高さは7 cm 程度であるため，匍匐茎や成長点（茎頂）も除去されない．そのため，放牧牛などの採食や踏圧に耐え，ほかの草種との光をめぐる競合に優先的な位置を占める「被食戦略」に従い，茎数を増大させ，匍匐茎を伸ばし，放牧地を優占するようになる．省力的な放牧飼養管理を行う場合の基幹的草種である．さらに，岩盤が露出した薄層土壌，塩分過多の海岸，土壌崩壊地などの過酷な土壌・環境条件の土地に自生している．シバ型草地は，植生遷移の中間に位置し，強い放牧圧をかけ続けるとついには裸地化する「退行遷移」を示し，放置するとササ・ネザサ草地などを経て灌木の侵入を許し，森林化する「進行遷移」を示す[24]．草地管理手法としての火入れ（野焼き）が，遷移の進行を止める有効な手段であるが，管理組合などの従事者の高齢化に伴い，実施が困難となる地区が散見される．

c. 主要品種の特性

放牧向けの品種として，'朝駆'，'朝萌'，'アケミドリ'，'イナヒカリ' があるが，'朝駆'（図4.30）は，収量性，匍匐茎伸長性，被度，永続性，耐病性が優れる放牧用品種であり[15]，'朝萌' は収量性で '朝駆' に次ぐ以外は，優れた特性を有する芝生利用用の品種である．播種量は ha あたり 10～40 kg であるが，種子価格が高価であるため造成にはコストがかかる． 〔石井康之〕

引用文献

1) Asano, Y. *et al.* (2007)：*Jpn. J. Trop. Agric.* **51**：59-65.
2) Barns, R. F., *et al.* (Ed.) (2007)：*Forages-The Science of Grassland Agriculture*, Blackwell Publishing.
3) 陳　蘭庄(2001)：育種学最近の進歩，**43**：57-60.

4) 平野　清ほか(2004)：日本草地学会九州支部会報, **34**：16-20.
5) 平田昌彦(2002)：日本草地学会九州支部会報, **32**：122-124.
6) Hornes, P. M. and Stur, W. W. (1999)：*Developing forage technologies with smallholder farmers-how to select the best varieties to offer farmers in Southeast Asia.* ACIAR Monograph No. 62.
7) Idota, S., et al. (2015)：*Agric. Sci.* **6**：1003-1013.
8) 伊村嘉美ほか(2004)：日本草地学会九州支部会報, **33**：13-17.
9) 稲葉　進(1986)：農業技術, **41**：557.
10) 稲葉　進(1991)：*Research bulletin of the Aichi-ken Agricultural Research Center* **23**：139-149.
11) 石井康之(2004)：日本草地学会九州支部会報, **34**：21-29.
12) 石井康之ほか(2002)：日本草地学会九州支部会報, **32**：89-92.
13) Ishii, Y., et al. (1995)：*J. Jpn. Grassl. Sci.* **40**：396-409.
14) Kawamoto, Y., et al. (2001)：*Proceedings of the XIX International Grassland Congress*, 853-855.
15) 小林　真(2000)：日本草地学会九州支部会報, **30**：41-43.
16) 幸喜香織ほか(2006)：沖縄県畜産研究センター試験研究報告, **44**：95-101.
17) 熊本県畜産研究所ホームページ, www.pref.kumamoto.jp/kiji_1075html.
18) 九州農政局(1991)：暖地型草種, 品種の調査報告書（実験展示した草種, 品種等の紹介と解説）.
19) 九州沖縄農業研究センター(2008)：九州沖縄農業試験研究の成果情報.
20) 松岡秀道・眞田康治(1999)：日本草地学会九州支部会報, **29**：28-31.
21) 守川信夫(2002)：日本草地学会九州支部会報, **32**：93-94.
22) 守川信夫・長利真幸(2004)：日本草地学会九州支部会報, **33**：5-10.
23) Nakagawa, H. and Momonoki, T. (2001)：*Grassl. Sci.* **46**, 234-241.
24) 中村直彦編(1993)：ノシバ, コウライシバ　～その特性とコースにおける管理～, ソフトサイエンス社.
25) 小川増弘・松崎正敏(1993)：日本草地学会九州支部会報, **23**：1-4.
26) 眞田康治ほか(1994)：日本草地学会九州支部会報, **24**：1-4.
27) 澤井　晃(1995)：日本草地学会九州支部会報, **25**：15-17.
28) 白山竜二・小松敏憲(1996)：日本草地学会九州支部会報, **26**：9-15.
29) 庄司一成ほか(1996)：日本草地学会九州支部会報, **26**：36-40.
30) Skerman, P. J. and Riveros, F. (1990)：*Tropical Grasses*.
31) 富永祥弘ほか(1993)：日本草地学会九州支部会報, **23**：5-13.
32) Wadi, A., et al. (2003)：*Grassl. Sci.* **49**：311-323.

第5章　飼料イネ

《飼料作物編》

5.1 用途の分類と特性

近年，食料自給率の向上に向けた施策や飼料価格の高騰などに対応し，国産飼料増産の重要性が増しており，水田転作作物として飼料向けの水稲栽培の面積が急激に増加している（図5.1）．イネの飼料利用は，利用形態により2種類に大別される．1つは「発酵粗飼料用イネ」（以下，WCS（ホールクロップサイレージ）用イネ）で，稲わら，籾および玄米を含む稲体全体をサイレージ化して牛の粗飼料として利用するものである．サイレージの調製方法としては一般的に固定サイロを用いる際の調製とロールベールサイレージとしての調製の2つの方法があるが，WCS用イネでは，ロールベールサイレージ体系が中心となっている．WCS用イネの飼料としての品質は，ほかのイネ科牧草と比較して粗繊維の消化率が低い傾向があるが，可消化養分総量（TDN）は，ほかの牧草とほぼ同等で，粗飼料としての品質は一般的に高い（表5.1）．

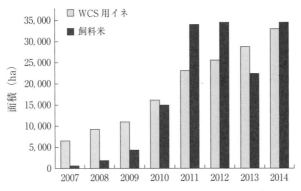

図5.1 飼料イネの栽培面積の推移（農林水産省統計データ[14]より）

表5.1 各粗飼料の消化率と栄養価

飼料種類		消化率（%）				栄養価（乾物中%）
		粗タンパク	粗脂肪	NFE	粗繊維	TDN
サイレージ	イネ（黄熟期）	54	60	66	53	54.0
乾草	イタリアンライグラス	60	53	68	69	64.4
	スーダングラス	51	38	56	60	52.2
	チモシー	51	50	58	57	54.4
	バミューダグラス	75	51	52	64	54.0

NFE：可溶無窒素物，TDN：可消化養分総量，スーダングラス：30%＜粗繊維＜35%，チモシー：32%≦粗繊維≦37%，での値．
（農業・食品産業技術総合研究機構編（2009）[12] より）

表5.2 各飼料の化学成分組成と栄養価（乾物中%）

飼料種類	粗タンパク	粗脂肪	NFE	粗繊維	TDN	
					豚	鶏
籾米	7.5	2.5	73.7	10.0	74.2	75.3
玄米	8.8	3.2	85.6	0.8	96.2	94.2
トウモロコシ（子実）	8.8	4.4	83.4	2.0	94.5	91.0

NFE：可溶無窒素物，TDN：可消化養分総量．
（農業・食品産業技術総合研究機構編（2009）[12] より）

一方，「飼料米」は，玄米あるいは籾付きの子実を牛の濃厚飼料や鶏，豚の飼料として利用するもので，基本的な栽培，収穫に利用する機械は一般主食用品種の場合と共通するため，農家が新たに取り組みやすい．飼料米の栄養価をトウモロコシ子実と比較すると，玄米の場合は粗繊維や粗脂肪がやや低いもののTDNや粗蛋白はほぼ同等である（表5.2）．一方，籾米については，籾自体の粗灰分や粗繊維含量が高いためにTDN含量が相対的に低下するため，籾米を利用する場合には消化性の低下が懸念される（表5.2）．消化性を向上させる方法に関して，破砕処理[1]，ソフトグリーンサイレージの調製，あるいは両者の組み合わせなどがある．ソフトグリーンサイレージとして利用する場合には，収穫した飼料米を乾燥させずに密封保存してサイレージ化するが，①消化率の向上，②乾燥や籾すりの省略によるコスト低減，③保存性の向上，といった利点がある．このように，飼料米の利用に際しては，前処理を加えることにより消化率の向上が可能となる．

第5章 飼料イネ

表 5.3 主な飼料用イネの育成地での移植栽培における特性概要

品種名	育成地所在地	出穂期 (月.日)	成熟期 (月.日)	稈長 (cm)	成熟期風乾全重 (t/10 a)	粗玄米重 (t/10 a)	玄米千粒重 (g)	備考
きたあおば	北海道札幌市	8.01	9.27	79	1.76	0.83	21.7	
べこごのみ	秋田県大仙市	7.25	8.31	79	1.55	0.69	22.0	
べこあおば	秋田県大仙市	8.07	9.24	70	1.77	0.73	30.6	
夢あおば	新潟県上越市	7.29	9.10	86	1.73	0.72	26.5	
クサユタカ	新潟県上越市	8.05	9.26	87	1.71	0.73	35.0	
北陸193号	新潟県上越市	8.16	10.04	80	—	0.78	22.9	インド型・子実用
たちすがた	茨城県つくばみらい市	8.11	10.05	109	2.19	0.60	25.1	WCS専用
モミロマン	茨城県つくばみらい市	8.15	10.09	89	2.12	0.82	24.1	
クサホナミ	茨城県つくばみらい市	8.24	10.08	95	2.08	0.67	21.7	
リーフスター	茨城県つくばみらい市	8.31	10.16	109	2.14	0.42	20.3	WCS専用
タカナリ	茨城県つくばみらい市	8.13	10.01	74	—	0.75	21.0	インド型・子実用
ホシアオバ	広島県福山市	8.13	9.31	101	1.91	0.71	29.4	
クサノホシ	広島県福山市	8.28	10.18	104	2.06	0.65	24.3	
たちすずか	広島県福山市	9.02	10.12	121	1.87	0.23	21.5	WCS専用
ミズホチカラ	福岡県筑後市	9.02	10.31	76	—	0.73	23.0	子実用
モグモグあおば	福岡県筑後市	9.05	未達	101	—	0.72	31.1	

(日本草地畜産種子協会 (2012)[11], 農業・食品産業技術総合研究機構 (2013)[13] より抜粋)
'たちすずか' の風乾全重は黄熟期, 粗玄米重は籾重を示す.

5.2 品 種 特 性

　WCS用イネおよび飼料米ともに，収益性の向上のためには収穫量を増加させるための品種選定および栽培法の適用が重要となるが，利用部位が異なるため重要となる品種特性や多収穫のための栽培法は異なる場合がある．近年，多くの品種が育成，利用されているが，品種ごとの用途が明確に区分できるわけではなく，同一品種がWCS, 飼料米の両用途に利用されている場合もある．

5.2.1　茎葉型品種

　WCS用品種では，籾と茎葉を合わせた地上部全重が大きいことが重要であり，近年多数の品種が育成されている（表5.3）．このうち'たちすがた'，'リーフスター'，'たちすずか'の玄米収量は普通品種と同等かそれ以下であるが，長稈で茎葉が繁茂するために，全重収量が高いという特徴をもつ．このような品種を「茎葉型品種」とよぶ．茎葉型品種は子実の割合が低くても茎葉中の非構造性炭水化物含量が高いため，サイレージとしての可消化養分総量は子実型品種に劣らない．また，籾は消化率が低いため，特に乳用牛には籾の割合の低い茎葉型品種の利用は消化率の向上に有効である[2]．なお，収穫前の倒伏による収穫物への土壌の付着や含水率の増加は，サイレージの異常発酵や嗜好性の低下につながるが，茎葉型品種は穂の重量が小さいために倒伏しにくいことも重要な形質となる．

5.2.2　子実多収品種

　子実多収用品種としてインド型品種を含む多くの品種が育成されているが，比較的長稈で茎葉重の大きいものはWCSとしても利用される．主な品種を表5.3に示す．これらの品種の多くに共通する点は，穂重型の草型で稈が太く耐倒伏性が高いこと，普通品種に対して籾数の増加あるいは玄米の大型化のどちらかあるいは両方の形質により多収を達成していることがあげられる．多収品種の籾数（穂数×1穂籾数）とシンク容量（籾数×玄米一粒重）を同一条件で栽培した普通品種の'日本晴'と比較すると，'日本晴'のシンク容量が約900 g/m^{2}以下であるのに対し，多収品種のシンク容量は1100〜1200 g/m^{2}前

第5章 飼料イネ

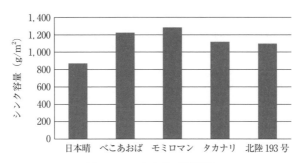

図 5.2 シンク容量の品種間差
シンク容量＝籾数×玄米一粒重．多肥条件（18 kg N/10 a）での調査事例（茨城県つくばみらい市）．

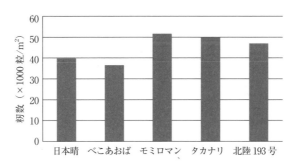

図 5.3 籾数の品種間差
多肥条件（18 kg N/10 a）での調査事例（茨城県つくばみらい市）．

後と30％程度高い（図5.2）．図中の'モミロマン'，'タカナリ'，'北陸193号'では籾数が顕著に多いことによって，シンク容量が増加する．また，'タカナリ'や'北陸193号'のようなインド型品種は，多収品種の中でも個葉の光合成能が高く，非構造性炭水化物の穂への転流も旺盛であるため，子実の安定多収のポテンシャルが高い[6]．

一方，大粒品種である'クサユタカ'，'べこあおば'，'ホシアオバ'は，玄米千粒重が29～35 gであり，玄米を大型化することにより多収を達成している．'べこあおば'では，籾数が普通品種と同等程度であるが（図5.3），千粒重が大きいためにシンク容量は，ほかの多収品種同等である（図5.2参照）．大粒形質は普通品種との識別性を高めるためにも有効となる．なお，このような大粒品種を作付する場合，普通品種と同等の苗数を確保するためには，千粒重に応じて播種量を増やす必要がある[7]．

5.3 栽培管理

5.3.1 品種・作期の選定

一般に類似の特性をもつ品種では,生育期間中の日射量と地上部乾物重との相関が高い(図5.4)ため[8],WCS用イネの地上部重確保のためには,生育期間の長い晩生品種を利用する,あるいは可能な範囲で作付時期を早めることが重要である.一方,飼料米品種の安定栽培のためには,一般品種と同様に障害型不稔の危険期を避けることや登熟期間の気温が一定以上(出穂後40日の平均気温で21℃以上が目安)確保できることが重要である.多収品種の多くは登熟期間が長く,耐冷性が低いあるいは不明な場合があることを品種選定において考慮する必要がある.また,いずれの用途の場合にも,主食用米生産と共用する収穫機や集荷施設の利用時期の競合を避ける,あるいは作業のピークを軽減するために早晩性の異なる品種を組み合わせるなど,計画的に品種・作期を選定する必要がある.

5.3.2 肥培管理

WCS用イネ,飼料米ともに耕畜連携による低コスト生産を図るためには,家畜糞堆肥の利用が重要となる.特にWCS用イネでは,茎葉も含めて収穫さ

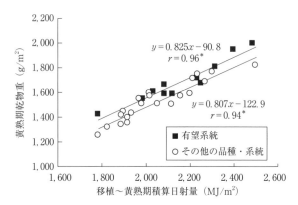

図5.4 移植～黄熟期の積算日射量と黄熟期乾物重との関係(長田ほか(2007)[8]より)
2001-2005データ. *:0.1%水準で有意.

れるので，地力の減耗に留意する必要あり，圃場への有機物の還元を積極的に行う必要がある．適正な堆肥施用量に関しては，WCS用イネについては牛糞堆肥を約2t/10a施用することで，窒素施肥の減量が可能になるとともに，リン酸およびカリウムの養分収支が拮抗することが示されている（図5.5）[4]．リン酸およびカリウム肥料の施用については，飼料イネに限ったことではないが，肥料価格の高騰や過剰施用の事例もみられるため，土壌診断や施用有機物の成分含量を考慮して，施用の必要性や施用量を決めることが重要である．また，

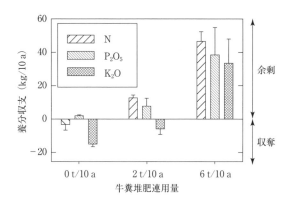

図5.5 牛糞堆肥および化成肥料由来の養分投入量と養分吸収量の差（草ほか（2010）[4]）
品種：リーフスター，2カ年平均値．エラーバーは標準偏差．各区とも窒素肥料：12 kg/10a施用．0 t/10a区は P_2O_5：8 kg/10a，K_2O：6 kg/10a施用．

表5.4 有機物施用による施肥窒素削減量目安

有機物種類	施用量 (t/10a)	施肥窒素削減目安（N kg/10a）	
		施用初年目	5作連用
稲わら堆肥	2	0.3	1.0
牛糞堆肥	2	1.5	4.0
牛糞オガクズ堆肥	3	1.0	2.0

（松山ほか（2003）[5] より）

表5.5 畜種別の家畜糞堆肥の成分組成

畜種	水分（現物%）	全窒素（乾物%）	リン酸（乾物%）	カリウム（乾物%）	C/N比
牛	54.8	1.9	2.3	2.4	18.9
豚	40.2	3.0	5.8	2.6	11.7
鶏	25.1	3.2	6.5	3.5	9.6

（山口ほか（2000）[18] より）

有機物の利用に際しては，その原料や製造方法により肥効が変動することを考慮する．例えば，畜種と堆肥の成分組成との関係については，一般に牛糞堆肥で窒素含有量が低く，C/N 比が高い傾向を示すため，肥効は遅い（表5.4）[18]．また，このような C/N 比の高い堆肥は，施用年以降も徐々に窒素が可給化するため（表5.5），連用効果を考慮した試算に基づいて施肥窒素削減量を決定する必要がある[5]．

5.3.3 雑草，病虫害防除

散布可能時期が「収穫前日数」で示されている農薬の散布時期は，通常は成熟期から逆算して決定するが，WCS 用イネでは収穫時期が黄熟期になるため，WCS 用イネの防除可能期間は食用イネより1週間から10日程度早まる．また，飼料米においては，原則として籾すりを行った玄米を給与することを前提とし，出穂期以降の農薬散布は控える必要がある．特に，多肥栽培では罹病や害虫による食害が助長される場合があることから，品種選定や適期防除につとめることが重要である．

一方，雑草防除については，上記と同様の理由により，中期剤の除草剤を収穫時期が早くなる WCS 用イネに使用する場合には，防除可能期間が短くなるので注意を要する．また，一般品種で薬害発生が認められていない除草剤成分ベンゾビシクロンに対して感受性を示す品種があり（'モミロマン'，'タカナリ'，'ミズホチカラ' など），これらの品種は，同成分を含む除草剤の散布により白化や枯死症状を生じるため，事前に除草剤の含有成分を確認する必要がある．

5.3.4 収穫時期および収穫法

WCS 用イネでのサイレージ発酵の適正な植物体の水分含有率は，60〜65％であるので，籾の黄化率が50〜75％程度となる黄熟期頃が収穫適期になる．収穫の作業体系と利用機械については図5.6のように整理される．牧草用の機械を利用する場合は，作業工程は多いが機械の汎用化が可能で作業速度も速い．一方，専用機械については，WCS 用イネ専用のロールベーラは刈取りと梱包が一工程で実施可能であり，フォレージハーベスタで裁断した茎葉を高密度に梱包できる細断型ロールベーラも開発されている．なお，植物体の含水率が高

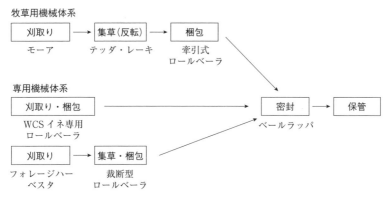

図5.6 WCS用イネ栽培におけるロールベールサイレージ調製体系

い場合には，圃場内に刈り倒して2〜3日乾燥させた後に集草，梱包を行う予乾体系が有効である．

一方，飼料米生産で収穫物の保存性を高めるためには，普通品種同様に子実の含水率を15%程度まで乾燥させる必要があるが，生産物価格の低い飼料米生産での乾燥コストの低減が重要となる．これに対応して，収穫時期を遅らせて成熟期以降も圃場内での子実乾燥を進める「立毛乾燥」について検討され，通常，成熟期の籾水分は20〜25%程度であるが，立毛乾燥により16%程度まで子実含水率を低下させることが可能なことが示されている[16]．なお，成熟期以降に脱粒や枝梗の折損が増加して収穫ロスを生じる場合があるために，立毛乾燥のためには，穂軸が強固で脱粒しにくい品種を利用する必要がある．

5.3.5 漏生イネ対策

漏生イネは，収穫時に圃場に脱落した種子が翌年の水稲作付時に発芽して当該年の水稲に混ざって生育するもので，飼料イネを作付した翌年に主食用品種を作付した場合に異品種として混入して品質等級を落とす要因となる．このため，その対応策や防除法の確立が重要となる．越冬後の発芽力には品種間差があり（図5.7），栽培管理法に関しては，温暖地では越冬前の発芽可能な時期に土壌中に混和することや圃場の湛水処理が有効である[15]．また寒冷地では不耕起条件で越冬させると，鳥などの摂食により漏生籾の越冬率が低下する[17]．このように，漏生籾の越冬率は冬季の気象や圃場条件の影響を受けることから，

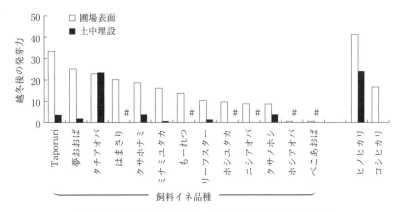

図 5.7 飼料イネ品種の越冬後の発芽力（大平（2009）[15] より）
越冬後の発芽力＝越冬後の種子の発芽率/圃場設置前の種子の発芽率×100．＃は越冬後の発芽力が0であることを示す．

これに対応した管理法を適用しなければならない．また，除草剤による防除では，①代かき前の非選択性除草剤散布，②プレチラクロールやブタクロールを含む初期除草剤散布の代かき後や移植後の散布，などが有効である．なお，漏生イネは，直播栽培の場合に特に残草が懸念されるため，漏生イネ対策が必要な場合には移植栽培で対応する必要がある．

5.3.6 再生二回刈り栽培

WCS用イネの多収栽培法として「二回刈り栽培法」がある[3]．本栽培法では，イネの穂が出そろった頃に1度目の収穫を行い，刈り株から再生してきた植物体を黄熟期まで生育させて2度目の収穫を行い，2回分の合計収穫量で多収を目指すというものである．イネは刈り取った後も条件さえそろえば株基部から新しい分げつが発生して生育を継続するという特性があり，それを利用した栽培法である．一般に生育期間が長くなると地上部の生産量が増加するので，本栽培法では，途中で刈取りを行うことで1回の作付での総生育期間を長くして生産量を増加させる（図5.8）．このような生育期間の延長により，2回分を合わせた収穫量は慣行法を上回る（図5.9）．なお，1回目の収穫時の刈取り高さについては，地表面から15cmの範囲では2回収穫による最終乾物重に影響しないことや，1回目収穫時のコンバインによる刈り株の踏み付けは最終乾物量への影響が小さいことが明らかとなっている[10]．

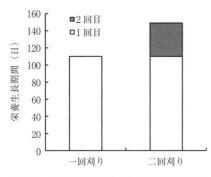

図5.8 二回刈り栽培による生育期間の延長（Nakano and Morita（2007）[9] より）
栄養生長期間は出穂までの日数．品種：'Taporuri'．

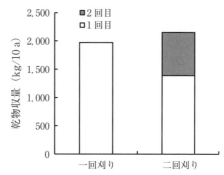

図5.9 二回刈り栽培における乾物収量（Nakano and Morita（2007）[9] より）
二回刈りの1回目は地際15 cm，2回目は地際刈り．品種：'Taporuri'．

2回収穫による多収化という点では，二期作も選択肢になるが，二期作の場合は1作あたりの生育期間が極端に短くなってしまうことや，2回の作付に要する資材や労力が必要になることから，コストや労力の点から現実的ではない．

〔吉永悟志〕

引 用 文 献

1) 原　悟志(2010)：日本畜産学会報，**81**：21-27．
2) 加藤　浩(2009)：日本畜産学会報，**80**：372-375．
3) 小林良次ほか(2006)：日本草地学会誌，**52**：138-143．
4) 草佳奈子ほか(2010)：関東東海北陸農業試験研究推進会議平成21年度関東東海北陸研究成果情報．
   http://www.naro.affrc.go.jp/org/narc/seika/kanto21/10/21_10_11.html
5) 松山　稔ほか(2003)：日本土壌肥料学雑誌，**74**：533-537．
6) Nagata, K. *et al.*(2001)：*Plant Prod. Sci.*, **4**：173-183．
7) 長田健二ほか(2003)：日本作物学会東北支部会報，**46**：37-38．
8) 長田健二ほか(2007)：東北農業研究センター研究報告，**107**：63-70．
9) Nakano, H. and Morita, S.(2007)：*Field Crops Res.*, **101**：269-275．
10) Nakano, H. *et al.*(2009)：*Plant Prod. Sci.*, **12**：124-127．
11) 日本草地畜産種子協会(2012)：稲発酵粗飼料生産・給与マニュアル，日本草地畜産種子協会．
12) 農業・食品産業技術総合研究機構編(2009)：日本標準飼料成分表，中央畜産会．
13) 農業・食品産業技術総合研究機構(2013)：飼料用米の生産・給与技術マニュアル，農業・食品産業技術総合研究機構．
14) 農林水産省(2016)：新規需要米等の用途別作付・生産状況の推移(平成20年度～平成28年度)．

15) 大平陽一(2009)：植調，**43**：18-23.
16) 酒井長雄ほか(2010)：関東東海北陸農業試験研究推進会議平成21年度関東東海北陸研究成果情報．
http://www.naro.affrc.go.jp/org/narc/seika/kanto21/09/21_09_08.html
17) 佐藤　馨ほか(2006)：東北農業研究，**59**：11-12.
18) 山口武則ほか(2000)：農業研究センター研究資料，**41**：1-19.

【飼料イネで育てた鶏の卵の色】

　鶏卵の黄身の色の好みは，消費者によって様々であるが，一般的には黄色が好まれるようである．黄身の色は与える飼料によって変わり，エサとして飼料米を与えると黄身の黄色がうすくなったり白っぽくなったりする．一方，飼料米に赤いパプリカやトウガラシの粉などを混合して給餌すると黄身の黄色の程度が増す．日本の食料自給率を上げるためには，国内産の飼料の供給が重要となるが，卵かけご飯を食べるときに，黄身の色からも飼料米の栽培に思いを馳せたい．もちろん，パンと目玉焼きを食べるときでも良いが…ちなみにコムギの自給率は15％程度である． 〔大門〕

第 6 章

《飼料作物編》

長大型イネ科飼料作物

6.1 トウモロコシ

6.1.1 来歴と生産の現状

　トウモロコシ（*Zea mays* L. ssp. *mays*）はイネ科トウモロコシ属に分類される．栽培型が成立したのは 6 千〜1 万年前と推定されている．その起源に関する主要な説として，テオシントがトウモロコシの祖先種であるとする「テオシント説」と，トリプサカム（*Tripsacum* 属）・テオシント・野生ポッドコーンの三者が関与していたとする「三部説」があり，現在は前者が広く受け入れられている[2]．また，起源地についても諸説が提案されてきたが，マイクロサテライトの塩基配列に基づく系統解析において，メキシコ南部が起源地であるという結果が得られている[8]．トウモロコシは起源地から南・北アメリカに伝播し，さらにコロンブスの新大陸発見（1492 年）以降，スペインをはじめとする西ヨーロッパ諸国，北アフリカ，中近東に広まった．わが国には天正年間（1570〜80 年頃）にポルトガル人によってフリント種（後述）が種子島や長崎に伝来し，その後，関東さらには東北南部まで北上した．一方，北海道へは明治時代に入って開拓使がアメリカからフリント種とデント種（後述）を導入し，それらが南下した．

　世界における総収穫面積は 1 億 7,969 万 ha，平均子実収量は 5.6 t/ha であり，総生産量はアメリカ（3 億 6,109 万 t），中国（2 億 1,565 万 t）を中心に 10 億 1,401 万 t である（2014/15 穀物年度）[22]．アメリカにおいては，近年バイオエタノール原料として用いられるトウモロコシが急増し，国内使用量の約 40％を占めている（2014/15 穀物年度）[23]．一方わが国では，穂と茎葉の全体を利用する高収量・高栄養価のホールクロップサイレージ用の作付面積（青刈り用）が 9

表 6.1 わが国における青刈りトウモロコシの栽培状況の推移

年産	作付(栽培)面積 (ha)	10 a あたり収量 (kg)	収穫量 (千 t)
2006	84,400	5,080	4,290
7	86,100	5,270	4,541
8	90,800	5,430	4,933
9	92,300	5,030	4,645
10	92,200	5,040	4,643
11	92,200	5,110	4,713
12	92,000	5,250	4,826
13	92,500	5,180	4,787
14	91,900	5,250	4,825
15(概数)	92,400	5,220	4,823

(農林水産省(2016)[13] より)

万 2,400 ha, 収穫量は 482 万 3,000 t(10 a あたり収量は 5,220 kg)である(2015年度, 表 6.1)[13]. 1990 年前後のピーク時には全国で約 12 万 ha の栽培面積があったが, 2006 年までに 8 万 4,400 ha まで減少した. その後, 輸入トウモロコシ価格の高騰[14] の影響もあり, 北海道で増加に転じた結果, 全国でも増加に転じ, 現在は横ばいである. また, 生食用のスイートコーンの作付面積は 2 万 4,100 ha, 収穫量は 24 万 300 t(10 a あたり収量は 997 kg)である[13]. 2015年度の総輸入量は, 濃厚飼料用の子実として 1,002 万 t, デンプン製造用として 317 万 t であり, その大部分はアメリカからである[26].

6.1.2 形態と生理・生態

トウモロコシは, 植物体の頂部に雄穂を, 中央部に雌穂をもつ雌雄異花の他殖性一年生植物で, 高さが 2〜3 m のものが多い. 節数は 14〜19 のものが多く, 各節から葉が互生する. 分げつは 0〜数本と少ない(図 6.1). 雌穂には 300〜1,000 個程度の穎果(子実)が形成される.

トウモロコシは子実の胚乳成分によって分類され, 主要なものとして以下の 6 種類があげられる.

①デント種:子実の側面は硬質デンプンが, 内部から頂部にかけて軟質デンプンが蓄積し, 登熟とともに頂部がくぼんで馬歯状になる.

②フリント種:子実のほとんどが硬質デンプンで, 内部に軟質デンプンがわずかに含まれており, 頂部は丸く光沢を呈する.

③スイート種:同化産物の糖がデンプンに変換されないため子実の多くが糖

図 6.1 暖地の晩播・夏播き用品種 'なつむすめ'

分であり，乾燥するとしわ状になる．

　④ポップ種：胚乳の大部分が硬質デンプンからなる．内部にわずかに軟質デンプンが存在し，ここに水分を含むため，加熱すると膨張し子実が爆裂する．

　⑤フラワー種：胚乳全体が軟質デンプンからなり，フリント種と同様に子実に丸みがある．

　⑥ワキシー種：子実の表面が半透明ろう質状を呈し，胚乳は糯性デンプンからなる．

　飼料用としては，主に①のデント種，および②のフリント種が利用される．

　トウモロコシは C_4 植物であることから，強光・高温条件下における光合成能力が高い．発芽時における最適温度はおおむね 25〜30℃ である．排水が良好な土壌での栽培が望ましく，また土壌 pH 5.0〜8.0 の範囲内で栽培が可能である[21]．短日植物であり，本来短日によって出穂が促進され長日によって出穂が遅延するが，わが国で栽培されている品種では生育は温度と密接な関係があり，早晩性の目安として有効積算温度をもとに表される相対熟度（relative maturity, RM）が，品種ごとに示されている．

6.1.3　育種と主要品種

　トウモロコシでは自殖系統間のヘテロシス（雑種強勢）を利用した F_1 育種が行われており，F_1 品種によって収量が飛躍的に向上した．アメリカをはじめとする海外においては，飼料としての栄養価や加工原料としての子実生産性

図 6.2 台風直後の'ゆめちから'(左)と対照品種(右)
(九州沖縄農業研究センター・澤井晃氏提供)

を重視した育種が行われている．一方，わが国の公的研究機関では，ホールクロップサイレージ用として子実収量だけでなく茎葉の栄養価も考慮した育種が行われており，導入デント種由来の自殖系統と在来フリント種由来の自殖系統との交配による F_1 育種を基本としている．この組み合わせでは，乾物重や雌穂重でのヘテロシスが大きいだけでなく，茎葉の栄養価の向上も期待できる．収量，子実割合，茎葉の栄養価や耐倒伏性（図 6.2）は全国的な育種目標であるが，南北に長いわが国では気象や栽培条件に合わせて地域ごとに育種目標が掲げられている．以下に各地での主要な目標を示す．

①北海道（道東・道北）

RM 75～90 日．主要品種：'たちぴりか'，'メルクリオ'．トウモロコシの栽培限界地域である根釧地域においても安定した収量・品質が得られる極早生品種の開発が進められている．また，低温発芽性や初期生育における低温伸長性などの耐冷性が重要となる．

②北海道（①の地域以外）・東北北部

RM 90～110 日．主要品種：'LG3520'，'北交 65 号'．この地域で最も重要な病害はすす紋病であり，曇天が続くなどの天候不順時に多発する傾向にある．常発地帯では抵抗性品種の栽培が必須である．

③東北部以南

RM 105～127 日．主要品種：'SH4681'，'タカネスター'，'ゆめちから'，'ゆめそだち'．この地域では各種病害が数多く発生する．特にごま葉枯れ病が最重要病害であり，温暖多湿な地域での発生が多いので，抵抗性品種の育種が進められている．

図 6.3 ワラビー萎縮症の激発圃場（九州沖縄農業研究センター・松村正哉氏提供）

④九州（晩播・夏播き栽培）

RM 127〜135 日．主要品種：'なつむすめ', 'SH9904', '30D44'．九州の晩播・夏播き栽培では，収量と栄養価を著しく低下させる南方さび病に対する抵抗性が必要である．夏播き栽培では生育初期に強烈な台風に遭遇するため，折損抵抗性が重要である．また，局地的にワラビー萎縮症が発生しており，常発地帯では抵抗性品種の作付が必須である（図 6.3）．

6.1.4 栽　　培

わが国においてトウモロコシは夏作の基幹飼料作物であり，多くはホールクロップサイレージに調製される．作付可能期間に応じて，北海道・東北北部や東山では単作，東北南部以南の本州や九州ではイタリアンライグラスやムギ類との二毛作，九州ではさらにソルガムとの混播や二期作も行われている（図

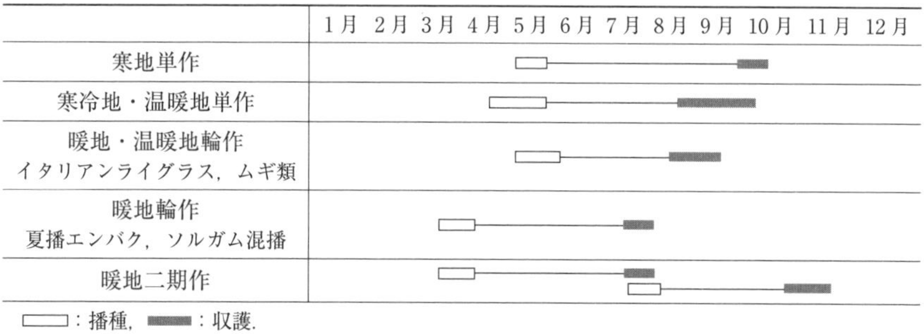

	1月 2月 3月 4月 5月 6月 7月 8月 9月 10月 11月 12月
寒地単作	
寒冷地・温暖地単作	
暖地・温暖地輪作 イタリアンライグラス，ムギ類	
暖地輪作 夏播エンバク，ソルガム混播	
暖地二期作	

☐：播種，▬▬：収穫．

図 6.4 わが国における主要なトウモロコシの作型

6.4)．それぞれの地域・作期に適した早晩性の品種が作付されており，品種の早晩性の目安として前述のRMが示されている．しかしこれらはあくまで目安であり，地域や作期によっては早晩性とRMに逆転があることもあるので，適用にあたっては地域の研究機関や普及組織からの情報を確認するべきである．

　台風による倒伏・折損や病虫害，霜害などの障害を避けるためには，いずれの地域でも晩霜害の心配がないできるだけ早い時期に播種する．平均気温が10℃以上になる頃から播種が可能である．栽培北限の北海道根釧地域では，かつて収量を安定させるためにマルチ栽培が多く行われていた．しかし最近では，栽培の大規模化や低コスト化のため狭畦露地（無マルチ）栽培が増えており，障害型冷害を回避する技術として障害型冷害に強い品種と多収品種を交互に条播する栽培が推奨されている[4]．九州では，4月播種の春播き栽培の収穫後に8月播種の夏播き栽培を行う二期作も行われている．

　一般的な播種作業の流れは，堆肥散布→耕起→土壌改良材散布→砕土・整地→施肥・播種→鎮圧→除草剤散布，となる．最近では，不耕起対応型の播種機を用いることにより，不耕起栽培や砕土・整地作業を省略した簡易耕栽培も一部で行われている．九州の二期作では2作目の生育期間を十分確保するため，1作目収穫後の2作目は不耕起播種で行われることが多くなっている．不耕起栽培では発芽不良が生じやすいことや，前作の残渣が多いとうまく播種できないことなどの問題点もあるが，収量は慣行の耕起栽培と同等であり倒伏が減少するという報告もある[3,25]．栽植様式はコーンプランタの仕様によって異なるが，条間は通常65〜80cmとし，播種と同時に側条に施肥を行う．栽植密度は品種によって異なり，早生品種で高く晩生品種で低い傾向がある．北海道では7,000〜8,000本/10a，北海道以外では6,000〜7,000本/10aが多い．

　トウモロコシは長大型で多収となることから必要とする養分量も多いが，施肥量は地域・作期・土壌・目標収量などの条件によって異なってくるため，栽培の多い道府県では施肥基準が作成されている[15]．また安定した収量を得るためには，トウモロコシが地表を覆うまでの雑草管理も重要である．除草剤処理は播種時の土壌処理剤によるもののほか，ニコスルフロン剤やトプラマゾン剤を用いて生育期にも行われる（生育期処理）．ニコスルフロン剤は高温時に使用できない，感受性のトウモロコシ品種がある，などの点に注意する必要があ

図 6.5　裁断型ロールベーラ
農研機構ホームページを参照

るが，いずれも生育の進んだイネ科雑草にも有効である．

　一般的な収穫作業は，トウモロコシ全体をコーンハーベスタで刈取り，バンカーサイロなどに詰めて密封しサイレージ調製する．近年，裁断型ロールベーラが開発され，ラップサイレージとしてロールによる貯蔵が可能になった（図6.5)[18]．裁断型ロールベーラによる収穫体系は，従来の収穫体系と比べ，多人数による組作業を必要としない，収穫損失が少ない，固定式のサイロを必要としない，などのメリットがある[16]．

　トウモロコシの栽培・収穫では大型機械を必要とする．第1章でも述べられているように，個別農家が多大な投資をすることは現実的ではなく，近年は全国的に飼料生産受託組織（コントラクター）[6]が増加している．北海道では，飼料生産を行い自給飼料に基盤をおく農場制型 TMR（Total Mixed Rations，完全混合飼料）センター[1]が登場し，トウモロコシ栽培面積の増加に寄与している[17]．

6.1.5　品質と利用

　収穫の適否は，サイレージの栄養価や発酵品質，調製時の乾物損失に影響する．トウモロコシでは登熟に伴い子実へのデンプン蓄積が進み乾物率も上がることから，糊熟期以前では収量や栄養価が十分ではなく，乾物率も低いため排汁などによる乾物損失が多い[11]．一方，完熟期では茎葉の栄養価が低下するとともに，乾物率が高すぎて収穫損失が多く[24]，詰め込み密度が低くなるため開封後に好気的変敗が起こりやすい[11]．また子実の硬化が進んでいるため未消化子実が多くなる[10]．糊熟期以降では発酵品質は良好であるため，収量や栄養価

が高まるとともに乾物率が25～35％程度に上昇する黄熟期の収穫が適している．

サイレージはそのまま給与されるほか，混合飼料であるTMRの材料としても利用される．トウモロコシは良質な自給粗飼料であるとともに栄養価が高く濃厚飼料的な側面もある．わが国の公的研究機関の育成品種では，子実割合を高めるだけでなく茎葉の消化性を向上させ，栄養価が向上した品種を育成している[5,9]．また，収穫時にコーンクラッシャによる破砕処理を行って，消化性を向上させて栄養価を高め，そのサイレージを多給することによって濃厚飼料の一部を代替する実証試験が行われている[19,20]．

6.1.6 おわりに

わが国におけるトウモロコシの栽培面積は，飼料自給率の向上という政策目標や輸入トウモロコシの価格の高騰によってわずかに増加に転じているものの，さらなる拡大が求められており，転作田の活用に重要な耐湿性についての取り組み[7]など，わが国の気候・環境条件に適した品種の開発が進められている．また，技術開発の面では，濃厚飼料を代替するイアコーンサイレージなどの新たな利用法の開拓，裁断型ロールベール体系などの省力化栽培技術の向上，さらにはコントラクターやTMRセンターによる大規模栽培・利用などにより，高収量・高栄養価の自給飼料としての特性を十分に活かすことがますます重要となるであろう．

〔間野吉郎・村木正則〕

引用文献

1) 荒木和秋(2007)：グラス＆シード，**22**：1-13.
2) Doebley, J. F.(1990)：*Econ. Bot.*, **44**(Suppl.)：6-27.
3) 原田直人ほか(2009)：鹿児島県農業総合研究センター研究報告(畜産)，**3**：19-26.
4) 林　拓(2008)：根釧農業試験場酪農研究通信，**17**.
5) 伊東栄作ほか(2004)：九州沖縄農業研究センター報告，**43**：1-25.
6) 九州農政局(2010)：コントラクター(飼料生産受託組織)の活動状況，九州農政局．http://www.maff.go.jp/kyusyu/toukei/database/pdf/2-4-3kontorakuta-.pdf
7) Mano, Y. and Omori, F.(2007)：*Plant Root*, **1**：17-21.
8) Matsuoka, Y. et al.(2002)：*Proc. Natl. Acad. Sci. USA*, **99**：6080-6084.
9) 村木正則ほか(1999)：草地試験場研究報告，**58**：1-16.
10) 名久井忠ほか(1981)：日本草地学会誌，**27**：318-323.
11) 名久井忠(1996)：北海道農業試験場研究報告，**162**：25-121.

12) 農研機構(2010)：ホームページ.
　　http://brain.naro.affrc.go.jp/iam/Urgent/iam_upro410.htm
13) 農林水産省(2016a)：作物統計，作況調査，農林水産省.
　　http://www.maff.go.jp/j/tokei/kouhyou/sakumotu/sakkyou_kome/index.html
　　http://www.maff.go.jp/j/tokei/kouhyou/sakumotu/sakkyou_yasai/index.html
14) 農林水産省(2016b)：穀物等の国際価格の動向，農林水産省.
　　http://www.maff.go.jp/j/zyukyu/jki/j_zyukyu_kakaku/
15) 農林水産省(2010c)：都道府県施肥基準等，農林水産省.
　　http://www.maff.go.jp/j/seisan/kankyo/hozen_type/h_sehi_kizyun/index.html
16) 細断型ロールベーラ利用研究会(2008)：細断型ロールベーラ利用マニュアル，細断型ロールベーラ利用研究会事務局.
17) 佐藤尚親(2007)：グラス＆シード，**21**：32-37.
18) 志藤博克・山名伸樹(2002)：日本草地学会誌，**47**：610-614.
19) 谷川珠子(2007)：牧草と園芸，**55**：15-18.
20) 谷川珠子(2010)：日本畜産学会報，**81**：11-19.
21) 戸澤英夫(2005)：トウモロコシ，農文協.
22) United States Department of Agriculture(2016a)：*Foreign Agricultural Service Production, Supply and Distribution Online.*
　　http://www.fas.usda.gov/psdonline/psdHome.aspx
23) United States Department of Agriculture(2016b)：*World Agricultural Supply and Demand Estimates.*
　　http://www.usda.gov/oce/commodity/wasde/latest.pdf
24) 魚住　順ほか(2004)：東北農業研究，**57**：143-144.
25) 魚住　順(2009)：グラス＆シード，**25**：8-11.
26) 財務省(2016)：財務省貿易統計，財務省.
　　http://www.customs.go.jp/toukei/srch/index.htm

6.2　ソルガム

6.2.1　来歴と生産の現状

　ソルガム (*Sorghum bicolor* (L.) Moench) はエチオピア，スーダン周辺の北東アフリカ原産の C_4 植物で，世界の5大穀物の1つである．紀元前5000～3000年頃には栽培が始まり，紀元前2000年頃にはインド，さらに紀元1世紀には中国に渡来したとされる．現在では北米，南アメリカ，オーストラリアでも栽培が盛んとなっている．わが国へは室町時代に中国から伝来したと言われ，古くから食糧，飼料として栽培されていた．食料生産の安定とともに栽培面積は一時急減したが，1950年代後半からは畜産振興により再度飼料作物として注目され，作付面積は1982年に37,500 ha となったが，その後漸減し，2007

年には 19,000 ha となっている．

飼料作物としての利用のほか，緑肥作物，食用作物，花卉，野菜栽培におけるドリフト防止用の障壁作物，菌茸の培地などの栽培利用もある．また，近年ではバイオエタノール用の資源作物としても注目され，研究・開発が進められており，その多目的利用の範囲の広さはほかの作物には類を見ない．

6.2.2 分類と形態，生理・生態

わが国で主に栽培・利用されるソルガム属植物は，ソルガム，スーダングラス（*Sorghum sudanense*（Piper）Stapf）およびこれらの交雑種である．ソルガム属植物には，コロンブスグラス（*Sorghum almum* Parodi）やジョンソングラス（*Sorghum halepense*（L.）Pers.）などがあるが，わが国ではそれらの栽培・利用はほとんどなく，むしろ四倍体で多年生のジョンソングラスは飼料作物栽培圃場における強害外来雑草となっている．

ソルガム属植物の植物学的分類は極めて煩雑であり，今日でも議論のあるところであるが，わが国では栽培・利用の観点からソルガムの分類と呼称を図 6.6 の通り定め，育種および栽培法の改良が進められている．栽培は寒冷地～暖地まで可能であるが，栽培が多い地域は暖地～温暖地である．

ソルガムは高温・干ばつに対する耐性など環境ストレス耐性は総じて高く，乾物生産性も優れている．一方，低温伸長性や除草剤などに対する薬剤耐性は，

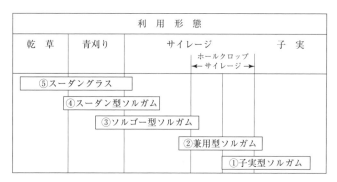

図 6.6 わが国で栽培されているソルガム属飼料作物の分類，呼称と利用形態の関係
①稈長 1.5 m 以下の短稈種，穂重割合高い．②稈長 2 m 前後，青刈り・サイレージと子実の兼用タイプ．③稈長 2.4 m 以上の長稈，太茎，多汁．④子実型×スーダングラスの交配種．⑤細茎，多茎，再生力旺盛．

同じ長大型飼料作物のトウモロコシと比べて劣っている.

6.2.3 栽培および利用法

飼料作物として栽培・利用する場合のソルガムがもつ優れた特性としては，高い乾物生産性，多回刈り利用が可能な再生性，サイレージ，青刈り，乾草としての利用法や利用する畜種に適した品種の変異が大きいことなどがあげられる．一方，飼料用トウモロコシと比べて飼料の栄養価や嗜好性が低いことは，今後の栽培・利用の研究開発で重要となる点である．

a. 飼料特性

ソルガムにおける消化性や嗜好性などの特性は，飼料用トウモロコシに比べて劣るとされている．TDN（可消化養分総量）でみてもトウモロコシサイレージが70％程度に対し，ソルガムでは60％程度である．このため，近年では，高消化性遺伝子（bmr：褐色中肋）を導入した高消化性品種の開発が行われ，'葉月'，'秋立' などの新品種では，その TDN は65％程度まで改善され，嗜好性も良好であるとされている[11-13]．しかし，ソルガムの飼料としての変異の広さや実際の利用場面を考えた場合，給与する牛の種類やその成育状態に合った利用範囲の広さはトウモロコシに比べて劣るものではない．図6.7に示すように，ソルガムの飼料としての最大のメリットは，適応範囲の広い多機能飼料であるという点である[3]．

b. サイレージ・ロールベールサイレージ利用

ソルガムは，その形態的特性すなわち，茎の太さ，穂重割合，茎中の糖含量

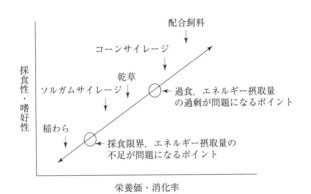

図6.7 繁殖牛の飼料設計にあたって考慮される給与飼料の嗜好性[3]

などから,子実型・兼用型・ソルゴー型などが,サイレージ用として利用されてきた.栽培は暖地〜温暖地では年二回刈り,寒冷地南部では年一回刈りにより行われ,その刈取り適期はタイプや品種によって異なるが,出穂始〜糊熟期でホールクロップサイレージとして利用される場合が多い.

播種期の早限は平均気温15℃前後の時期で,トウモロコシに比べて2〜3週間程度遅い.また,日長や温度に対する感応性も品種により大きく異なることが知られている.日長や温度に対する感応性が弱い品種では,播種期や栽培地が異なってもほぼ一定の有効積算温度で出穂・登熟するが,日長や温度に対する感応性が強い品種では,高温で極端に晩生化したり,播種期にかかわらず秋期の一定時期に出穂するなど,特異な出穂特性を示す品種も多く[7-9],ソルガムの栽培・利用に際して出穂特性は把握しておくべき重要な特性である.

播種方法には,条播(条間70〜80cm程度,播種量1〜2kg/10a程度)および散播(播種量5〜6kg/10a程度)がある.これらは収穫方法や使用する機械あるいは種子コストによって選択されるが,それ以外に圃場の雑草発生や作型にも考慮して選択する必要がある.一般的な条播における栽植密度は,ソルガムのタイプに依らず20000本/10a程度が適正である.一方,散播栽培では,その栽植密度が200本/m²程度を確保することで除草剤を用いない栽培も可能である(図6.8)[5].また,除草剤を使用する場合は,播種後十分に鎮圧し,圃場を均平にして施用すると効果が高い.

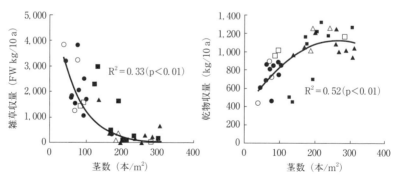

図6.8 無除草剤栽培における1番草収穫時のソルガム茎数と雑草重量および乾物収量の関係(1999〜2001年)
供試品種は「葉月」.○:5月下旬・2kg,□:5月下旬・5kg,△:5月下旬・8kg,●:6月中旬・6kg,■:6月中旬・5kg/10a,▲:6月中旬・8kg/10a(播種日・播種量).

収穫時期に関連して重要な形質に乾汁性がある．これは茎葉の乾物率とサイレージの品質に大きく影響する形質で，通常の糊熟期収穫における乾物率は，乾性の品種で30％後半から40％に近い値を示し，汁性の品種で30％前後である[3]．このため，乾性の品種は汁性の品種に比べてやや早めに収穫が可能となる．また，乾性の品種では刈取適期（糊熟期）を過ぎると，サイレージは酢酸発酵の割合が大きくなり，逆に汁性の品種では早刈りにより廃汁が増加し酪酸発酵が増加する．実際の栽培では品種の乾汁性を確認することが重要である．

　さらに，栽培・利用する際に重要となる特性として耐倒伏性と病害虫の発生程度があげられる．耐倒伏性は収穫作業の効率と収穫ロスの多少，さらにはサイレージ品質に影響する特性である．台風の常襲地帯である西南暖地では，台風の襲来時期より前に1番草を刈取り，台風襲来時期は草丈が低い状態で再生草を管理し，晩秋に2番草を収穫・利用する栽培体系がとられる場合も多い．一方，病害虫による被害については，近年の温暖化傾向の中で，全般に増加傾向にある．主な病害としては紫斑点病，炭疽病，すす紋病，ひょう紋病，条斑細菌病，紋枯病，麦角病などがあげられる．また，害虫としてはアワノメイガ，ヨトウガ，オオタバコガ，ヒエノアブラムシなどのアブラムシ類，カメムシ類などがあげられる．ソルガム栽培で利用できる病害虫防除のための農薬登録は極めて少なく，病害については耐病性品種を，また，害虫についても被害・発生の比較的少ない品種やタイプを選抜し，さらに作型によって対応する必要がある．

　近年急速に普及しているロールベールサイレージについては，その収穫機の改良によって適応範囲が広まり，現在ではソルガムのタイプに関係なく収穫作業が可能である．すなわち，初期のロールベーラーでは，細茎で牧草に近い形態をもつスーダングラスを乾草として利用するのみであったが，ロールベールラッパー（ロールベールをフィルムで被覆する機械）の開発によってサイレージ化が可能となった．サイレージ原料とする場合には密植栽培によって細茎とするが，ロールベール利用を目的として，多くの品種で細茎化への改良が指向されている．そうした中で開発された bmr 遺伝子をもつ高消化性品種‘葉月’は兼用型ソルガムであるが，その茎葉の柔軟性は高く，散播・密植栽培によってより高品質なサイレージの調製が可能となった[5]．さらに裁断型ロールベーラーやフレール型収穫機[6]の開発によって，ロールベールサイレージ利用がさ

らに普及している．

c. 青刈り利用と立毛貯蔵利用

畜産経営の大規模化の中でその割合は少ないが，青刈り利用は小規模な畜産農家などでは重要な利用方法で，植物体の緑度保持期間などの面では，トウモロコシに比べて青刈りとして利用できる期間は長い．刈取り時期は，年1回刈りの場合と多回刈りの場合で異なる．一回刈りで利用する場合の刈取り時期は，登熟期の鳥害や倒伏の発生を考慮すると，出穂始から乳熟期程度までが適当である．一方，多回刈りで利用する場合は，出穂始を目安として行い，暖地では2～3回，寒冷地南部でも二回刈りが可能である．青刈り利用では，生育初期の青酸と著しい多窒素施用栽培下での硝酸態窒素含量[1,2]に注意する必要があるとされているが，通常の青刈り利用では，刈取りは穂ばらみ期以降であり，青酸はほとんど問題ない．また，多窒素施用下での栽培となった場合は，サイレージ調製して利用する方法が一般的である．

収穫期を過ぎた冬期において圃場に立毛状態で貯留し，順次刈り取って利用する利用法として立毛貯蔵がある．この利用法は，最初暖地におけるサイレージ利用の補助技術として始まったものであるが，夏季～秋季の繁忙期にサイレージ調製をしなくてすみ，サイロなどの施設がなくても青刈りと立毛貯蔵の組み合わせで比較的長期にわたって利用できるメリットもある．立毛貯蔵では，特に冬期間の凍みが強い地域では，水分が低下し植物体が枯れ上がるに従って，折損の発生が多くなるため，利用する品種は折損まで含めた耐倒伏性に優れる品種がよい．

d. 乾草利用

乾草としての利用では，主にスーダングラスが用いられ，茎が細く乾性で乾燥しやすい品種が利用に適している．しかし，乾草調製は，ロールベールサイレージ体系に比べて天候に左右されることが多く，時間と労力など生産コストは高くなる．

e. 混播栽培による利用

トウモロコシとソルガムを混播し，1番草はトウモロコシ主体で，刈取り後は再生ソルガムを利用する体系で，暖地での栽培において1回の播種で多収をねらったものである．一方，寒冷な地域における混播栽培[5]では，ソルガムを繊維の給源として利用するため，耐倒伏性に優れたトウモロコシと混播する

場合が多く，畦条混播で利用している場合もある．最近では，耐倒伏性と多収性をねらって極晩生種のソルガムを用いた「ソルガム-ソルガム」の混播栽培[10]も開発されており，ソルガムの栽培・利用の幅を広げる点で有用な技術である．

6.2.4　今後のソルガム栽培と利用

近年，環境保全型農業，低投入持続型農業などに対する指向が高まるなかで，ソルガムにおいても適正な栽培管理が求められている．従来，土壌の地力維持・改良を目的に投入された堆肥も，畜産経営の大規模化の中で糞尿処理として飼料畑へ多投入され，その結果引き起こされる飼料品質の劣化も懸念されている．さらに，わが国のソルガム栽培で必要な除草剤についても，その連用が土壌環境の悪化や圃場生態系の偏った雑草の遷移を引き起こしている場合もある．このため，今後の栽培管理では，適正な施肥管理と併せ散播・密植栽培[5]などによる，低コストで除草剤を使用しない栽培体系の構築は重要な課題である．また，ソルガムは吸肥力が強く，その適応する土壌の幅が広く，根圏も深いことから，その栽培自体が土壌改良効果をもつことを前提に，土地利用率の向上などの面から効果的な輪作体系の構築も重要な視点と考えられる．　〔**春日重光**〕

引 用 文 献

1) 原田久富美ほか(1998)，日本草地学会誌，**43**：449-451.
2) 原田久富美ほか(2002)，日本草地学会誌，**48**：433-439.
3) 春日重光(1998)，農業技術体系(畜産編)　追録第17号，p 333-342，農文協.
4) 清水伸也・日向洋一(1994)，日本草地学会誌，**40**(別)：55-56.
5) 水流正裕ほか(2005)，日本草地学会誌，**52**：152-156.
6) 水流正裕ほか(2007)，日本草地学会誌，**53**：11-15.
7) 魚住　順ほか(2000)，日本草地学会誌，**45**：367-373.
8) 魚住　順ほか(2001)，日本草地学会誌，**47**：484-490.
9) 魚住　順ほか(2002)，日本草地学会誌，**48**：254-257.
10) 渡辺晴彦ほか(1999)，日本草地学会誌，**45**(別)：150-151.
11) 渡辺晴彦ほか(1995a)，日本草地学会誌，**41**：140-144.
12) 渡辺晴彦ほか(1995b)，日本草地学会誌，**41**：145-151.
13) 渡辺晴彦ほか(2000)，日本草地学会誌，**45**：397-403.

第7章　マメ科牧草

《飼料作物編》

7.1　概　　要

7.1.1　栽培と生産の現状

　マメ科牧草は，草地農業の持続的発展に生産性向上や窒素循環の面から重要な役割を果たしてきた．世界に視野を広げれば，施肥がほとんど行われない乾燥地帯や山岳地帯などの生産性が低い地域において，その代替としてマメ科牧草は重要な位置を占めている．マメ科牧草は，共生する根粒菌による空中窒素の固定により植物内の窒素含量を高く維持でき，さらに高いミネラル含有率を示すなど品質にも優れることから，家畜飼料の品質向上のうえでも重要である．また，化学肥料に過度に依存した栽培方法から脱却し，環境負荷を低減した牧草生産へシフトするための重要な要素となる．さらに，最近の飼料・肥料価格の高騰に対処する安定した畜産経営のためにも，マメ科牧草は見直されてきている．

　マメ科牧草はイネ科牧草と混播して利用される場合が多い．混播栽培は，イネ科牧草の単播と比べて①根粒菌の窒素固定の効果による窒素肥料の節減，②季節生産性の平準化や単位面積あたりの収量向上，などの長所がみられ，一方，マメ科牧草の単播と比べて③雑草の侵入防止，④厳冬地帯における凍上害の回避，⑤サイレージ調製が容易，⑥鼓脹症の発生防止，などの長所をもつ．しかし，混播草地においてマメ科牧草とイネ科牧草の適正な割合を維持するのは難しく，適品種の選定，厳密な土壌改良と施肥管理，適切な刈取り管理などが必要となる．

7.1.2 形態と生理，生態

マメ科牧草の形態は，莢を形成すること，花が蝶型であることなどが特徴であるが，種により各器官の形態や大きさなどには大きな変異がある．葉は一般に3枚あるいはそれ以上の小葉（leaflet）と葉柄（petiole）から構成される羽状複葉となり，茎との接合部の葉柄基部には一対の托葉（stipules）がある．先端小葉の有無や葉柄と接合する小葉柄（petiolue）の小葉位置による長さが種により異なる．茎はシロクローバのように節から発根する匍匐茎（stolon）をもつものや，長さ，分枝が種により大きく異なる．刈取り後は葉腋（axillary bud）あるいは冠部（crown）から茎を再生する．草本マメ科植物は主根（taproot）を発達させ，多年生マメ科牧草にとっては刈取り後の再生や越冬，干ばつ時の養分貯蔵器官として重要である．また，深根性の主根は高度の耐乾性に関わっている．主根の寿命はアルファルファのように極めて長いものから，アカクローバのように数年，あるいはシロクローバのように1，2年程度と様々である．不定根（adventitious root）はシロクローバのように節から発根するものでは重要な役割を果たす．花は蝶型で，1枚の旗弁（standard petal），2枚の翼弁（wing petals），2枚の花弁が融合した筒状の竜骨弁（keel petals）の計5枚の花弁が花冠を構成する（図7.1）．竜骨弁の内側に子房，花柱，柱頭および雄ずいがある．これらの花弁は一部融合し，基部に向かって花管となる．花管の長さは種によって異なり，クローバ類でもアカクローバのように長いもの，シロクローバのように短いものがあり，十分な受粉にはそれぞれに適応した花粉媒介虫が必要となる．花序の形態は穂状あるいは頭花状の総状花序（raceme），あるいは散形花序（umbel）がある．種子は莢のなかに1粒あるいは単列で数粒着き，縫合線に沿って裂開し，種子を散布する．多くのマメ科植物の種子では不透性種皮による硬実（hard seed）がみられ，市販時には種皮刺傷処理（scarification）を行

図7.1 アルファルファの頭花

うこともある.

　実生からの初期の生育過程で縮退生長（contractile growth）とよばれる独自の現象が多くの多年生の地上子葉型のマメ科植物にみられる．出芽から6～8週間で縮退生長が始まり，子葉の付いている第1節が土壌表面より下に徐々に縮んでいく．その後，地下数 cm のところで冠部を発達させる．これらの多年生マメ科植物の越冬性は冠部の深さと強く関わっていることが知られている．

　マメ科牧草では共生根粒菌（rhizobia, root-nodule bacteria）による窒素固定も特徴である．固定される窒素量については多くの報告があるが，年間 ha あたりの固定量の上限の推定は，主要寒地型マメ科牧草のアカクローバで 373 kg，シロクローバで 545 kg，およびアルファルファで 350 kg 程度である[2]．固定された窒素は脱落した地上部および地下部組織の分解，無機化により，混播イネ科牧草などのマメ科牧草以外に移行し，窒素肥料の節減にも貢献する．

7.1.3 草地管理と利用

　マメ科牧草とイネ科牧草の混播利用においては，両者の植生割合，すなわち草種構成を適正に維持することが草地の生産性や栄養価の面できわめて重要である．マメ科牧草とイネ科牧草の共存には両者の競争関係について考慮する必要がある．地上部の光競争では，マメ科牧草は低い葉面積指数（LAI）でも受光量が高い利点をもつが，光の利用効率はイネ科牧草の方が高い傾向にあることから，たとえばライグラスとシロクローバの混播草地では光競争の結果，ライグラスの割合が高くなっていく傾向がある[5]．アカクローバとチモシーの混播草地では，両者の生育特性の季節変動から，春の1番草の刈取り時にはチモシーの割合が高く，夏季の再生草である2番草以降はアカクローバの割合が高くなる傾向がある．特に，2番草以降のアカクローバによるチモシーの抑圧は，採草地が衰退する原因の1つであり大きな問題となっている．この問題に対処するため，刈取り後のチモシーへの抑圧が起きにくい晩生品種の利用が進められている．

　窒素・リン酸・カリウムの三要素ならびにそのほかの無機成分の施肥は，混播時の草種構成に大きな影響を与える．大規模酪農地帯である北海道根釧地方における火山性土の混播草地について，根釧農業試験場により詳細な研究が

行われている[16,25,33,42]．これらの結果からいくつか例を紹介しよう．大村ほか (1985)[42] によると，標準的な三要素区では 5 年目以降に収量の減少傾向がみられたが，窒素無施肥区では安定した収量を維持でき，マメ科牧草の収量が高かった．一方，リン酸無施肥区ではマメ科牧草の減収が著しく，カリウム無施肥区では試験当初からマメ科牧草の収量が低かった．また，窒素無施肥区では土壌 pH の低下が小さく，石灰や苦土の追肥がマメ科牧草の維持に有効であった．

施肥管理以外に，組み合わせる草種や品種，特に刈取り時期に密接に関係する早晩性などの出穂・開花性も適正な草種構成に重要な要因であり，適切な管理のためには個々のマメ科牧草の特性の理解が欠かせない．草地生態系の維持と生産性の向上のためには，混播栽培に関する研究をさらに進める必要がある．

7.2 寒地型マメ科牧草

7.2.1 概　　要

寒地型マメ科牧草は明治 7 年に開拓使によりアメリカから導入されて試作が始まり[39]，道内各地の農業試験場で草種の選定がなされ，大正初期にはアカクローバやアルファルファが優良な草種として認められた．また，同時期にはアカクローバは緑肥としても優良と認められ普及が奨励された．昭和に入ると品種の選定や育種試験も始まり，アカクローバでは 1945（昭和 20）年に 3 品種が優良品種として認定された．第二次世界対戦後の 10 年間ほどは研究の空白期間があったが，アカクローバでは 1953（昭和 28）年から選抜が再開され，新品種'サッポロ'が登録された．本節ではこのような歴史を経て栽培されてきたアカクローバをはじめとした主要な寒地型マメ科牧草 11 草種について紹介する．

7.2.2 アカクローバ

学名：*Trifolium pratense* L.，英名：Red clover，和名：ムラサキツメクサ

a. 来歴と分布

アカクローバは，西南アジアからヨーロッパ東北部を原産地とする短年生マメ科牧草である．環境適応性が広く，多様な気象条件や土壌環境で栽培が可能

であることから，乾草用，サイレージ用，放牧地用および緑肥用のマメ科牧草として世界各地で広く利用されている[56-58]．

b. 形態と生育特性

アカクローバは $2n=14$ の二倍体の他家受粉種であり，配偶体型自家不和合性を示す．主茎は短く，多くの分枝を出す冠部を形成する．草丈は最大60～100 cm程度であるが，前述のように主茎が短いので牧草として利用される収穫部分はほぼ分枝のみである．開花時期は北海道では6月上旬～7月上旬であり，分枝の先端に白色-濃赤色の小花で形成された頭状花を付ける．1頭花あたりの小花数は，品種や番草（刈取り回数）によって著しく変異し，20～120程度である[45,61]．

品種は，早晩性と刈取り適性によって，早生品種である多回刈り品種（double cut type, medium type）と，晩生品種である一回刈り品種（single cut type, mammoth type）とに大きく分けられる．Bird（1948）[1]は，播種後1年目の越冬形態による早晩性に基づく生態型分類を提唱した（表7.1）が，これらの早晩性の変異は連続的であり，環境条件によって大きく変化する[3]．

c. 栽培管理

広い土壌適応性があり，耐湿性が比較的高い．適正な土壌pHは6.0～6.5だが，pH 5.0～6.0の酸性土壌でも生育可能である．最適生育温度は20～25℃，生育可能温度は7～40℃と温度に対する適応範囲も広い．単播栽培でも利用されるが，牧草種のなかでは比較的耐陰性に優れることから，通常は採草やサイレージ利用を目的として，チモシーやオーチャードグラスなどのイネ科牧草と混播されることが多い．混播草地では，1番草刈取り後の再生が旺盛でイネ科牧草を抑圧する傾向があることから，混播相手のイネ科牧草の草種および品種の早晩性を考慮する必要がある．オーチャードグラスや極早生・早生の

表7.1 アカクローバ播種後1年目における越冬形態と開花による生態型分類

分類	越冬形態	開花形態による分類（播種後1年目の開花）
0	着花茎をもたず，根生葉のみ	非開花型（non-flowering type）
I	旺盛な底生葉と数本の着花茎，未開花	非開花型
II	根生葉と着花茎の本葉の割合がほぼ等しい	開花型（flowering type）
III	根生葉がわずか，着花茎が主体	開花型
IV	底生葉を持たず，着花茎のみ	開花型

（Bird（1948）[1]より）

第7章 マメ科牧草

表7.2 日本における主なアカクローバ品種の推移

品種名	登録年*	育成地	倍数性	早晩性	主要な育種目標	栽培適地
北海道在来種		北海道	2x	サッポロよりやや早生	暖地への適応	北海道の生態型・1920～1940年頃に栽培
ケンランド	1947	アメリカ	2x	サッポロなみ	多収性・永続性・茎割病抵抗性	東北地方以南
サッポロ	1966	北海道	2x	早生	耐病性	道央地域・東北地方
ハミドリ	1966	北海道	2x	サッポロよりやや早生	早生・多収性・耐病性	北海道および中国地方以北
ハミドリ 4n	1979	北海道	4x	サッポロよりやや早生	耐病性・混播適性（競争力：弱）	十勝を除く北海道全域
ハヤキタ	1981	北海道・オランダ	4x	サッポロよりやや早生	再生力	北海道全域
メルビー	1981	ベルギー	2x	サッポロよりやや晩生	永続性・越冬性	北海道全域
ホクセキ	1991	北海道	2x	サッポロよりやや晩生	採種性・多収性・耐病性	北海道および東北地域
タイセツ	1991	北海道	4x	サッポロよりやや晩生	永続性	北海道および東北地域
テトリ	1993	オランダ	4x	サッポロよりやや晩生	越冬性・うどんこ病抵抗性	道東地域
エムアールワン	1993	北海道	2x	サッポロよりやや晩生	うどんこ病抵抗性	道東地域を除く北海道全域
マキミドリ	1996	北海道	2x	晩生	センチュウ抵抗性・混播適性（競争力：弱）	道東地域
クラノ	1998	デンマーク	2x	サッポロよりやや晩生	永続性・混播適性	北海道全域
ナツユウ	2004	北海道	2x	晩生	永続性・混播適性	北海道全域
アレス	2007	スウェーデン	2x	晩生		北海道全域

*主として品種登録データベース (http://www.hinsyu.maff.go.jp/)，日本草地種子協会 (http://souchi.lin.gr.jp/seed/kind_list/) を参照．
（我有 (1998)[6], 賀示戸 (2004)[15]に従った．

チモシーには早生品種を，中生・晩生のチモシー品種には生育の穏やかな晩生品種などを利用する必要がある[7]．収穫は年に 1～3 回行われるが，混播されるイネ科牧草の出穂期や刈取り適期に合わせて刈り取られる．短年生マメ科牧草であることから，播種 2～3 年後に最大収量を示した後，衰退していく．造成 3 年目以降のアカクローバの衰退に対して，追播により植生を改善する栽培技術が確立されている[10, 14, 53, 55]．

播種は，北海道では主に春播きであるが，夏播きも行われる．夏播きの場合，道東のような寒冷地では実生の越冬性を確保するため，8 月上旬までに播種する必要がある．本州以南では，雑草との競合を避けるため秋播きが奨励される．播種深度は 10～15 mm，播種量はイネ科牧草との混播草地では 10 a あたり 0.2～0.5 kg 程度である．これまでクローバが栽培されていなかった土地では，根粒菌（*Rhizobium leguminosarum* bv. *trifolii*）の接種や根粒菌資材のコート種子利用が望ましい．最適地における 1 年間の窒素固定量は約 373 kg/ha と見積もられている[2]．アカクローバの栄養価は，含水率 84.0% の 1 番草で，粗タンパク質が 16.9%，可消化養分総量（TDN）は 63.8% と高く，無機養分ではカルシウムが 1.68%，マグネシウムが 0.37% と高い[41]．

d. 主要品種の特性

日本においてアカクローバの本格的な栽培が始まったのは，明治時代以降である．北海道では 1966 年に道内在来種の'北海道在来種'を育種母材とした'サッポロ'および'ハミドリ'が育成され，長く基幹品種として栽培された[6]．その後，耐病性や収量性の改善を目標とし，'サッポロ'と世界各地からの導入系統を育種母材として育成された'ホクセキ'，'エムアールワン'，'マキミドリ'へと品種交代が進んだ．近年では 2 番草の生育を抑え，混播イネ科牧草を抑圧しにくい'ナツユウ'や晩生品種'アレス'へと品種改良が進んでいる[7, 15]（図 7.2）．倍数性育種も行われており，'タイセツ'，'ハミドリ 4n'，'ハヤキタ'などが育成された．ただし，四倍体品種は収量性・耐病性や越冬能力に優れる利点をもつ一方，採種性が低く，旺盛な生育によって混播イネ科牧草の生育を著しく抑圧することから，日本での利用は進んでいない[6]．海外からの導入品種も広く利用されており，牧草として普及し始めた頃には'オタワ'，'ドラード'，'アルタスウェード'が 1942 年に北海道の優良品種に登録され，その後も'スタート'，'メルビィ'などが利用されている．これらの品種の特性を表

第7章 マメ科牧草

図 7.2　アカクローバ品種 'ナツユウ'

7.2 にまとめた．

7.2.3　シロクローバ

学名：*Trifolium repens* L., 英名：White clover, 和名：シロツメクサ

a. 来歴と分布

シロクローバは，西アジアから地中海東部を原産地とした多年生マメ科牧草である．タンパク質やミネラルに富み，根粒菌が固定した窒素による肥料節減効果も認められるため，最も重要な放牧用マメ科牧草の1つとして世界各地で利用されている[62]．また，採草用，緑肥用や，公園・芝生あるいは道路法面や路肩の土壌保全植物としても使われている．

b. 形態と生育特性

シロクローバは四倍体種（$2n=4x=32$）であり，虫媒による他家受粉種である．匍匐茎（ストロン）により栄養繁殖し，伸張したストロンの節部から発根し三小葉の本葉を有するクローナル植物体を形成する[45,61]．各クローナル植物体は短年生に近い生育様式を示し，自然下種（natural reseeding）による世代交代も行われる．花は，比較的長い花柄に 40～100 個の白色の小花をもつ頭状花序を形成している．

シロクローバの分類では葉の大きさが重要な指標となっており，ワイルド型（小葉型），コモン型（中葉型），ラジノ型（大葉型），という3タイプの品種群

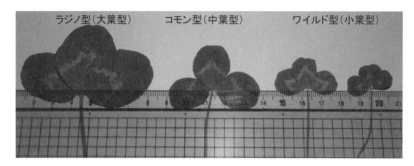

図 7.3 シロクローバの葉の大きさを指標とする分類

に大別できる（図 7.3）．

(1) ワイルド型（または小葉型；wild type, small type）

小葉長 20 mm 以下．草丈が低く，多くの小葉を密生させる．比較的やせた土地や高地，放牧圧の高い放牧地に適応する．収量が低く青酸含量も高いことからこれまでわが国での利用は少なかったが，近年毒性の低い品種の開発が進み，競合するイネ科牧草への抑圧が少ない品種群としてチモシーなどとの混播に用いられることが多くなっている．

(2) コモン型（または中葉型；common type, intermediate type）

小葉長 20〜30 mm．小葉型とラジノ型の中間的な葉の大きさをもつ．世界各地の放牧地で最も利用されている品種群である．

(3) ラジノ型（または大葉型；ladino type, large type）

小葉長 30 mm 以上．肥沃な土地に適応し，匍匐茎による栄養繁殖力が旺盛であり，ストロンが老化し親植物体から独立した後もクローナル植物体は旺盛な生育を示す．主に採草用マメ科牧草として，オーチャードグラスなど草勢の強いイネ科牧草との混播用に利用されている．

c. 栽培管理

主に放牧地のマメ科草種としてイネ科牧草と混播されるが，採草用や緑肥用としても利用される．ストロンによる栄養繁殖により，比較的低密度の播種でも短期間で密なスタンドを形成する．湿潤な温暖地から寒冷地まで幅広く適応するが，夏期の干ばつに弱い傾向がある．様々な土壌条件に適応できるが，酸性土や排水の悪い土壌には適していない．最適生育温度は 20〜25℃，土壌 pH は 5.8〜6.0 程度である．よく耕耘された圃場に，深度 10〜12 mm で条播また

は散播される．覆土を厚くしすぎると実生の定着が抑制されるので，注意が必要である．播種時期は，土壌水分の不足が生じない4〜5月頃または9〜10月頃に行う．適正な播種量は10aあたり0.3〜0.5kgであり，草地のマメ科率が30〜40％程度となるように調節する必要がある．アカクローバと同様に，新規の草地造成には根粒菌の接種またはコート種子を利用する必要がある．シロクローバの窒素固定能はアルファルファやアカクローバに比べて高い傾向にある[2]．採草地においてほかのマメ科草種とシロクローバを組み合わせることにより，マメ科牧草が衰退していく利用後期においても，裸地の増加を防ぐとともに栄養価の維持が期待できる．

収量は7〜20t/ha程度であり，新鮮なクローン植物体を維持することで高い栄養価を保持できる．飼料としての栄養成分は，開花期の生草（含水率85.1％）の場合，TDNが71.8％，粗タンパク質が26.8％であり，ミネラルではカルシウムが1.45％，マグネシウムが0.35％と高い値を示す[41]．

d. 主要品種の特性

江戸時代にオランダから入ってきたものが，わが国への導入起源と考えられている．飼料作物として本格的な栽培が始まったのは，明治時代以降である．導入初期には小葉型品種の利用は少なく，中葉型またはラジノ型品種の利用が主であった（表7.3）．ラジノ型品種では，1970年代に'ルナメイ'と'カリフォルニアラジノ'が，採草または放牧地用としてオーチャードグラスやペレニアルライグラスとの混播草地で利用された．その後，国内で育成された寒冷地向きの'キタオオハ'，'ミネオオハ'や暖地向きの'ミナミオオハ'が育成された[12]．コモン型品種では，'ソーニャ'，'フィア'，'マキバシロ'，'リースリング'などが放牧用および採草用のマメ科牧草として利用されている．小葉型品種では'リベンデル'や'タホラ'などの導入品種が利用され，国内では1997年に'ノースホワイト'が育成されている．小葉型品種は，生育が穏やかであることから主に競合力の弱いチモシーとの混播草地に利用されている．

7.2.4 アルファルファ

学名：*Medicago sativa* L. ssp. *sativa*，英名：Alfalfa, Lucerne，和名：ムラサキウマゴヤシ

表7.3 日本における主なシロクローバ品種の推移

品種名	品種登録年*	育成地	草型	主な特性
フィア	1931	ニュージーランド	中葉	耐寒性・モザイク病抵抗性がやや劣る、永続性に優れる
カリフォルニアラジノ	1965	アメリカ	大葉	永続性に劣る、青酸配糖体個体率が10%程度と低い
キタオオバ	1971	岩手	大葉	主に病害抵抗性により選抜した母本から育成、寒冷地に適応
ルナメイ	1975	フランス	大葉	越冬性が良好であるが、寒冷地での生産性が中程度
ソーニャ	1976	スウェーデン	中葉	越冬性が良好、菌核病抵抗性
マキバシロ	1980	岩手	小葉	越冬性に優れる、早春の生育が良好、モザイク病抵抗性をもつ
タホラ	1982	ニュージーランド	小葉	分枝が旺盛、耐寒性・モザイク病抵抗性に劣る
ミナミオオバ	1983	茨城	大葉	イネ科牧草との混播適性、耐暑性・温暖地の適応性が高い
リベンデル	1985	デンマーク	小葉	耐寒性・菌核病抵抗性に優れる
ミネオオバ	1990	岩手	大葉	イネ科牧草との混播適性に優れる、菌核病・そばかす病に抵抗性、東北以北に適応
ノースホワイト	1997	岩手	小葉	放牧専用品種として育種、永続性に優れる、北海道に適応
リースリング	2005	オランダ	中葉	永続性であるがオーチャードグラスとの混播に向く

* 主に品種登録データベース（http://www.hinsyu.maff.go.jp/）に従った。
（山田ほか（1987）[62]、樋口（1999）[12] を参照）

a. 来歴と分布

アルファルファは，中東および中央アジアを起源とし，最も古くに栽培化された飼料作物と考えられている．その収量性と栄養価の高さから「牧草の女王」の異名をもっている．現在では温帯を中心に世界の広い地域で栽培され，その栽培面積は約 3,200 万 ha である[34]．日本では自給飼料として北海道を中心に約 1 万 ha で栽培されているほか，乾草やヘイキューブとして輸入粗飼料の 3 割程度の年間 70 万 t 程度が輸入されている．

起源地はアルメニア高地（コーカサス，トルコ，イラン付近）と考えられており，中央アジア・インドおよび中国へと伝播した経路と，スペインを通じて南北アメリカに伝播した経路の 2 通りのルートで世界各地に広がったと考えられている[32,37,43,45,54]．これらの伝播過程で，各々の地域に適応した在来種集団が分化している．また Medicago sativa には，複数の二倍体種と四倍体の亜種が含まれており，四倍体の栽培アルファルファ (M. sativa ssp. sativa) と交雑親和性が高い亜種が多数存在することが知られている．Muller et al. (2003, 2005)[37,38] は，ミトコンドリア DNA と核 DNA の多型解析から，野生集団と栽培種間の遺伝子交流により在来集団の分化が促進されたことを示唆している．特に北欧・シベリアでは，キバナルーサン (M. sativa ssp. falcata) との交雑由来と考えられる耐寒性の優れた在来種集団が古くから確認されている．

b. 形態と生育特性

アルファルファは，$2n=4x=32$ の同質四倍体の他家受粉種である．草姿は草丈 30～90 cm の直立型または傾斜型であり，多くの分枝を出す冠部を有する．葉は互生の三出複葉であり，頂小葉の長さは 3 cm 程度である．花序は長さ 1～2.5 cm，幅 1～2 cm の腋性小花 5～10 個からなる．根は 2～4 m の地下にまで到達するが，60～70%の根は地下 15 cm までに集中している[45,61]．

日本におけるアルファルファの形態学的特性の分類は，1965～1967 年に愛知県農業試験場で行われた，世界各地から導入された品種群の生育調査が基準となっている[51]．鈴木ほか (1969)[51] は，草型・早春の萌芽性・再生性・秋季の休眠性や耐寒性などに基づく 14 形質の評価から，これら品種群を冬季の休眠が浅く刈取り利用期間の長い I 型から，刈取り利用期間が短く耐寒性の強い V 型までの 5 群に分類した（表 7.4）．この基準は，わが国におけるアルファルファ品種を評価するうえで，現在も有用な指標となっている．

表7.4 鈴木ほか (1969)[50] におけるアルファルファの品種分類

品種群	特徴
Ⅰ型	初期生育が旺盛で, 休眠期間が短い, 再生能力が高い, 耐寒性が低い, 暖地型品種群
Ⅱ型	Ⅰ型よりも休眠期間がやや長い, 生育の環境に対する反応が鈍い
Ⅲ型	収量が1, 2番草に偏る傾向があり, 盛夏の成長が劣る, 草型は直立型
Ⅳ型	刈取り後の再生が遅い, 草型は直立ないし中間型で草丈がやや低い. 冷涼地に適応
Ⅴ型	刈取り期間がきわめて短い. 草型は匍匐型. 極寒地に適応

(高杉 (1971)[54] より)

c. 栽培管理

アルファルファは排水のよい肥沃な土壌を好み, 耐乾性・耐寒性や耐塩性に優れている. ほかの寒地型マメ科草種と異なりしばしば単作で栽培され, 年2～4回収穫される. また, 耐湿性が比較的劣ることから, 降水量の多いわが国においては, 排水がよい圃場を選ぶかそれが難しい場合は排水対策を講じる必要がある. 利用期間は, 草地造成後4～6年間が望ましい.

最適な生育温度は21～25℃であり, 冬季温度が-12～10℃, 夏季温度が16～27℃の地域に適応している. 最適な土壌pHは6.0～6.5だが, 比較的高いpH (6.5～8.0程度) でもよく生育する[45,61]. 酸性土の地域では, 根粒菌 (*Rhizobium meliloti*) のカルシウムの利用効率が著しく阻害され, 生育が低下することから, pHの矯正のため石灰質資材の利用が奨励される. 根粒菌の接種は栽培歴のない圃場では不可欠であり, 市販のものを播種時に接種するかコート済みの種子を播種する.

播種は, よく耕耘した圃場に深度10～15 mmで条播または散播で行う. 播種量の目安は10 aあたり単播で2～2.5 kg, アルファルファ主体で混播する場合1.0～2.0 kg + イネ科牧草1.0～1.5 kg, イネ科牧草主体で混播する場合0.5～1.0 kg + イネ科牧草2 kg程度とする. 播種時期は, 北海道では越冬前の生育量を確保するために春播き, 東北以南では一般に雑草との競合の少ない秋播きが望ましい. 刈取りは開花始めを目安に行うが, 北海道では越冬耐性の獲得時期である9月中旬から10月中旬の刈取りはさける. 播種時には, 実生の初期成育を促進するため, 10 aあたり2.5～5.0 kgの窒素を施肥する必要がある. 無機栄養分では, リン, カリウム, マグネシウムのほか, ホウ素 (B) やモリブデン (Mo) のような微量要素の施肥効果も大きい[7]. ホウ素欠乏は茎の伸長を阻害し, モリブデン欠乏は窒素固定酵素ニトロゲナーゼの活性を低下させる.

生育に適当な環境下におけるアルファルファの窒素固定量は350 kg N/ha程度である（Carlson & Huss-Danell（2003）による過去文献の平均値)[2]．マメ科牧草は一般に，古い細根や根粒の脱落などの有機物の無機化により，混播されているイネ科牧草の窒素吸収を促進する働きをもつが，アルファルファの窒素移行能力はアカクローバやシロクローバよりも低い[4,11]．

アルファルファはサイレージ，乾草，放牧いずれの用途にもに利用されるが，わが国ではサイレージ利用が主体である．乾草として利用する場合，テッダー（反転用機械）による過度の転草は葉の脱落を招き栄養価が低下するので，注意する必要がある．サイレージ利用では，刈り倒した状態で含水率をバンカーサイロの場合で65％，梱包の場合で60％以下に予乾する．飼料成分は，開花期に刈り取った1番草で含水率が75.8％のサイレージの場合，粗タンパク質が16.1％と高く，酸性デタージェント繊維（ADF）は41.3％，TDNは55.4％である[41]．また，ビタミン類も多く含まれている．これらの栄養価の高さと優れた収量性を合わせもつことが，アルファルファが「牧草の女王」とよばれる所以である．

d. 主要品種の特性

日本においてこれまでに登録された品種とその特徴について表7.5にまとめた．わが国でアルファルファの本格的な栽培が始まったのは1950年代に入ってからである．1958年に北海道の優良品種として認定された'デュピュイ（Du Puits）'をはじめとした外国からの導入品種が，初期の栽培普及に貢献した．国内育成品種では，1973年に暖地向け品種である'ナツワカバ'，1985年に寒地向けの'キタワカバ'が品種登録され，1980年代からアルファルファの栽培面積が増大していった．しかし，1980年にバーティシリウム萎凋病（病原菌 *Verticillium albo-atrum*）の発症が国内で確認され，急速に蔓延したことから，これに抵抗性をもたない当時の品種群は普及しなかった．国外より'5444'や'バータス'などの抵抗性品種が急遽導入されたものの，これらは耐病性はあるものの国内育成品種に比べて収量性や永続性が劣るため，国内環境に適応した品種育成が望まれるようになった．その後，北海道の寒地向け品種として1997年に'マキワカバ'[64]（図7.4）と'ヒサワカバ'[65]が，本州以南の暖地型品種として'ツユワカバ'[17]と'ネオタチワカバ'[35]が，それぞれ登録された．現在では，2006年登録の'ハルワカバ'[13]や2007年登録の'ケレス'の栽培

図7.4 アルファルファ品種'マキワカバ'

が広まりつつある．国内における今後の育種目標として，耐湿性，酸性土壌への適応性，土壌凍結による断根に対する適応性などがあげられ，これら日本固有の栽培環境に対する特異的な形質をもったアルファルファ品種の育成が期待されている．

7.2.5 セイヨウミヤコグサ

学名：*Lotus corniculatus* L.，英名：Birdsfoot trefoil

セイヨウミヤコグサ（バーズフットトレフォイル）は，ヨーロッパ西部からアフリカ北部が原産地で，四倍体（$2n=4x=24$）の自家不和合性の短年生のマメ科牧草である．草姿は匍匐型・開張型・直立型など変異に富み，草丈は60〜90 cmに達する．茎は基部の冠部から多数分枝する．葉は3枚の倒卵形の小葉からなり，葉柄の基部に，2枚の托葉が着く．花序は4から8の蝶型の小花からなる散形花序で，花色は鮮黄色，主に5〜7月に開花する．受精後は3〜5の円柱状の莢果が2.5〜4 cmに伸長し，花柄と直角に付くことから鳥の足のようにみえ，英名 Birdsfoot はこの外観に由来する．直根は1 m以上と長く，多数の側根をもつ．

セイヨウミヤコグサは，葉肉細胞が崩壊しにくく，かつタンニンが含まれることから，給与された動物が鼓脹症を起こす危険が少ない．また土壌適応性については耐酸性や耐塩性が強く，耐湿性も比較的優れており，アメリカ，カナダ，南米諸国などで栽培面積が多い．一方，わが国では北海道[67]や東北で栽培事

表 7.5　日本における主なアルファルファ品種の推移

品種名	登録年*	育成地	早晩性	主な特性	耐寒性
デュピュイ	1950	フランス	III	永続性に劣る，北海道でも栽培可能	耐寒性中
アルファ	1951	スウェーデン	III	耐寒性に優れる	寒地型
ナツワカバ	1973	愛知	II	再生力に優れる，耐病性は中程度	暖地型
タチワカバ	1983	愛知	II-III	永続性に優れ，本州中山間地の冷涼地域にも適応	暖地型・耐寒性中
キタワカバ	1985	北海道	III-IV	越冬性に優れ，早春の生育が良好	寒地型
5444	1990	アメリカ	III-IV	収量性が劣る，バーティシリウムいちょう病抵抗性	寒地型
バーナス	1990	スウェーデン	III	収量性が劣る，バーティシリウムいちょう病抵抗性	寒地型
ユーバ	1990	フランス	III	耐倒伏性・耐雪性に優れる，バーティシリウムいちょう病抵抗性	寒地型
マヤ	1990	フランス	III	耐倒伏性・耐雪性に優れる，バーティシリウムいちょう病抵抗性	寒地型
ヒサワカバ	1997	北海道	III	耐雪性・耐倒伏性に優れる	寒地型
マキワカバ	1997	北海道	III	耐雪性・採種性に優れる	寒地型
ツユワカバ	2001	愛知	II	耐湿性品種として育成，菌核病に抵抗性	暖地型
ネオタチワカバ	2004	愛知	II-III	耐湿性，耐倒伏性に優れる，サイレージ用品種	暖地型
ハルワカバ	2005	北海道	III	永続性，耐寒性に優れる	寒地型
ケレス	2007	北海道	III	永続性，そばかす病抵抗性優れる，早春の生育が良好	寒地型

* 主として品種登録データベース (http://www.hinsyu.maff.go.jp/) に従った．
鈴木 (1992)[52]，我有・神戸 (1999)[8] を参照

例があるものの,普及はしていない.品種については,ヨーロッパ型とエンパイア型の2品種群に大きく分けられる.ヨーロッパ型は直立型で,実生の生育や再生が早く,生産性も相対的に高い.エンパイア型は匍匐型で細茎,再生が遅いが耐寒性に優れる.ヨーロッパ型の代表的な品種に'Viking'や'Maitland',エンパイア型に'Empire'や'Dawn'などがある.

　Lotus 属の牧草としては本種のほかに,*L. glaber* Mill.（Narrow-leaf trefoil）と *L. uliginosus* Schkuhr（Big trefoil）が栽培利用されており,前者は耐干性に,後者は耐湿性に優れる.また,わが国には在来種としてミヤコグサ（*L. corniculatus* var. japonia Makinom, syn. *L. japonicus*）があり,全国から収集された系統の特性比較や形質間関係の調査が行われている[49,50].さらに,この種はマメ科植物のモデル植物として,ゲノム解析など多様な研究の材料にもなっている.

7.2.6 ガレガ

　学名：*Galega orientalis* Lam., 英名：Fodder Galega

　ガレガは属名が一般名として用いられる.多年生マメ科牧草であり,2つの代表的な種がある.1つは飼料用ガレガとよばれる *Galega orientalis* Lam. で,栽培利用の歴史は非常に新しく,20世紀になってからロシア（ソビエト連邦）で牧草としての研究が開始された.ソ連時代には原産地コーカサスへの探索収集が行われ,栽培や育種試験も盛んであったが,十分な研究成果がみられないまま終わった.その後,1970年代にエストニア農業研究所で精力的な研究が始まり,1987年に品種'Gale'が育成された.もう1つの代表種は,広くヨーロッパに自生し,古代からヤギの泌乳を促すとされてきたゴーツルーとよばれる *Galega officinalis* L.（和名：ガレガソウ）である.ゴーツルーは古くから薬用植物として,あるいは草食家畜の泌乳性を促進する飼料として利用されてきたが,アルカロイドが含まれるため過剰摂取は危険である[44].

　飼料用ガレガは地下茎を発達させて伸長することが大きな特徴で（図7.5）,1番草の草丈が150 cmにも達する大型のマメ科牧草である.葉は5～7枚の小葉をもつ羽状複葉で,6月上～中旬には藤色の花を付ける.花は長い花軸をもつ総状花で,単播では花茎の密度も高くなることから,景観植物としても活用できる.北海道においては2002（平成14）年に飼料作物の優良品種に認

定されている.収量特性について,岩渕ほか(2004)[19]は,単播の乾物収量では2年目以降でアカクローバを,3年目以降ではアルファルファをそれぞれ上回り,また,1番草の収量割合が高く,逆に3番草の収量が非常に低いことが特徴であるとしている.一方,短所としては,アルファルファやアカクローバに比べて初期生育が劣ることから,初期の収量性が低い.チモシーとの混播においては,ガレガではマメ科率が17〜20%と低くなり,アルファルファ(77%)やアカクローバ(55%)と比較してチモシーを抑圧しないマメ科牧草であると言え

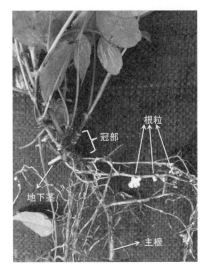

図7.5 ガレガの地下部

る[19].さらに6年間の栽培試験の結果,4〜5年目からはガレガ混播区の方がアルファルファ,アカクローバ混播区よりも合計乾物収量で上回り,マメ科率も30%前後で安定することが報告されており[20],混播適性・永続性の点で有望なマメ科牧草である.

7.2.7 そのほかの寒地型マメ科牧草

a. クローバ類(*Trifolium* 属)

シロクローバやアカクローバが含まれるクローバ属は約240種を含んでおり,ほかにも多くの種が飼料作物として利用されている[56].代表的な種としては,一年生の種ではクリムソンクローバ(*T. incarnatum*),サブクローバ(別名サブタレニアンクローバ)(*T. subterraneum*),ペルシャンクローバ(*T. resupinayum*),短年生種ではアルサイククローバ(*T. hybridum*),多年生種ではクラクローバ(*T. ambiguum*),ジグザグクローバ(*T. medium*)などがあげられる.*Trifolium* 属全体では,多年生種と一年生種がほぼ1:2の割合で存在しており,これらはいずれも放牧地用,採草用および緑肥用として利用されている.さらに,耐病性や永続性の改善などを目的とした種間交雑の遺伝資源としても利用価値が高い[18,46,63].

b. メディック類（ウマゴヤシ属；*Medicago* 属）

Medicago 属においても，アルファルファ（*M. sativa*）以外の種が飼料用作物として利用されている[21]．代表的な種としてはメディック（*M. monspeliaca*），ブラックメディック（*M. lupulina*），スネイルメディック（*M. scutellata*），ヘアリーメディック（*M. monspeliaca*）などがあげられる．また，近年ではマメ科モデル植物の1つとして *M. truncatula* が注目されており，分子遺伝学的な研究が精力的に進められている．

c. スイートクローバ（シナガワハギ属；*Melilotus* 属）

主に北米で栽培されている．スイートクローバは「クローバ」の名を有しているが *Triforlium* 属とは異なる *Melilotus* 属に分類され，本属は一年生または二年生のマメ科牧草種を含む．代表的な種としては，シロバナスイートクローバ（*M. alba*, white sweet clover），キバナスイートクローバ（*M. officinalis*, yellow sweet clover）があげられる．クマリン含量が高く，強力なアレロパシー能力をもつ種としても知られている[32]．

d. ベッチ類（ソラマメ属；*Vicia* 属）

わが国では主に緑肥用作物として利用されているが，北米やヨーロッパでは主要なマメ科牧草の1つとされる．代表的な種としては，コモンベッチ（*V. sativa*）とヘアリーベッチ（*V. vilosa*）があげられる．これらの種は冬季緑肥用作物としても利用が盛んである（本書の緑肥作物編に詳述）．

e. 飼料用エンドウ（*Pisum sativum* L., Forage pea）

サイレージや乾草として利用される一年生のマメ科植物であり，緑肥用作物としても広く利用されている．主な栽培地域はヨーロッパ，アメリカ北中部，オーストラリアおよびニュージーランドである．通常は春播きで栽培されるが，温暖な地域では冬作物としても利用されている．

f. ルーピン（ウチハマメ属；*Lupinus* 属）

オーストラリア，東ヨーロッパ，ロシアにおける主要なマメ科飼料作物の1つである．乾燥し肥沃度の低い酸性の砂質土壌に適応しており，これらの条件のために，ほかのマメ科牧草の栽培が困難な地域においては重要度の高い作物である[9]．主に利用されている種は，シロバナルーピン（*L. albus*），アオバナルーピン（*L. angustifolius*），キバナルーピン（*L. luteus*）である．子実は食用としても利用され，子実収穫後の跡地はヒツジの放牧地としても利用される．

7.3 暖地型マメ科牧草

7.3.1 概　　要

　暖地型マメ科牧草は，わが国ではほとんど栽培普及していないのであまりなじみがないが，世界的にはオーストラリア，中南米，アフリカ，東南アジアにおいて熱帯マメ科牧草（tropical forage legume，以下では暖地型マメ科牧草として一括する）として，草本・木本の両方が飼料として広く利用されている．日本ではこれまでに南西諸島および暖地の転換畑利用に対応した草種の研究事例があり，最近では五島列島における栽培の試みもあるが，普及にはまだ時間を要する．これまでの研究でとりあげられてきた暖地型マメ科牧草の草種とその特性について表7.6にまとめた．

　これら研究の先駆的なものとして，北村ほか（1975）は西南暖地においてグリーンリーフデスモディウムの栽培試験を行い，暖地型マメ科牧草がイネ科牧草との混播により単播と比べ増収することを明らかにした[30]．また，スタイロ，サファリクローバ（*Trifolium semipilosum* Fres.），グリーンリーフデスモディウム，サイラトロ，ロトノニス，グライシンおよびギンネムの7草種について，発芽，乾物生産および窒素固定についての温度反応性を明らかにし，これら草種は生育適温域の異なる2群に大別できることを示した[28,29]．これらの研究は沖縄県石垣市の熱帯農業研究センター沖縄支所（現国際農林水産業研究センター沖縄支所）で継続され，南西諸島で主要なイネ科牧草であるローズグラスやギニアグラスとの混播に適するマメ科牧草の選定が行われた[26,27]．その後，気温のやや低い沖縄本島北部でも実用栽培の研究が実施された[48]．

　そのほかの暖地型マメ科牧草としては，ファジービーンについて基本的な栽培特性[22]，および特に水田転換畑への導入のため耐湿性の研究が行われてきた[23,40,59]．さらに，新たなマメ科牧草として耐湿性の高い *Aeschynomene* の研究も行われている[59,60]．また，放牧用の新たな暖地型イネ科牧草に対応したアラキスの研究も行われてきた[24]．

　以下では，Skerman（1988）[47]などを参考に，表7.6でとりあげた各草種の概略を述べる．ここでいう「草種」とはおおむね分類上の種にあたるが，慣用的には英名にも対応したもので，飼料作物では一般的に利用されており本節で

表7.6 これまでにわが国で試験されている代表的な暖地型マメ科牧草

草種名[1]	利用形態	特徴	土壌pH範囲	耐湿性	耐乾性	耐霜性
アメリカンジョイントベッチ	放牧	湿地でも栽培可	5.5-7.0	強	弱	弱
アラチス	集約的な放牧，被覆	被覆力が高く，重放牧にも可	4.2-7.2	中	中	弱
セントロ	放牧，採草，被覆	カバークロップとして優れる	4.9-5.5	中	やや強	弱
グリーンリーフ（デスモディウム）	放牧，採草，被覆	低温下でも生育が早い	5.0以上	中	弱	弱
シルバーリーフ（デスモディウム）	放牧，採草，被覆，間作，マルチ	低温下でも生育可	5.0-7.0	中	弱	弱
ギンネム	高品質飼料，食用，燃料など多用途利用	高品質　生産性が高い	5.2以上	弱	強	強
ロトノニス	放牧，採草	低温　耐霜性がある　重放牧にも可	4.0-8.5	やや弱	中	強
サイラトロ	放牧，採草	土壌適応が広く，耐乾性もある	5.5-8.5	弱	強	強
ファジービーン	採草，緑肥	耐湿性を含め生育適応性が高い	5.0-8.0	やや弱	中	やや弱
グライシン	放牧，採草	生産性が高いが，酸性土には不可	6.0-8.9	中	やや強	やや弱
スタイロ	放牧，間作，土壌保全，被覆，緑肥	土壌適応性が広いが，耐霜性は低	4.0-8.3	中	やや強	弱
タウンズビルスタイロ	放牧	重放牧にも可，自然下種	5.0-6.5	中	中	中

1) 引用文献の中で使用されている呼称ならびに英名に従った。
2) 特性等はFAO Grassland Species (http://www.fao.org/ag/AGP/AGPC/doc/Gbase) およびTropical Forage (http://www.tropicalforages.info) を参考とした。

もこれを採用する．また，和名については岡山大学資源植物科学研究所野生植物グループによる「日本の帰化植物一覧表」(http://www.rib.okayama-u.ac.jp/wild/kika_table.htm) を参考にした．なお，暖地型牧草の栽培においては種子の休眠や硬実の打破は不可欠であり，また窒素固定に必要な根粒菌についても推奨系統があるが，これらについては FAO による Grassland Index あるいは CISRO, CIAT, ILRI による Tropical Forages を参照されたい．

7.3.2 アメリカジョイントベッチ

学名：*Aeschynomene americana* L., 英名：American joint vetch, 和名：エダウチクサネム（属名の和訳はクサネム属）

a. 来歴と分布

中米から熱帯南米地域に自生するマメ科草本で，南はアルゼンチン，北はフロリダまで広がり，飼料として利用されている．アジア，オセアニアにおいても，インドネシアでは緑肥として，またオーストラリアでは飼料としてそれぞれ利用されている．

b. 形態と生育特性，主要品種

直立，斜上性で，草丈は1～2mになる一年生あるいは短年生の草本．葉長は3～7cmで，長さ5～15mm 幅1～2mmの小葉8～38枚からなる．花序は粗で数個から構成される頭花状，花冠は6～10mmである．花色は青みがかった白・紫・肌色～橙色など多様である．莢は4～8個が連結し，長さは4cm程度でやや湾曲し，それぞれの莢に1個の種子が入る．種子は半円形で長径約4mmであり，色は灰緑色から茶色である．畑圃場より水田転換畑で乾物収量が高い．また窒素固定能が9～10月にかけて高く，この時期に高い生産力を示す．耐湿性に優れ転換畑における生産力は後述のファジービーンより高いことから，水田転換畑への導入が有望視される草種である[59,60]．主要な品種としては，オーストラリアのクイーンズランド州で選抜され，1984年に品種登録された 'Glenn' がある．

7.3.3 ピントイ

学名：*Arachis pintoi* Krap. & Greg., 英名：Pinto peanut

a. 来歴と分布

ブラジル中央部を起源とし，中南米，アメリカ，東南アジア，オーストラリアや太平洋諸国に導入されている．

b. 形態と生育特性

匍匐性の多年生草本で，地下茎・匍匐茎を発達させる．草丈は20～40 cm程度，葉は4枚の小葉からなり，先端小葉は楕円ないし倒卵形，側小葉は倒卵形で4.5×3.5 cm程度の大きさである．花は旗弁の長さが12～17 mmで，花色は黄色である．開花後に子房部分が地面に潜り結実する．莢は1.4～1.0 cmで，子房の維管束に沿って網目模様が入る．種子は通常1つの莢に1個入り，明茶色で長さ1 cm程度である．放牧環境で非常に高い永続性を示し，耐陰性も強い．沖縄本島北部で行われた暖地型イネ科牧草トランスバーラ（*Digitaria eriantha* Steud.）との混播・多回刈り試験では，後述のスタイロやグライシンよりも収量が高いという結果が得られている[24]．

7.3.4　セントロ

学名：*Centrosema pubescens* Benth.，英名：Centro，和名：ムラサキチョウマメモドキ

a. 来歴と分布

南米熱帯地域に自生する．マレー半島やインドネシアには被覆作物として導入され，現在では熱帯地域で広く栽培されている．

b. 形態と生育特性，主要品種

生育旺盛な多年生草本で，匍匐し，つる性の長い茎をもつ．葉部割合が高く，葉は3小葉からなり，各小葉は長さ3～4 cm 幅2～3 cm程度である．花は明藤色～暗藤色で，紫色の縞あるいは斑点がみられる．莢は長さが7.5～15 cm程度で直線状あるいはやや湾曲し，20粒程度までの種子が入る．種子は半円形で長径約4～5 mm，楕円からやや角張った形で茶黒色を呈し，薄い色の外縁をもつ．最近の分類では，本種は *Centrosema molle* Mart. ex Benth. に統合されている．沖縄県北部の栽培試験では，グリーンリーフデスモディウムなどの比較的低温でも生育が旺盛なマメ科牧草と比べて，単播あるいはローズグラスとの混播のいずれの場合においても収量性で劣ることが報告されている[48]．主な登録品種として，オーストラリアで育成された 'Belalto' がある．

7.3.5 グリーンリーフデスモディウム

学名：*Desmodium intortum* (Mill.) Urb., 英名 Greenleaf desmodium, 和名：フジボツルハギ（属名の和訳はヌスビトハギ属）

a. 来歴と分布

南米北部，アンデス山脈東斜面，ブラジルの一部を含めた中南米に自生し，現在は熱帯地域における飼料作物として各地で導入が進んでいる．

b. 形態と生育特性，主要品種

つる性，伏臥性の多年生草本で，茎は赤褐色で溝があり，分枝した軟毛で覆われる．葉は3小葉からなり，各小葉は長さ2〜7 cm，幅1.5〜5.5 cm，表面に赤褐色から紫の斑点をもつ．花は頂生の総状花序で，濃い藤色から桃色である．莢は幅が狭い節莢からなり，8〜12個の種子が入る．わが国でも栽培研究が行われており，福岡市における栽培試験では，暖地型イネ科牧草のセタリアとの混播でそれぞれの単播より収量が高く，越冬も可能であった[30]．発芽の適温は25℃以上の高温であり（高温型と称する）[28]，収量に関しては30℃の成績が最も良かった[29]．沖縄県石垣市におけるローズグラスとの混播試験では，高温・干ばつ条件での生産性はスタイロやサイラトロよりも劣った[26]．一方，沖縄県北部における栽培試験では暖地型マメ科牧草の中で最も収量が高いという結果が出ており，やや気温の低い南西諸島北部での栽培に適した草種である[48]．主な登録品種として，オーストラリアで育成された'Greenleaf'がある．

7.3.6 シルバーリーフデスモディウム

学名：*Desmodium uncinatum* (Jack.) DC., 英名：Silverleaf desmodium, 和名：ヌスビトハギの仲間

a. 来歴と分布

アルゼンチン北部，ブラジル，ベネズエラに自生し，現在は熱帯および亜熱帯地域で飼料作物として導入が進んでいる．

b. 形態と生育特性，主要品種

大型のつる性多年生草本で，茎は円筒状もしくは角張り，短く鉤状の毛が密に生える．葉は3小葉からなり，各小葉は先のとがった卵形で長さ3〜6 cm，幅1.5〜3 cm，中肋付近に不規則に西洋なし型の銀色の光沢をもつ．花穂は長さ1 mにも達し，粗に着花する総状花序で，花は桃色で長さ・幅とも1 cm程

度で，対をなして生じる．莢は鎌形で4〜5mmの節が4〜8個連なる節莢で，短い鍵状の毛で覆われるために衣服に付着する．沖縄県北部における栽培試験では，暖地型マメ科牧草のなかではグリーンリーフデスモディウムやグライシンより単播，混播のいずれにおいても収量は劣った[48]．'Silverleaf' の1品種のみが登録されている．

7.3.7 ギンネム

学名：*Leucaena leucocephala* (Lam.) de Wit，英名：Leucaena，和名：ギンゴウカン

a. 来歴と分布

メキシコ原産であるが，現在はほとんどの熱帯地域に分布している．

b. 形態と生育特性，主要品種

永続性の高い木本植物で，高さは7〜20mに達する．葉は，長さ7〜10mm，幅2〜3.5mmの楕円，あるいは披針形の小葉が11〜17対からなる長さ10cm程度の複羽状葉が4〜9組繰り返し，長さ15〜20cmとなる．花色は白色で，多数の花が密に単生，あるいは腋生で，頭状あるいは球状花を構成する．莢は薄く平らで長さ20cm，幅2cm程度，種子は楕円形である．直根が発達し長さ5mにも達する．アルファルファに匹敵する高い栄養価をもつが，成分中にミモシンとよばれる非反芻家畜に有害な物質が含まれる．1910年代に緑肥用として八重山地域に導入され，飼料としても利用されていたが，1986年以降ギンネムキジラミによる食害で利用が減り[66]，現在では飼料としての重要性は低下している．石垣島においては，根粒形成や再生に及ぼす刈取り方法の影響などの研究が行われている[31]．

品種育成は主にオーストラリアやハワイで行われてきた．'Peru'，'Cunningham'，'El Salvador'，'Tarramba' などのほか，最近ではギンネムキジラミ抵抗性を高めることを狙った同属の *L. pallida* との種間雑種品種も育成されている．

7.3.8 ロトノニス

学名：*Lotononis bainesii* Baker，英名：Lotononis

a. 来歴と分布

南アフリカ，モザンビーク，ナミビア，スワジランドなど，アフリカ南部の南緯20～25°の諸国に分布している．

b. 形態と生育特性，主要品種

多年性草本で1～1.5 mの細長い匍匐性の茎をもつ．葉は掌状の3小葉からなり，各小葉は卵形から披針形で，中央の小葉が大きく長さ2.5～5 cm，幅0.8～2.5 cmで，ほかの2枚は小さい．花は黄色で小さく，総状花序で20個程度の花からなる頭花が粗または密に結合する．莢は長さ1 cm程度の楕円形で，20個程度の多数の種子が入る．種子は淡黄色から深紅色で倒卵形の心臓型をしている．グリーンリーフデスモデイウムやサイラトロと同様に発芽は高温型[28]だが，収量に関しては低温型である[29]．品種としては，'Mile'などが育成されている．

7.3.9 サイラトロ

学名：*Macroptilium atropurpureus*（DC）Urb，英名：Siratro，和名：クロバナツルアズキ

a. 来歴と分布

中南米に自生する．品種'Siratro'は，メキシコに自生する2つのエコタイプをもとにオーストラリアで育成されたものである．

b. 形態と生育特性，主要品種

伏臥性で軟毛に覆われた茎をもつ深根性の多年生草本で，茎のいずれの節部分からも発根できる．葉は3つの小葉からなり，側小葉は卵形から鈍形で長さ4～6 cm，幅1.5～5 cmである．花は基部が赤みを帯びた濃紫色を呈し，総状花序で10個程度が先端に密に付く．莢は長さ7.5 cm程度の直線状で，12個程度の種子が入る．種子は薄茶色から黒色で平らに押しつぶされた倒卵形，長さ4 mm，幅2.5 mm，厚さ2 mm程度の大きさである．発芽・収量・窒素固定能のいずれに関しても高温型で[28,29]，耐干ばつ性にも優れる[48]．沖縄県石垣市における栽培試験では，ローズグラスと混播した場合の収量性と永続性がほかの暖地型マメ科牧草に優り，南西諸島南部において実用栽培が可能な最も有望な草種であると報告されている[26]．また，上述のように高温型とされるものの生育適温域は広く，低温期でも生育が良好であり，沖縄県北部での栽培試

験においても多収が得られている．品種としては 'Siratro' のほか，'Aztec atro' がオーストラリアで育成されている．

7.3.10　ファジービーン
学名：*Macroptilium lathyroides* (L.) Urb.，英名：Phasey bean，和名：ナンバンアカバナアズキ

a.　来歴と分布
熱帯アメリカの原産で，現在は中南米，オーストラリアに広がっている．

b.　形態と生育特性，主要品種
一年生あるいは短年生の草本で，茎は直立状に分枝して 0.5～1 m に達する．葉は 3 小葉からなり，各小葉は卵形から披針形，長さ 3.5～7 cm，幅 1～3.5 cm である．花は赤紫色で，長さ約 15 cm の総状花序となる．莢は 7.5～10 cm，幅 3 mm 程度でわずかに湾曲し，20 粒ほどの種子が入る．種子は斑点のある灰褐色で偏平な楕円形あるいは偏菱形，長さ 3 mm 程度の大きさである．わが国では当初一年生の暖地型イネ科牧草に対する混播マメ科牧草として，刈取り回数に関する研究が行われた[22]．その後，本草種の耐湿性が注目され，水田転換畑への導入試験や耐湿性の研究が行われ[23]，湛水条件でより多収となることが報告されている[40,59]．主な品種として，オーストラリアで育成された 'Murray' がある．

7.3.11　グライシン
学名：*Neonotonia wightii* (Wight & Arn.) Lackey，英名：Glycine

a.　来歴と分布
アフリカ原産とされるが，アラビア半島，インド東部，熱帯アジアなどでもみられる．

b.　形態と生育特性，主要品種
多年生の草本で，丈夫な直根とつる性の茎をもつ．茎は細長く分枝が多く，匍匐茎からは発根する．葉は羽状の 3 小葉からなり，各小葉は卵形で長さ 5～10 cm，幅 3～6 cm である．花は白色または紫色で長さ 5～8 mm，4～30 cm の総状花序となる．莢は長さ 1～4 cm，幅 3 mm 程度で直線状あるいはやや湾曲し，3～8 個ほどの種子が入る．種子は大きさ・色・形ともに変異に富む．

発芽に関しては高温型と低温型の中間であり，収量と窒素固定能に関しては20℃で最も高い低温型である[28,29]．高温や干ばつにやや弱く，南西諸島南部での実用栽培には適していない[26]．一方，沖縄県北部での栽培試験においては，干ばつ条件下で収量が低下するものの，適度の降雨がある低温期には高収量が得られており，南西諸島北部には適した草種であるとされる[48]．主な品種として，'Tinaroo'，'Cooper'，'Clarence' などがある．

7.3.12 スタイロ

学名：*Stylosanthes guianensis*（Aubl.）Sw. var. guianensis，英名：Stylo

a. 来歴と分布

中南米，主にブラジル北部に自生するが，現在は多くの熱帯諸国に広がっている．

b. 形態と生育特性，主要品種

多年生の草本で草丈は1m程度，分枝が直立する．葉は3小葉からなり，各小葉は披針形あるいは楕円形で長さ1.5〜5.5cm，幅0.7〜1.3cmである．花は黄色で，数個の花からなる穂状花序となり頂生する．莢は口嘴型で単一の節莢となる．種子は黄褐色で長さ1.75mm程度，周縁が薄くなり，茶色の殻皮が強固に密着している．変種の var. intermedia は地上付近に芽を発生する冠部をもち，茎が細く葉がやや小さい．沖縄県石垣市で行われた主要な暖地型イネ科牧草との混播試験において高い乾物収量が得られており，南西諸島南部での本草種の栽培は有望であると考えられる[27]．一方，沖縄県北部での栽培試験においては低温で生育できず，南西諸島北部には不適である[48]．主な品種として，'Schofield'，'Cook'，'Endeavour'，'Graham' などがある．

7.3.13 タウンズビルスタイロ

学名：*Stylosanthes humilis* Kunth，英名：Townsville stylo

a. 来歴と分布

ブラジル北部，ベネズエラ，乾燥したカリブ海沿岸地域，コスタリカ，パナマなどに自生するが，現在は多くの熱帯諸国に広がっている．

b. 形態と生育特性，主要品種

一年生あるいは短年生の草本で草丈は0.7m程度で，斜上あるいは匍匐し

た茎をもつ．葉は羽状の3小葉からなり，各小葉は披針形で幅が狭い．花は黄色で，莢は先端が鉤形で節果が連結する．沖縄県石垣市で行われたローズグラスとの混播試験では，1年目の収量は高かったが，自然下種による維持を期待した2年目は種子の登熟期間が低温となり稔実せず，多年利用には不適であった[26]．主な品種としては，オーストラリアで育成された'Gordon', 'Paterson', 'Lawson'のほか，タイで育成された'Khon Kaen'などがある．

〔平田聡之・奥村健治〕

引 用 文 献

1) Bird, J. N. (1948)：*Sci. Agric.*, **28**：444-453.
2) Carlsson, G. and Huss-Danell, K. (2003)：*Plant and Soil*, **253**：353-372.
3) Choo, T. M. (1984)：*Euphytica*, **33**：177-185.
4) Dubach, M. and Russelle, M. P. (1994)：*Agron. J.*, **86**：259-266.
5) Frame, J and Newbould, P. (1986)：*Adv. Agron.*, **40**：1-88.
6) 我有 満(1998)：北海道における作物育種（三分一敬監修），p 264-285，北海道協同組合通信社.
7) 我有 満(1999)：牧草・飼料作物の品種解説．p.173-177，日本飼料作物種子協会．
8) 我有 満・神戸美智雄(1999)：牧草・飼料作物の品種解説，p.184-189，日本飼料作物種子協会．
9) Gladstones, I. S. *et al.* (1998)：*Lupins as crop plants biology, production and utilization*, (Gladstones, J. S. *et al.* ed.), p.1-454, CAB International.
10) 林 満(1988)：北海道草地研究会会報，**22**：72-78.
11) Heichel, G. H. and Henjum, K. I. (1991)：*Crop Sci.*, **31**, 202-208.
12) 樋口誠一郎(1999)：牧草・飼料作物の品種解説，p.178-183，日本飼料作物種子協会．
13) 廣井清貞ほか(2005)：北海道農業研究センター研究報告，**183**：47-60.
14) 北海道農政部(2002)：マメ科牧草追播マニュアル，北海道農政部．
15) 寶示戸貞雄(2004)：牧草と園芸，**52**：1-4.
16) 寶示戸雅之(1994)：北海道立農業試験場報告，**83**：1-111.
17) 稲波 進ほか(1997)：愛知県農業総合試験場研究報告，**29**：63-69.
18) Isobe, S. *et al.* (2002)：*Can. J. Plant Sci.*, **82**：395-399.
19) 岩渕 慶ほか(2004)：日本草地学会誌，**50**：285-293.
20) 岩渕 慶ほか(2007)：日本草地学会誌，**53**：221-226.
21) James, A. D. (1986)：世界有用マメ科植物ハンドブック（星合和夫訳）p.1-589，幸書房．
22) 川本康博・増田泰久(1983)：日本草地学会誌，**28**：405-412.
23) 川本康博ほか(1991)：日本草地学会誌，**37**：219-225.
24) 嘉陽 稔ほか(2000)：沖縄県畜産試験場研究報告，**38**：68-71.
25) 木曾誠二・菊池晃二(1988)：日本草地学会誌，**34**：167-177.
26) 北村征生(1982)：日本草地学会誌，**28**：161-169.
27) 北村征生(1984)：日本草地学会誌，**30**：131-139.
28) 北村征生・西村修一(1980a)：日本草地学会誌，**26**：47-52.

29) 北村征生・西村修一(1980b)：日本草地学会誌, **26**：53-58.
30) 北村征生ほか(1975)：日本草地学会誌, **21**：199-206.
31) 北村征生ほか(1981)：日本草地学会誌, **27**：277-284.
32) 喜多富美治(1970)：飼料作物, p.124-180, 明文書房.
33) 松中照夫ほか(1984)：日本草地学会誌, **30**：59-64.
34) Michaud, R. et al.(1988)：*Alfalfa and alfalfa improvement*, (Hanson, A. A. et al. ed.), p.25-82, ASA-CSSA-SSSA.
35) 水上優子ほか(2001)：愛知県農業総合試験場研究報告, **33**：93-100.
36) Moser, L. E. and Nelson, C. J.(2003)：*Forages, Volum 1*：*An introduction to grassland agriculture, 6th ed.* (Barnes, R. et al. eds.), p.51-63, Iowa State Press.
37) Mullar, M. H. et al.(2003)：*Molec. Ecol.*, **12**：2187-2199.
38) Mullar, M. H. et al.(2005)：*Molec. Ecol.*, **15**：1589-1602.
39) 村上　馨(1967)：北海道農業技術研究史, (五十嵐憲蔵, 総括) P.421-429, 北海道農業試験場.
40) Nagashiro, C. W. et al.(1992)：*J. Jpn. Grassl. Sci.*, **38**：207-218.
41) 農業技術研究機構編(2002)：日本標準飼料成分表, 中央畜産会.
42) 大村邦男ほか(1985)：北海道立農業試験場集報, **52**：65-76.
43) Quiros, C. F. and Bauchan, G. R.(1988)：*Alfalfa and alfalfa improvement*, (Hanson, A. A. et al. ed.), p.93-124, ASA-CSSA-SSSA.
44) Raig, H.(2001)：*Fodder galega research* (Nommsalu, H. ed) p.54-57, Estonian Research Insitutute of Agriculture, Saku.
45) Reynolds, S. and Staberg, P.(2005)：*Grassland species profiles*, FAO Plant Production and Protection Division.
http://www.fao.org/ag/AGP/AGPC/doc/Gbase/mainmenu.htm/
46) Sawai, A. and Ueda, S.(1988)：*J. Jpn. Grassl. Sci.*, **33**：157-162.
47) Skerman, P. J. et al.(1988)：*Tropical forage legumes 2nd ed.* (Skerman, P. J. ed.), p.1-692 FAO.
48) 庄子一成ほか(1987)：日本草地学会誌, **33**：21-31.
49) 杉信賢一ほか(1988a)：日本草地学会誌, **34**：1-6.
50) 杉信賢一ほか(1988b)：日本草地学会誌, **34**：7-12.
51) 鈴木信治ほか(1969)：日本草地学会誌, **15**：33-41.
52) 鈴木信治(1992)：マメ科牧草アルファルファ(ルーサン)ーその品種, 栽培, 利用ー, 雪印種苗.
53) 高橋　俊・名田洋一(1988)：北海道草地研究会会報, **22**：82-85.
54) 高杉成道(1971)：アルファルファの栽培学, 酪農学園大学近代酪農部.
55) 竹田芳彦ほか(1989)：北海道草地研究会会報, **23**：32-35.
56) Taylor, N. L. ed.(1985)：*Clover science and technology*, ASA-CSSA-SSSA.
57) Taylor, N. L.(2008)：*Crop Sci.*, **48**：1-13.
58) Taylor, N. L. and Quesenberry, K. H.(1996)：*Red clover science*, Kluwer Academic Publishers.
59) 飛佐　学ほか(1999a)：日本草地学会誌, **45**：238-247.
60) 飛佐　学ほか(1999b)：日本草地学会誌, **45**：248-256.
61) USDA, NRCS(2010)：The PLANTS Database. National Plant Data Center.
http://plants.usda.gov

62) 山田敏彦ほか(1987)：東北農業試験場研究資料, **6**：1-14.
63) Yamada, T. et al.(1989)：*J. Jpn. Grassl. Sci.*, **35**：180-185.
64) 山口秀和ほか(1995a)：北海道農業試験研究報告, **161**：1-15.
65) 山口秀和ほか(1995b)：北海道農業試験研究報告, **161**：17-31.
66) 安田耕司・鶴町昌市(1988)：九州病害虫研究会報, **34**：208-211.
67) 湯藤健治ほか(1992)：北海道草地研究会会報, **26**：123-125.

【土地等価比（land equivalent ratio：LER）】

　混作や間作などの作付様式で，複数の作物が同一圃場に一緒に栽培される場合，それぞれを単作した場合に比べて，生育や収量がどのように変化するかは，気象条件や土壌条件あるいは品種の組合せなどで著しく影響される．これを数値化して評価する必要があるが，例えば，A種とB種を混作する場合，一定面積にA種だけを単作するとその収量が50，同様にB種だけを単作するとその収量が50であった場合，その一定面積の半分の面積にA種を栽培し，残りの半分の面積にB種を栽培したとする．栽植様式は交互の条に半数ずつの個体を植えたり，あるいは播種量を半分ずつにして散播したとする．この場合，相互に何の影響もなければ，面積が半分なのでAの収量は25，Bの収量も25となる．したがって，$25/50 + 25/50 = 50/50 = 1$ となり，収量の面からは混作しても変化がない．一方，相互に影響して，A種が26，B種が24収穫できたとすると，$26/50 + 24/50 = 1$ となり，やはり全体の収量としては単作の場合と変化がないことになる．この数値で混作効果の評価ができるが，これを土地等価比という．すなわち，この値が1を超えるようであれば混作効果がプラス，1を下回るようであればマイナスであるといえる．ここでいう収量とは，必ずしも乾物収量だけでなく，養分吸収量でも同様に考えることができる．〔**大門**〕

第8章

《飼料作物編》

多汁質飼料作物

8.1 概　　要

　飼料作物の中で，比較的水分含量が高く，かつ乾草やサイレージに適さず，収穫時の青刈の状態で利用（給与）されるものを多汁質飼料と言い，その形態から，「根・果菜類」とも称される．

　わが国では，飼料用カブ，飼料用ビート，飼料用カボチャ（ポンキン），飼料用カンショ，ルタバガ，飼料用ニンジンなどが中心となり，利用目的や栽培地域によって，選択され，使い分けがなされる．例えば，飼料用カンショは西南暖地，ルタバガは北方寒冷地域を中心とし，飼料用カブは品種の分化もあって，北から南へ広範な作付利用がなされてきた．

　多汁質飼料（作物）は，主として搾乳牛において飲水が制限要因となる状況下において利用される．例えば，北海道での寒凍時や西南暖地での暑熱時などに出番となり，なかでも飼料用カブや飼料用ビートは嗜好性に優れ泌乳効果も高く，その長所が十分に発揮される．

　しかし，その収穫・給与作業は手作業が主体であり，機械化も進まず，多頭飼養が追求されると，多労作物としてうとまれる状況ともなった．作物統計表からもその変遷を読み取ることができる．

8.2　多汁質飼料作物の種類と特徴

8.2.1　飼料用カブ

　学名：*Brassica rapa* L., 英名：Turnips

a. 特　　性

比較的冷涼な気候を好み，温度が高すぎると根が太らず，病害にも侵されやすい．乾燥すると発育が悪く，適度の雨量を必要とする．土壌を選ばず栽培しやすい．生育日数は90日内外で，短期輪作に適し，家畜の嗜好は良好である．

b. 品　　種

(1) 早生種

代表的な品種として'紫丸カブ'がある（図8.1）．'紫丸カブ'の根は球形で，半分程度は地上に露出し紫色を呈するが，地下部は白色であり，肉質は緻密である．葉重に対し根重の割合が高い．積雪寒冷地向きで，東北・北海道・中部山岳酪農地帯で栽培される．暖地でも播種時期の遅い冬作の作型や春播きして夏収穫する作型にも好適である．

(2) 中生種

代表的な品種として'小岩井カブ'や'ケンシンカブ'[3]がある．前者は，根形が扁球形で斉一であり，抽出部分は淡緑だが地下部および肉の色は白色，収量は中位で，耐寒性が強い．後者は，北陸農試育成の品種で，根はやや長めの球形，根の上部は緑だが下部と肉の色は白色，根くびれ病やモザイク病など主要な病害に対する耐病性が強く，また葉部が多く多収である．

(3) 晩生種

代表的な品種として'下総カブ'がある（図8.2）．'下総カブ'の根は扁球円

図8.1　収穫期を迎えた'紫丸カブ'

図8.2　収穫期を迎えた'下総カブ'

形で巨大となり，上部は緑で地下部は白，肉質が硬く，耐寒性は強い．茎葉は'紫丸カブ'より多い．暖地向きのカブで，暖地では'紫丸カブ'よりも収量が多くなるが，寒地では晩生のため収量が少ない．生育期間は暖地で70～100日程度である．

c. 栽培および利用

飼料用カブの栽培には普通栽培，水田転作栽培，牧草との混播栽培があるが[2]，ここでは省力的ばら播き栽培について述べる．

(1) 飼料用カブのばら播き（散播）栽培法

飼料用カブは生育が早く，除草剤を利用した省力ばら播き栽培法に取り組みやすい．その概略は，図8.3に示すように，種子と肥料と除草剤を良く混合し，均一にばら播き，ロータリーで浅く攪土し，ローラーで鎮圧する．収量は約3ヶ月で，茎葉部を含め7～8t/10aと高収が得られる．

寒冷地の春播きでもこのようなばら播き栽培法が導入されているが，特に早生の'紫丸カブ'は抽苔の心配が少なく利用性が優れている．本州以南における夏・秋播きには，早生の'紫丸カブ'，中生の'小岩井カブ'，晩生の'下総カブ'などが利用され，南方ほど晩生種の利用が多く，その収量性も高い．

(2) '紫丸カブ'の放牧利用

上記のばら播き栽培によって生育させたカブを省力的に給与する方法として放牧利用があげられる．その場合，大カブと中カブの割合を同程度とし，10aあたり収量を向上させるために播種量を100g/10aとやや多めとし，利用時期は根重で150～250gをめどとする．北海道を例にとると，6月初旬の播種では8月中旬以降に利用し，6月下旬～7,8月の播種では，9月中旬頃から雪の下に埋まる前までの利用となる．

ばら播き栽培による飼料用カブの放牧給与はきわめて省力的であり，草地更

《栽培の特徴》
　　除草剤利用ばら播き栽培で，除草も間引きも不要
　　約3ヶ月で，7～8tの収穫が可能（早播きほど多収）
《準備する資材》(10aあたり)
　● 種　子：紫丸カブ，50g
　★ 肥　料：硫安40kg，過石40kg，硫加10kg
　○ 除草剤：トレファノサイド2.5%粒剤，4kg
《播種法》
　　上記資材を良く混合→均一にばら播く→ローラーで鎮圧

図8.3 '紫丸カブ'の省力ばら播き栽培法

新の誘導作物栽培としても適している.

8.2.2 飼料用ビート

学名:*Beta vulgaris crassa* Alef, 英名:Mangolds, Fodder beet

a. 特　　性

地中海沿岸および西アジアを原産地とするヒユ科の作物で,テンサイ（シュガービート）やフダンソウ（テーブルビート）と分類上は同種である（変種として区別される）.冷涼な気候に適し,東北・北海道,あるいは高冷地での栽培に好適であるが,暖地でも早春に播種し夏の多汁質飼料として利用される.

深根性で,作土が深く肥沃であることが望ましい.排水不良地,酸性の強い土壌は不適であり,痩地では十分な施肥が必要となる.

形状はテンサイと類似するが,根部の肥大はより著しく,収量は10aあたり6～10t,茎葉も1～2tと極多収.糖分はブリックス糖度で8～13度,冬期貯蔵に耐え,乳牛の嗜好も良好である.

b. 品　　種

糖分や収量が多く貯蔵性に優れる'シュガーマンゴールド'や'MGM'などが長年にわたり利用されてきたが,近年は,遺伝的単胚種である'モノバール'（図8.4）が,間引き労力を必要としない（ビートは多胚種子をつくる作物で,1つの種子から複数の出芽があるので,従来品種では間引き作業を要するものが多かった）,耐病性に優れる,糖分が高く多収,といった優秀な特徴が認められ広域で作付利用がなされている.

図8.4　遺伝的単胚種'モノバール'

c. 栽培管理

北海道を中心とした寒冷地では，紙筒に播種した苗を移植する紙筒移植栽培法が広く普及している．その手順概要は以下の通りである．

- 苗床用の土壌はあらかじめ準備し，消毒を完全に行う．
- 播種期：紙筒育苗期間は25～30日とし，本畑への移植（5月上旬）から逆算して播種する．
- 土詰め：ポットの上縁は，単胚種では5 mm，多胚種子では10 mm空くように培土を詰める．
- 苗立枯病防除：覆土後，殺菌剤（ヒドロキシイソキサゾールなど）を散布する．
- 育苗管理：ポットを苗床にすき間なく並べ，乾燥を防ぐために外側の土寄せを行う．
- 定植：5月上旬をめどに行う．栽植（定植）本数は10 aあたり7,000株前後とする．
- 施肥量：10 aあたり，完熟堆肥4,000 kg，窒素11～16 kg，リン酸18～25 kg，カリウム13～16 kgを施用する．窒素については基肥および6月中・下旬の2回に分施し，ほかは全量基肥で施用する．

d. 給与特性

飼料用ビートは高カロリーで嗜好性に優れ（図8.5），乳牛に対する産乳効果が高い．例えば，表8.1[1]に示した給与試験では，ビート給与により乳量は対照区（ビート非給与）の105～110％に増加し，無脂固形分も有意に向上するという結果が得られている．また飼料用ビートはアルカリ性飼料で，反芻動

図8.5　乳牛の嗜好性に優れる飼料用ビート

表 8.1　飼料用ビート給与による産乳効果（1日1頭あたり）　　　（新得畜試）

牛群	給与飼料（kg）			乾物摂取量（kg）	乳量（比率）(kg(%))	乳成分（%）	
	乾草	飼料用ビート	濃厚飼料（乳量10 kgあたり）			脂肪	無脂固形分
A	5	0	3.5	14.91	15.80(100)	3.47	8.18
B	5	20	3.5	15.94	16.63(105)	3.56	8.24*
C	5	0	1.75	12.86	13.19(100)	3.43	8.03
D	5	20	1.75	13.98	15.19(110)	3.60	8.14*

1）泌乳ピークを過ぎた乳牛12頭を4群に分け，ラテン方格法にて試験した．
2）＊印は，統計上，有意差（5％水準）があることを示す．
3）全群に牧草サイレージを自由採食させた．

物（ウシ，ヒツジなど）の第一胃（ルーメン）内の発酵条件を改善し，併給飼料の消化性も高める．

8.2.3　飼料用カボチャ（ポンキン）

学名：*Cucurbita* spp., 英名：Pumpkin, Squash

a. 特　性

夏から秋にかけて収穫する多汁質飼料で，その栽培は比較的容易である．果実はきわめて巨大となり，収量も多いが，貯蔵性は乏しい．家畜の嗜好性に優れ，タンパク質・脂肪・ビタミン類に富み，高栄養価である．元来は暖地で成立した作物だが，北海道のような寒冷地でもよく生育し，生育日数はおおむね80〜90日である．

飼料用カボチャは，現在では本来の用途である家畜飼料としてよりも，その大きさを競う地域おこしのイベントの主役であったり，ハロウィンの飾り物として，その存在感が発揮されている．

b. 品種と利用

品種としては，'マンモスポンキン'と'ラージポンキン'が一般的に栽培されている．前者は，食用の西洋カボチャ（*Cucurbita maxima* Duch.）を大きくしたような果実であり，外皮は桃色〜緑黒色で，きわめて巨大であり，その重量は300 kgを超すこともある（図8.6）．後者は，果実が円形〜円筒形で色は橙色，縦縞が入り，肉質は厚い．ハロウィン用のカボチャとして人気があり，その目的で栽培されることが多い（図8.7）．

図8.6 300 kgを超す'マンモスポンキン'　　図8.7 ハロウィンへの出荷を待つ'ラージポンキン'

8.2.4 飼料用カンショ

学名：*Ipomoea batatas*（L.）Lam., 英名：sweet potato

a. 特性および現状

かつては暖地における重要な自給飼料作物の1つであったが，省力多頭飼育の給餌体系になじめず，近年は減少の一途をたどっている．

'ツルセンガン'は飼料用カンショで唯一の農林登録品種であるが，飼料としての本格的な普及には至っていない．青果用やでん粉原料用のカンショを生産する際に廃棄されるくず芋が養豚などで，つるが養牛や養豚の粗飼料として，利用されている．

8.2.5 ルタバガ（スェーデンカブ）

学名：*Brassica napus* subsp. rapifera *Metzg. Sink.*, 英名：Rutabaga, Swedish turnips

a. 特性および現状

冷涼，湿潤地方に適する冬期間の多汁質飼料である．スェーデンカブとも称され，ヨーロッパを起源とし，日本には明治初期に導入され，北海道根釧地域で早くから栽培されてきた．

品種は，'マゼスチック1号'や'ネムロルタバガ'が中心で，'ウィルヘルムスバーガー'も広域適応性を備えている．葉は一見ナタネに類似するが，根部は大きく肥大し，肉質は硬く，個体重量は2〜3 kg，根部収量は6〜8 t/10aとなる．家畜の嗜好性に優れ，貯蔵性も高い．

主要な栽培地である北海道の道東地域で機械化,多頭化経営が進展するのに伴い,その栽培面積は減少し,現在ではほとんど作付されていない.

8.3　多汁質飼料作物への期待

飼料用根菜類・果菜類は,現在のわが国では栽培面積が減少し過去の作物になりつつある.一方で,輸入飼料への依存度は高まり,国土に根ざした畜産業という本来的なありようからは大きな乖離が生じている.対照的に,南半球で同じような緯度帯にある島国のニュージーランドでは,自給飼料生産に立脚した草地酪農が展開されており,牧草の端境期にはシュガービート,カブ,チコリーなどの多汁質飼料作物が積極的に利用されている.

自給飼料作物の増産,日本型放牧が推進される中で,飼料用カブのばら播き栽培や放牧利用などが復活し,耕作放棄地などを生み出すことのない酪農・畜産の進展を期待するところである.　　　　　　　　　　　〔山下太郎〕

引用文献

1)　西埜　進ほか(1971):北海道農業試場集報,**38**:1-7.
2)　関　誠(1979):農業技術体系(畜産編),p 447-456,農文協.
3)　土屋　茂(1968):北陸農業試験場報告,**9**:1-13.

第1章

《緑肥作物編》

環境調和型農業と地力維持

1.1 環境調和型農業と緑肥の機能

　環境調和型社会に向けた国民的議論が進められ，その中で，環境と調和する農業の実現には多くの注目が集まっている．特に，平成17（2005）年3月に閣議決定された食料・農業・農村基本計画においては，「環境と調和のとれた農業生産活動規範（農業環境規範）」を定め，これを実現するための支援がなされるなど，環境調和型の作物生産の実装に期待が寄せられている．

　これらの施策の中では，「土づくり」および「化学肥料の削減」対策技術として，「堆肥」の施用が集中的に議論される場合が多い．しかし，同じ有機物であっ

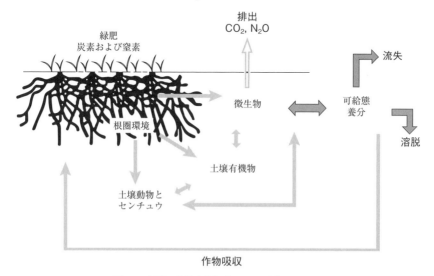

図1.1　緑肥が農耕地生態系へ及ぼす影響の概略図

ても「緑肥」を利用した「土づくり」は，作付体系および農作業体系全体からの改善であり，地域および地球環境の保全と農業生産性の維持向上との調和という視点からは，堆肥施用では得られない様々な特徴を有している．緑肥による有機物供給は，堆肥利用に比べて，①大量の有機物を容易に農耕地に返すことができる，②土壌中の残留養分を回収・再利用できる，③土壌微生物相の活性化程度が堆肥よりも高い，④団粒化が進みやすく土壌物理性改善効果が高い，⑤土壌の侵食を防ぐことができるなどのきわめて多面的な効果がある（図1.1）．しかし，欠点としては未熟有機物のすき込みによる糸状菌類の増加や有機酸の増加など，すき込みから後作物の播種までの期間を十分にとることが必要となるなど，現行の農作業体系・計画の変更が必要となる場合もある．堆肥の施用効果との差異に着目しながら，緑肥のもつ多様な機能を効率的に活用することは，農家において実現可能な環境と調和する主要な農業技術の1つとなる．

1.2 地力維持と緑肥利用

耕地生産の持続性と緑肥の利用に関して，世界で最も古い連作および輪作の試験地として，米国アラバマ州の Old Rotation 圃場が有名である．この試験は，耕作による土壌劣化が著しい北アメリカ南部において，どのような土壌管理方法が作物の生産性を維持できるのか，という問題について1896年から取り組まれたものである．Mitchel et al. (1996)[19] は，緑肥の作付によって綿花の収量を100年にわたって高く維持することが可能であり，化学肥料のみでは得られない効果があることを報告している．その理由として，土壌有機物含有量が緑肥利用により高く維持されることが生産性を持続する鍵となることを指摘している．

農業生産の持続性確保に向けて，土壌有機物を増加させることは，投入施肥量の削減や長期的な収量の安定化などの効果がある．例えば，Lal (2004)[15] は，劣化した農耕地において，1 t/ha の土壌炭素の増加により，コムギで20～40 kg/ha，トウモロコシで10～20 kg/ha の収量増があることを述べている．

しかし，日本における土壌環境基礎調査の結果をみると，例えば普通畑（黒ボク土）では，1960年から2000年の間に約5％の土壌有機物量が減少してい

る.地力増進基本指針では,年間の堆肥の標準施用量を 15〜30 t/ha と定めているが,農業労働力の減少・高齢化などにより有機物投入量は年々減少し,普通畑の 4 割で土壌中の有機物量に関する改善目標を下回っているのが実情である[14].このような中,緑肥利用は,大量の有機物の移動・散布の必要が無く,省力的に土壌に有機物供給が可能であり,農家において実現可能な地力維持対策となるであろう.

1.3 地域環境の保全機能

1.3.1 土壌保全効果

緑肥は,播種後,生育が早く早期に土壌表面を被覆することで,土壌水食(water erosion)や風食(wind erosion)を抑制することから,欧米では緑肥のもつ土壌保全効果には古くから高い関心が払われてきた[25].すなわち,緑

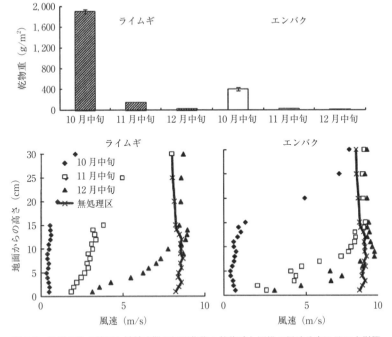

図 1.2 緑肥作物の種類と播種時期が緑肥作物の乾物重と圃場の風速分布に及ぼす影響
(小松﨑・鈴木(2009)[13] より)
風速分布は圃場に簡易風洞を設置して,2006 年 2 月 10 日に調査した.

肥の地上部や根の働きによって雨滴や風から土壌を直接保護することと，土壌水の浸透力を向上させて土壌流亡を防ぐことがその効果としてあげられている[3]．

一方，わが国では土壌風食防止対策としての緑肥利用が注目されている[13]．特に北関東一帯では冬作として麦類を中心とした輪作体系がとられていたが，麦価の低迷によりこれらの体系が崩壊して[24]，そのため晩秋から翌春にかけて裸地状態で管理されている圃場が多くなり，北関東一帯では冬から春先にかけて「からっかぜ」と言われる季節風の影響により土壌の乾燥が早まり，強風によって土が舞い上がるという現象が生じる[17]．冬期間に緑肥作物を栽培すると，土壌風食が防止され，その植生自体が風速を弱め，土壌水分も保持する[6]．図1.2に裸地，ライムギおよびエンバク圃場での風洞を用いた風速分布とそれぞれの緑肥の乾物重を示した．裸地区では地表面高さ1cmにおいても風速が8m/sであったのに対して，ライムギ区では同じ高さで1m/s程度と抑制した[13]．

1.3.2 水質保全効果

耕地からの残留窒素の溶脱による流域内での水質低下問題は，きわめて深刻な状況にある[23]．茨城県における畑地からの窒素の溶脱は，秋季と春季など冬作期間中に多く認められ，この期間は月間の降水量よりその間の蒸発量が著しく少ないために，土壌水分が地下方向へ向かうことで溶脱が激しくなることが指摘されている[1]．

緑肥作物は，夏作物を収穫したあとの耕地内の残留窒素を吸収し，窒素の溶脱を防ぎ，効率的な耕地内の窒素サイクルの構築に役立つことが期待される[18,27]．緑肥にはイネ科作物やマメ科作物が用いられるが，残留窒素の回収に効果的なものは主にイネ科作物である．イネ科は残留窒素の吸収能力が高く，冬作において40～100kg N/haの土壌残留窒素の吸収に役立つことが知られ[9,26]，ライムギ，エンバク，コムギ，イタリアンライグラスなどが利用されている．例えば，ライムギは10月から3月までの生育期間において地上部のみで150kg N/haを吸収するのに対して，マメ科作物のクリムソンクローバでは48kg N/haである．一方，裸地（雑草区）では19kg N/haに過ぎず，これらの作物の栽培により，30～90cmの土層の無機態窒素含有量が低下し，地下

第1章 環境調和型農業と地力維持

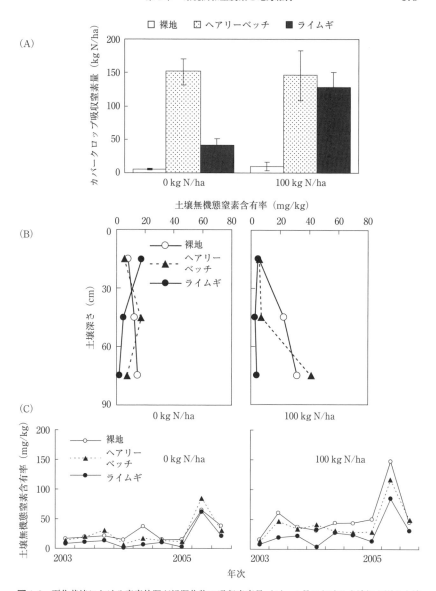

図 1.3 夏作栽培における窒素施肥が緑肥作物の吸収窒素量（A），4 月における土壌深さ別の土壌無機態窒素含有率の分布（B），および土壌下層（60〜90 cm）の土壌無機態窒素含有率の推移に及ぼす影響（C）．
　窒素施肥は，無施肥または 100 kg N/ha 施用とした．試験は 2002 年秋に開始し，(A) および (B) は 2004 年 4 月の調査データに基づき作成した[10]．

水への窒素の溶脱を未然に防ぐことができる[4]．

　図1.3に，オカボへの施肥の有無（0および100 kg N/ha）とその後作緑肥の種類が緑肥の吸収窒素量，4月における土壌無機態窒素含有量の土中分布および下層土（60〜90 cm深さ）における土壌無機態窒素含有量に及ぼす影響について年間の推移を示した．これによれば，オカボ収穫後の吸収窒素量は，裸地区（雑草）で最も少なく，ヘアリーベッチでは前作の施肥レベルに関わらず高かった．これに対してライムギでは，前作の施肥レベルによって吸収窒素量は著しく異なり，無施肥窒素区に比べて100 kg N/ha施用区では吸収窒素量は増加した．土壌中の無機態窒素の分布をみると，100 kg N/ha施肥区のヘアリーベッチ区や裸地区では，4月において地際から30 cm以下の土壌中の無機態窒素含有率が高かったのに対して，ライムギ区では，土中90 cmまで低い値を示した．作物が利用できる窒素は，土層の概ね30〜50 cm程度のものとされていることから，ライムギを作付けることで夏作物の残留窒素の溶脱を防止することが可能である．また，この効果は，ライムギ生育期間中のみならず，ライムギすき込み後の夏作物栽培期間中にも認められた[10]．

1.3.3　生物多様性保全

　緑肥が圃場にすき込まれると土壌中で急速に分解される．これらの緑肥由来の有機物は耕地に供給され，そこに生息する土壌中の生物の栄養源となり，特に多様な微生物を増加させ，その菌体に取り込まれる．一方，それらの微生物が死滅あるいはほかの生物により捕食されることが繰り返されることで有機物中の養分が無機化され，植物が吸収しやすい形に変化する．土の中には多くの土壌微生物が生息しているが，これらは，緑肥の作付の有無などの農作業のやり方によって，増加したり減少したりと絶えず変動している．土壌中には，微生物以外に線虫やトビムシ類，ダニ類などが生息し，これらが緑肥の分解に寄与しており，緑肥施用と土壌生物の多様性保持との関係が注目される．すなわち，緑肥のすき込みによって供給された有機物は，土壌生物にとっての栄養源となり，生物相の活性を高め，土壌生物の多様性を向上させることが期待される．

　辛ほか（2004b）[5]は，緑肥の種類と耕耘方法を組み合わせて，オカボを栽培し，その際の土壌呼吸量を調査したところ，緑肥を施用した不耕起栽培において土

壌呼吸量の増大が認められ,活発な土壌生物の活躍が地力の維持増進に寄与するとしている.Nishizawa et al. (2008)[22]は,慣行耕耘圃場と不耕起緑肥マルチ圃場における土壌微生物群集の異同を解析し,緑肥の施用によって古細菌(アーキア)数が減少することを報告しており,また,Zhaorigetu et al. (2008)[29]は,緑肥の施用と不耕起栽培の組み合わせで糸状菌バイオマスが著しく増加することを報告している.これらは,古細菌数と糸状菌数との間では競合関係があることを示唆するなど,緑肥施用が微生物相の構造に大きな影響を及ぼすことを示す.

緑肥の施用と土壌生物相との関連については,ヘアリーベッチを利用した不耕起栽培では,節足動物類の個体数密度が増加することや[7],有機物被覆によって土壌小型動物の生息密度が増加することなどが報告されている[28].また,辜ほか(2004b)[5]も,緑肥施用と不耕起栽培を組み合わせることで土壌節足動物や土壌線虫数の増加を認めている.Komatsuzaki(2008)[12]は,これらの圃場において,重窒素を指標とした緑肥吸収窒素の動態を調査し,土壌動物数が多い圃場の方が緑肥由来窒素の後作への移行量が多くなることを量的に示し,緑肥と不耕起栽培を組み合わせた耕地管理手法が,土壌生物の多様性を維持し,農耕地の窒素循環機能を向上させるとした.

1.4 気候変動緩和策と緑肥

温室効果ガス抑制の視点からも土壌管理などの農業生産活動に対する関心が高まっている.IPCC(Intergovernmental Panel on Climate Change:気候変動に関する政府間パネル)は,2007年2月に,温暖化の主因は二酸化炭素などの温室効果ガスと断定し,その被害は地球全域に及ぶと警告を発し,温暖化は戦争や核の拡散と同じように人類の生存の脅威とみなされつつある.わが国では,京都議定書(気候変動に関する国際連合枠組条約の京都議定書:Kyoto Protocol to the United Nations Framework Convention on Climate Change)に定められた二酸化炭素の吸収源として,森林に加えて農耕地土壌の炭素吸収機能に注目が集まっている.農耕地における炭素貯留量を高める手法としては,堆肥の投入とともに緑肥作物の利用が注目される.

前述したように,緑肥作物が固定した炭素は,有機物として農耕地に施与さ

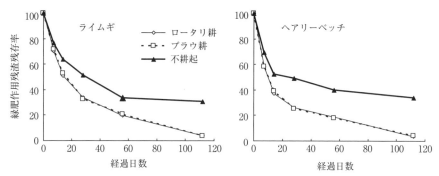

図1.4 耕耘管理方法の違いが緑肥の分解率に及ぼす影響（Komatuszaki（2008）[12]より）
緑肥作物の乾物重をもとに，同等量の残渣をリターバックに入れ，不耕起（圃場表層），ロータリ耕（土中10 cm）およびプラウ耕（同25 cm）条件下において分解率を調査した．

れると土壌中で急速に分解される．図1.4に不耕起，プラウ耕およびロータリ耕といった緑肥の施用方法がライムギおよびヘアリーベッチの乾物残存率に及ぼす影響をリターバッグ法で調査した結果を示した．これによれば，圃場に施用後2週間で，ライムギで37～49％，ヘアリーベッチで48～63％の乾物が分解した．夏作物栽培終期の16週後には，プラウ耕およびロータリ耕では3.5～4.2％と高い分解が認められたのに対して，不耕起ではライムギで30％，ヘアリーベッチで34％が残存した[12]．一般に，耕起によって土壌の表面を攪拌することにより，酸素が土壌に供給されるため，微生物活性が高まり，有機物の分解が促進される．これに対して不耕起栽培では，土壌表層への酸素供給が少ないために有機物の分解が抑制され，有機物が土壌中に多く残る．すなわち，緑肥施用と不耕起栽培を組み合わせることで土壌炭素を著しく増加させる可能性がある．

牟（2008）[20]は，2002年秋から緑肥と耕耘方法を組み合わせた長期試験圃場において，土壌中の炭素の変化を測定し，耕地管理方法の違いにより土壌中の炭素の増加・減少量を定量的に評価した．ここでは，耕耘方法（不耕起，プラウ耕，ロータリ耕）および緑肥の種類（ヘアリーベッチ，ライムギ，緑肥無施用（裸地））を組み合わせ，夏作にオカボを栽培した．2002～2007年までの5年間における土層0～30 cmにおける土壌炭素貯留量の推移を表1.1に示した．これによれば，耕耘方法と緑肥の施用により，土壌炭素貯留は著しく変化した．不耕起栽培あるいはロータリ耕で緑肥を施用した場合には，土壌炭素貯留量は

増加傾向を示したが，いずれの耕耘方法においても裸地では土壌炭素貯留量はやや減少傾向を示した．

緑肥の種類と施用の際の耕耘方法は，耕地土壌における炭素貯留量だけでなく，土壌の質（soil quality）にも影響を及ぼす．緑肥の種類とその施用方法が有機物供給，生物性，窒素循環，炭素貯留，温室効果ガスとなる亜酸化窒素（N_2O）の排出にどのように影響を及ぼすかについて，表1.2に概略をまとめた．ここに示すように，緑肥の効果は，その種類や耕耘方法によって一様ではない．それぞれの種類や耕耘方法が各地域で栽培する作物の生育や収量にとってどのような効果を発現するのか，あるいは期待するのかについて十分に検討してそれらをうまく組み合わせる必要がある．耕地生態系における緑肥の生態的地位（niche）をどのように位置付けていくのかという課題は，今後，農耕地を持続的に利用していく上にますます重要となる．

表1.1 緑肥の種類と耕耘方法別の年間の土壌炭素貯留の増加率（t CO_2/ha/年）

緑肥の種類	不耕起	プラウ耕	ロータリ耕
裸地	▲0.015	▲0.253	▲0.044
ヘアリーベッチ	0.363	▲0.007	0.528
ライムギ	0.664	0.110	0.800

注）試験期間中春と秋の年2回測定した全炭素含有率（%）に仮比重を乗じて深さ30 cmあたりの炭素貯留量を求め，この推移を回帰直線に表し，当該回帰直線の傾きから年間の土壌炭素増加量を求め二酸化炭素に換算した（▲印はマイナスを示す）．
牟（2008）[20]から作成

表1.2 冬作緑肥の利用と耕耘体系が農耕地生態系に及ぼす影響の概要

耕耘体系	緑肥の種類	有機物供給	土壌生物相の改善	窒素供給	残留窒素吸収（溶脱防止）	炭素貯留	N_2O排出抑制
プラウ耕	裸地	×	×	×	×	×	◎
	ライムギ	◎	△	△	◎	△	○
	ヘアリーベッチ	○	△	◎	△	×	△
ロータリ耕	裸地	×	×	×	×	×	○
	ライムギ	◎	△	△	◎	△	△
	ヘアリーベッチ	○	△	◎	△	△	△
不耕起	裸地	×	○	×	△	○	△
	ライムギ	◎	◎	△	◎	◎	×
	ヘアリーベッチ	○	◎	○	△	◎	×

[1] ◎：効果あり，○：やや効果あり，△：ほとんど効果なし，×：効果なしを示す．
(Komatsuzaki (2008)[12]および牟（2008）[20]より作成)

1.5 有機農業と緑肥

「食」の安全性確保,地域の環境保全および生物多様性保全につながる有機農業の推進には国の内外において関心が集まっているが,日本では,国民的な需要の高い有機農産物の取組面積シェアは0.4％に留まるなど需要に供給が追いついていない[21].有機栽培では,無機化学肥料の代わりに堆肥や有機質肥料を利用するが,これらの土壌肥沃度管理用資材にかかわる費用および労力は有機農産物生産コスト増大の1つの問題点である.有機栽培の指針を提示するIFOAM (*International Federation of Organic Agriculture Movements*:国際有機農業運動連盟) では,土壌肥沃度管理の項で緑肥の利用を推奨しており[8],欧米の有機農家では,緑肥を土づくりの柱においているところも多い[2,10].

小松崎・村中 (2005)[10] は,有機栽培ブロッコリの生産において,夏作においてヒエを緑肥作物として利用し,その後不耕起でブロッコリ苗を移植して,その収量および品質について慣行栽培と比較した.その結果,緑肥としてヒエマルチを利用しても,その収量は慣行栽培と同等であった.すなわち,イネ科植物であるヒエを緑肥作物として利用することで,土壌中の残留養分を回収し,その後作である野菜の収穫部位の硝酸態窒素含有量が低くビタミンCが高い有機野菜の生産が可能であるとした.このことは,緑肥作物の植生をうまく活用することで,品質の高い有機農産物の生産が可能であることを示唆しており,さらなる応用が期待される.

1.6 まとめ

緑肥作物は,言うまでもなく農作物生産における主作物ではない.そのため,近代農業技術を開発する上の要素として,あるいは栽培研究の対象として注目される機会は久しくなかった.しかし,農耕地のもつ物質循環機能が着目され,地域の環境保全に資する1つ1つの行動規範として環境との調和が重視されてくる中で,これらの緑肥の利用は,農業生産システムにおいて農業のもつ自然循環機能を向上させる上できわめてユニークな手法となっていることが再認識されるようになってきた.本項で述べたように,緑肥の利用は,農耕地を二酸

化炭素の吸収源として効果的に利用できることのほかに，作物生産における投入施肥量の削減，長期的な収量の安定化，土壌保全や生物相の健全化などの多面的な効果がある．特に，土壌炭素を増加させると同時に，積極的に土壌残留養分を回収する機能をもつことから，堆肥では得られないきわめて特徴的な土壌管理手法となる．現在，農耕地土壌がもつ公益的な機能や生態系サービスに対する関心が高まっている．これらの農法の導入に農家個々人のみが対応するだけでなく，地域として農耕地の生産機能の持続性を向上させるという大きな目標をもって，個々の土壌管理活動を改めて見直す必要があろう．

〔小松﨑将一〕

引用文献

1) 有原丈二(1999)：現代輪作の方法，p. 121-148, 農文協．
2) Baldwin, K. R. and Creamer, N. G. (2006)：*North Carolina cooperative extension service*, North Carolina State University.
3) Dabney, S. M. (1998)：*Soil and Water Cons.*, **53**：207-213.
4) 辜　松ほか(2004a)：農作業研究，**39**：9-16.
5) 辜　松ほか(2004b)：農作業研究，**39**：83-92.
6) Holy, M.(1983)：侵食―理論と環境対策―(岡村俊一・春山元寿訳), p. 128-146, 森北出版．
7) House, G. L. (1989)：*Environ. Entomol.*, **18**：302-307.
8) IFOAM.(1999)：有機生産および加工のためのIFOAM基礎基準，JONA.
9) Kessavalou A. and Walter, D. T.(1999)：*Agron. J.*, **91**：643-649.
10) Komatsuzaki, M. and Mu, Y.(2005)：*Proceedings and abstracts of ecological analysis and control of greenhouse gas emission from agriculture in Asia*, p. 62-67, Ibaraki, Japan.
11) 小松﨑将一・村中健一(2005)：農作業研究，**40**：17-26.
12) Komatsuzaki, M.(2008)：*Ecosystem ecology research trends*, p. 177-207, Nova Science Publishers.
13) 小松﨑将一・鈴木光太郎(2009)：農作業研究，**44**：189-199.
14) 草場　敬(2001)：農業技術，**56**：487-492.
15) Lal, R.(2004)：*Science*, **304**：1623-1627.
16) Macllwain, C.(2004)：*Nature*, **428**：792-793.
17) 真木太一(1989)：風と自然―気象学・農業気象・環境改善―，開発社．
18) McCracken, D. V. et al. (1994)：*Soil Sci. Soc. Am. J.*, **58**：1476-1483.
19) Mitchell, C. C. et al. (1996)：*The old rotation. 1896-1996. 100 years of sustainable cropping research*, p. 1-26, Alabama Agricultural Experiment Station Bulletin.
20) 牟　英輝 (2008)：東京農工大学連合農学研究科，博士論文．
21) 農林水産省生産局農業環境対策課 (2016)：オーガニック・エコ農業の拡大に向けて http://www.maff.go.jp/j/seisan/kankyo/yuuki/convention/h27/pdf/siryo1.pdf

22) Nishizawa, T. *et al.* (2008)：*Microbes and Environ.,* **23**：237-243.
23) 小川吉雄(2000)：地下水の硝酸汚染と農法転換，p.20-38，農文協.
24) 大久保隆弘・桐原三好(1975)：農業および園芸，**50**：999-1002.
25) Sarrantonio M.(1998)：*Managing cover crops profitably,* p.16-24. Sustainable Agriculture Network.
26) Shipley, P. R. *et al.*(1992)：*Agron. J.,* **84**：869-876.
27) Wagger, M. G. *et al.* (1998)：*Soil and Water Con.,* **53**：214-218.
28) Wilson-Rummenie, A. C.(1999)：*Environ. Entomol.,* **28**：163-172.
29) Zhaorigetu, *et al.*(2008)：*Microbes and Environ.,* **23**：201-208.

【パリ協定】

　国連気候変動枠組条約第21回締約国会議（Conference of Parties：COP21）が2015年11月から12月にかけて，2週間の会期でフランスのパリで開催された．地球温暖化に関する各国の対応は様々であるが，2020年以降の温暖化対策に関する国際的な枠組みは，「パリ協定（The Paris Agreement）」として，同12月12日に採択された．産業革命以降の平均気温の上昇を2℃未満に抑えるために，各国はどのような実効性のある対策をとることができるのか．本書に関わる部分では，広大な面積で農作物を育てる飼料生産の立場，農耕地における有機物補完のための緑肥利用の立場，それぞれにおいてカーボンフットプリント（炭素の足跡）を把握し，メタンや亜酸化窒素などの温室効果ガスの排出量を定量化し，関連産業を含めた温暖化防止に向けての実装を考える必要があろう．

〔大門〕

第2章

《緑肥作物編》

夏作緑肥作物

2.1 緑肥の利用

　速効性の無機化学肥料や農薬の施用に依存した「自由式農法」は，効率的な肥料管理や病害虫防除を可能にし，作付の自由度を増すことで高い収量性と品質を確保し，近代農業の主要な生産手段として農業生産性の向上に貢献してきた[42]．しかし，一方で，これらに過度に依存した作付は，地力の減耗，連作障害，塩類集積，水質汚染などの原因ともなり，農耕地生態系の劣化を引き起こしてきたのではないかとの懸念もある．

　モンスーンアジアの基幹農業である水田作では，土壌は還元的であり，稲わらや麦わらなどの収穫残渣を圃場に戻すことで地力が長年維持される傾向にあった．しかし，日本や韓国ではコメの生産調整を目的とした水田転換畑における畑作物生産が進み，また，良食味米の生産が重視されることで水稲作では窒素施用量は制限され，地力が減耗する傾向にある．一方，畑作圃場では，水田土壌とは逆に土壌が酸化的になることから土壌有機物が分解，無機化しやすく，肥料成分を補わない限り経年的に地力は低下し，収量低下の大きな要因となる．

　前章でも概説したように，地力を補うには有機物を施用することが重要な対策となる．機械化が進んだ自由式農法では，地力維持に効果のあるマメ科作物などの緑肥すき込みや家畜糞尿を用いた堆肥などの有機物の圃場外からの持ち込みの代わりに，生産コストが比較的安い化学肥料が過度に施用されてきたことは否めない．しかし，最近では農耕地持続性への生産者の意識の高まりや消費者ニーズの多様化から，有機農業や減肥料栽培の重要性が叫ばれるようになり，有機物施用の多面的な有効性が再認識されている．緑肥もその1つの手段

として有用な有機物資源として再評価されてきている．

　ヨーロッパの有畜農業において「改良三圃式農法」から「ノーフォーク式輪栽農法」へと輪作体系が確立されていくなかで，緑肥作物は必須の構成要素であった．しかし，上述のように化学肥料に依存した集約的な「自由式農法」の導入に伴いその栽培は衰退した．日本においても，1930年代から戦後の食糧増産時代に自給肥料源の確保と土壌有機物の付与効果の視点から多くの研究が行われたが，その後の経済成長に伴い化学肥料が安価に入手できるようになるとともに，施肥管理に関する研究は効率的な施肥技術体系の開発へとシフトした．しかし，近年，生態系に配慮した持続的な農耕地管理技術の重要性が模索されるようになり，比較的長期にわたる地力維持に効果があり，畦内での有機物生産としての緑肥利用が見直されるようになった．これらの背景から，夏作においては熱帯や亜熱帯を起源とする植物種も含め，多様な植物の緑肥としての特性が明らかにされ，様々な作付体系への導入が試みられている．本章では，乾物生産量の多いこれらの夏作緑肥作物について，その期待される効果や導入の際の留意点について述べる．

2.2　夏作緑肥作物の特性

　圃場に緑肥として有機物をすき込む際には，量的にみれば旺盛に光合成する大型の夏作物が望ましく，ソルガムやトウモロコシなどのイネ科作物，セスバニアやクロタラリアなどのマメ科作物がしばしば用いられる．夏作緑肥作物の最大の特性は夏場の日射を利用して大気中のCO_2を大量に固定し，旺盛に生育することである．ソルガムやヒマワリなどの非マメ科作物には，有機物の補完，雑草繁茂の抑制，連作障害の原因となる土壌養分のバランスの修正などの効果があり，マメ科作物にはそれらに加えて旺盛な光合成による炭水化物の供給に基づく根粒菌との共生による窒素の補完も期待できる．また，最近では緑肥作物による有用な土壌微生物の増殖効果なども注目されている．なお，緑肥栽培は畦外から堆肥などの有機物を持ち込むのではなく，耕地で有機物を直接生産してすき込むことから低コストである．地域や前後作の関係にもよるが，一般的に夏作緑肥作物を栽培する期間としては約60日が目安であり，すき込み後に未熟有機物である緑肥がある程度分解するのに要する腐熟期間は30〜

40日と言われている.

2.2.1 夏作緑肥作物の肥料効果

　土壌にすき込まれた緑肥からは,分解によって窒素やリンなどの養分が放出され,それらの養分が後作物の生育に利用される.もちろん,緑肥作物自身がその生長のために土壌中の養分を吸収するため,これらを緑肥として土壌にすき込むこと自体は養分を新たに添加することにはならない.しかし,マメ科作物を利用した場合には,根粒菌によって固定された窒素を土壌に付与することができるし,難溶性のリンの可給化能をもつセスバニア (*Sesbania* 属) などは,後作物のリン供給源ともなり得る[2].

　緑肥に含まれる主要成分については,窒素およびリンはマメ科緑肥作物で高く,カリウムはイネ科やキク科で高い傾向がある (表2.1).また,茎と葉では成分含有率が異なるので,緑肥を肥料の一部として代替する場合,すき込み時の葉茎比は留意すべき特性の1つである.従来,緑肥の重要な機能として土壌への有効態窒素の付与があげられてきたので,窒素含有率が高く,分解されやすい緑肥がしばしば施用されてきた.これらのすき込まれた窒素の多くは有機態窒素であり,土壌微生物の分解を受けてアンモニア態や硝酸態の無機態窒素に変換されたあとに植物に利用されることから,その肥効は緩効的であり,無機化学肥料と比較すると農耕地から溶脱する割合が少ないという点も重要である.

　なお,葉菜類などの施設栽培では,連続的な無機化学肥料の多施用によって作土層に蓄積した過剰な養分を湛水流去法で浄化 (クリーニング) することが

表2.1 緑肥作物のすき込み時期における茎葉部の窒素,リンおよびカリウムの含有率 (乾物あたり)

緑肥	窒素 (%)	リン (%)	カリウム (%)
クロタラリア	2.1	0.25	1.8
ピジョンピー	2.4	0.26	1.3
セスバニア	2.0	0.32	1.6
アカクローバ	3.2	0.26	1.6
ダイズ	3.0	0.26	1.2
ソルガム	1.3	0.17	1.6
トウモロコシ	1.4	0.17	1.7
エンバク	1.5	0.26	1.3
ヒマワリ	1.3	0.30	3.4

今野ほか (2003)[27] および宮丸ほか (2006)[37] のデータをまとめた

あるが，この方法では周辺の河川や地下水を汚染する懸念がある．そこで，夏作の大型イネ科作物の養分吸収能を利用して，それらの養分を回収し，これを畦内外に緑肥としてすき込むことで適当な養分状態に保つとともに，有機物含量を増大させる試みもある．ソルガムやトウモロコシがしばしば用いられるが，これをクリーニングクロップとよぶ．

2.2.2 他感作用と雑草防除

　有機栽培や減農薬栽培への消費者ニーズの高まりから，除草剤の散布薬量や使用回数は減らされる傾向にある．しかし，特に夏作の畑雑草の防除では作業の過重労働が指摘され，結果的に収量の低下が否めないのが現状である．そこで植物のもつ他感作用（アレロパシー）を雑草防除に利用しようという試みがなされ，植物残渣，堆肥，野草のマルチングなどによる雑草の生育抑制が報告されている[17,25,56]（図2.1）．ハッショウマメともよばれる暖地用マメ科緑肥作物であるムクナ属（*Mucuna*）は，L-ドーパ（L3,4-dihydroxyphenylalanine）というアレロパシー物質を含有し，雑草の生育を抑制する特性をもっており，雑草防除機能を有する緑肥と言われている[16]．近年，マメ科緑肥作物として利用され始めている熱帯原産のクロタラリア（*Crotalaria*属）も，生物毒性の高いアルカロイドを産生する[15]．本属植物のアレロパシー作用について著者らが行った研究においても，地上部の搾汁液をコムギに与えると著しい生育抑制が

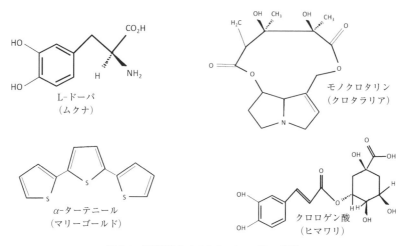

図2.1　緑肥作物に含まれるアレロパシー物質

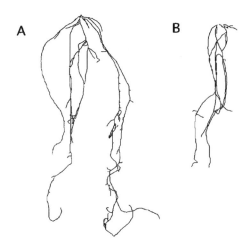

図2.2 *Crotalaria spectabilis* の地上部搾汁液の施用がコムギの根系生育に及ぼす影響(琴浦・大門 (1988)[29] より)
A：対照区，B：10 g/m² 播種密度で生育させた地上部の搾汁液を施用した区．図はグロースポーチにおける根系をコンピュータに取り込み細線化処理したものである．

みられ，実際に緑肥として土壌にすき込んだ場合にもコムギの生育が抑制された[29] (図2.2)．今後，これらの緑肥作物のすき込みや被覆(マルチ施用：第3章で詳説)による効果を利用した雑草抑制技術への応用が期待される．なお，すき込み利用にあたっては後作物の栽培までに腐熟期間を十分にとるなどの点に留意しなければならないことは言うまでもない．

2.2.3 センチュウ対抗性

植物寄生性有害土壌センチュウは，農作物に多大な被害を及ぼす土壌生物であり，ダイコン，ラッカセイ，サツマイモ，ジャガイモなどのいわゆる土物作物で収量や品質の低下を引き起こす．センチュウは，ネコブセンチュウ，ネグサレセンチュウ，シストセンチュウなどに大別される．これらのセンチュウ害の防除対策として臭化メチル (CH_3Br) による土壌消毒が行われてきたが，オゾン層破壊物質に指定され，現在は全廃に向けて農薬使用はきわめて限られている．代替対策としては，熱水消毒，蒸気消毒，太陽熱消毒，D-D剤施用などがあげられるが，緑肥としてすき込まれる作物の中にも土壌中のセンチュウ密度を減らすものがあり，センチュウ対抗植物として耕種的防除に用いられる．

表2.2 センチュウ対抗植物と適応対象有害センチュウ

植物名	学名	対象センチュウ					品種(商品)名の一例
		Mi	Ma	Mh	Pp	Pc	Hg	
イネ科								
ギニアグラス	*Panicum maximum*	○	○	○	○			ナツカゼ, ソイルクリーン
野生エンバク	*Avena strigosa*	○	○	○	○			ヘイオーツ
ソルガム	*Sorghum vulgare*				△	×		つち太郎, スダックス
マメ科								
クロタラリア	*Crotararia juncea*	○	○	○	×	○	○	ネマコロリ, ネコブキラー
	Crotararia spectabilis	○	○	○	○	○	○	ネマキング
	Crotararia breviflora	○						ネコブキラーⅡ
アカクローバ	*Trifolium pretense*	×	×	×	×			はるかぜ
クリムソンクローバ	*Trifolium incarnatum*	×			×			くれない
キク科								
アフリカンマリーゴールド	*Tagetes erecta*	○	○	○	○			アフリカントール
フレンチマリーゴールド	*Tagetes patula*	○	○	○				プチイエロー
メキシカンマリーゴールド	*Tagetes minuta*	○			○	○		

Mi:サツマイモネコブセンチュウ, Ma:アレナリアネコブセンチュウ, Mh:キタネコブセンチュウ, Pp:キタネグサレセンチュウ, Pc:ミナミネグサレセンチュウ, Hg:ダイズシストセンチュウ. 空欄:寄生しない, または試験例がない.
○:密度抑制効果がある, ×:効果がない, またはセンチュウが増える.
(永久保 (2005)[35] を一部改変)

実際には土壌中には多種類のセンチュウが生息しており，ある特定の緑肥作物ですべての有害センチュウの密度を低下させるのは難しい（表2.2）．またセンチュウの対抗植物としての効果を発揮させるには，3ヶ月程度の栽培期間が必要であることにも留意して作付体系を組む必要がある．夏作緑肥作物の中では，マメ科作物のクロタラリア，ハブソウ，エビスグサ，ラッカセイ，ササゲ，インディゴマメ[12]など，イネ科作物のギニアグラスやソルガムなど[43,57]，キク科作物のマリーゴールドやルドベキアなど[9,11]が植物寄生性有害土壌センチュウに対抗性を示す．

2.2.4 土壌蓄積リンの可給化

雨が多く土壌が酸性化しやすい日本の農地では，施肥リンが不可給化しやすく，特に火山灰土壌の畑圃場では，施用リンの利用率は20%以下ときわめて低く，多くは作物にとって利用しにくい難溶性無機態リンや有機態リンとして土壌に残存してしまう．したがって，化学肥料あるいは土壌改良剤としてリン資材が大量に農地に投入されてきた．一方，ここ数年，リン鉱石の枯渇が叫ばれるとともに，リン鉱石の産出国がその輸出量を制限し始め，日本のようにリン資源をもたない国や地域では農地に蓄積したリンの再利用技術の開発が重要な課題となっている．

緑肥に含まれる有機酸は土壌中の鉄やアルミニウムを可動化（キレート）する作用がある（図2.3）．マメ科緑肥には鉄溶解作用（キレート作用）の大き

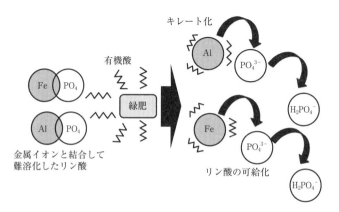

図2.3 緑肥から放出される有機酸によるリン酸の可給化

いマロン酸やクエン酸が多く含まれており，リンゴ酸が多いイネ科緑肥と比較して，リンの可給化を促進する作用が大きいと考えられている[36]．また，すき込み資材による可給化とともに緑肥作物自身がその栽培中に多くの不可給態リンを吸収することができれば，それらのすき込みによってリンを再利用することもできる．マメ科緑肥作物であるセスバニアに共生する根粒菌には，カルシウムや鉄と結合した難溶性無機リンを溶解する能力があることも認められており，セスバニアの高いリン吸収能における根粒菌の貢献度について解析が待たれるところである．また，春播きのシロガラシ（アブラナ科）や夏播きのソバ（タデ科）を緑肥として栽培すると土壌蓄積リンの可給化が期待できる．

2.3 夏作緑肥の効果的な活用

上述したように，緑肥の効果としては，①窒素固定による窒素栄養の向上，②有機物の補給，③過剰養分や不可給化養分の回収と再利用，④病害虫の耕種的防除，⑤有用な微生物の増殖などがあげられる．これらの効果を十分に発揮させるためには，すき込み時期やすき込み後の管理などに留意する必要がある．例えば，マメ科緑肥は，有機物分解の遅速を制御するC/N比が10〜20と安定して低く，窒素施肥はあまり必要としないうえ，根粒菌との共生により大気窒素を固定するので，後作物の窒素供給源として有用である．しかし，窒素固定活性を発現するまでの期間は作物種によって異なり，初期生育が遅い場合には十分な有機物量を確保するために比較的多くの日数を要する．

一方，イネ科やアブラナ科などの非マメ科緑肥は，生育期間や圃場の窒素の過不足などによりC/N比の変動が大きい．肥沃度の高い土壌や残存窒素が多い土壌で栽培した場合には，C/N比が低く，肥料効果が期待できるが，地力が低い場合には生育量が少なく，C/N比が高くなることから結果的に分解が遅い資材をすき込むこととなる（表2.3）．

最近，リン吸収を促進する有用土壌微生物として注目されているアーバスキュラー菌根菌がマメ科緑肥作物やヒマワリの導入により土壌中で増殖しやすくなり[24]，このことが後作のリン吸収に有効に働くと言われており，緑肥を導入した場合の施肥体系についても見直す必要があるかもしれない．カリウムや微量元素については，緑肥作物は，その根の伸長により下層土から吸い上げた

第2章 夏作緑肥作物

表2.3 マメ科およびイネ科植物における C/N 比の比較

植物	C/N 比	文献
セスバニア	25	Choi, B. et al.(2008)[7]
クロタラリア	22	Choi, B. et al.(2008)[7]
カウピー	10	Odhiambo, J. J. O. et al.(2010)[41]
クリムソンクローバ	15	McLeod, E.(1982)[34]
トウモロコシ（生育初期）	14	Sarrantonio, M.(1994)[45]
トウモロコシ（収穫後の稈）	60	Sarrantonio, M.(1994)[45]
エンバク	41〜59	Sullivan, P. G.(1990)[53]
ソルガム	42〜55	Torbert, H. A. et al.(2004)[54]

養分を後作物に供給する機能があり，土壌環境に応じて作物の種類や使い方を工夫する必要がある．

2.3.1 夏作緑肥作物の栽培

　夏作緑肥作物の播種，すき込み作業，すき込み後の腐熟期間について，以下に概説するが，不耕起栽培，被覆利用（カバークロッピング）については，次項の冬作緑肥作物で述べることとする．

a. 播種方法

　ロータリやドライブハローで耕起，整地後，栽培面積にもよるが手播きで条播したり肥料散粒機で播種する．ソルガムやトウモロコシなどの比較的種子の大きなものは，地表面に置くだけでは水分がうまく吸収できず発芽しないので，軽くロータリをかけて覆土する．クロタラリアなど比較的小粒の種子では，播種後にローラーで鎮圧すると出芽率が改善される．市販されているセスバニアは，硬実性を有するので，種皮の磨傷処理が出芽を均一にするには有効である．条播は散播と比較すると，生育中の管理がしやすく播種量が少なくて済む．雑草抑制のためには，一斉に出芽して早い時期から地表面を覆うことが大切となる．夏作緑肥作物は発芽適温が比較的高いので，あまり早期に播種せずに気温が十分に上昇してから播くのがよい．また，降雨が見込まれる前に播種することも出芽揃いには重要である．なお，緑肥作物は直接的な換金性がないことから，その播種作業はできるだけ省力化する必要があるが，例えば不耕起播種機の利用によって作業時間は 80％ 削減することができる[6]．

b. すき込み作業

　すき込み作業は，植物体を裁断後，ロータリ耕ですき込む方法が一般的であ

り，生育が旺盛ですき込み量が多い場合は数回の耕起を行う．栽培面積にもよるが，手押しのハンマーナイフで細かくして，数日間乾燥してからロータリをかける場合もある．また，プラウによる反転すき込みも作業能率が高い方法である[39]．ロータリ耕とプラウ耕では，緑肥の土壌中での埋設位置が異なるため，緑肥すき込み後の播種作業の精度に違いが生じる．すなわち，プラウ耕では，緑肥すき込み後に均一な圃場表面を確保できることから後作物の播種精度が向上する．プラウ耕では土壌有機物の分解が促されることで，長期的にみると地力が低下しやすい．一方，近年問題となっている温室効果ガスの亜酸化窒素（N_2O）排出量が未分解の有機物をすき込むことで増加する点においては，プラウ耕を用いるとその排出は抑制される[26]．最近では左右同時耕起できるリバーシブルプラウも開発されており，作業性が向上し，凹凸の少ない均一な圃場が準備できるようになった．

すき込み時期は，夏作緑肥をどのような目的で栽培するかにもよるが，ある程度の有機物量を確保する上では，マメ科では開花期前，イネ科では出穂期前が適している．マメ科ではその特性として莢中にアルカロイド類や有機態リンであるフィチンを蓄積し，イネ科では出穂後にC/N比が高くなるなどの点を考慮する必要がある．なお，すき込み時に石灰窒素を施用することによって，すき込んだ緑肥の分解を促進し，すき込み後に生じる窒素飢餓を抑制することができる．

c. 腐 熟 期 間

すき込み後の腐熟期間は，すき込み時の気温にもよるが，夏作緑肥の場合は一般には30〜40日間とする．緑肥が分解し始めると，糖類を分解するピシウム属菌を主体とした微生物が増加する[33,46]．また，分解に伴ってフェノール物質などの生物毒性のある物質が生じることがある．そのため，腐熟期間が十分でないと後作物の発芽や初期生育の阻害が生じるので注意しなければならない．

土壌中での緑肥由来養分の無機化の遅速は，すき込み資材の特性および土壌の理化学性によって変化する[8]．特にすき込み資材のC/N比，リグニンやフェノール物質の含有量などが影響する．緑肥作物は植物体の成熟によって窒素含有率が低下し，それに伴いC/N比が徐々に高まり，分解菌に対して抵抗性の高いリグニン含有率が増加する．夏作緑肥では，窒素含有率が高く，C/N比が低いほどすき込み時に窒素の無機化が早く起こるが，ほかの化学成分が窒素

の無機化に及ぼす影響も大きく，ポリフェノール/N 比や（ポリフェノール＋リグニン）/N 比なども無機化の指標として用いられている[1,28]．これらの特性は，栽培する夏作緑肥作物の品種，栽植密度，刈取り時期などによって大きく影響される．なお，上述したように，C/N 比の高いものは，分解時に多くの窒素を消費することで後作物に窒素飢餓を起こさせる可能性がある．窒素飢餓は C/N 比が 20 以上の有機物を施用すると起こる場合が多く[40]，特に，C/N 比が 30 を超える場合には分解が遅れ，無機態窒素が微生物に取り込まれやすい．

2.4 水田転換畑における緑肥利用

　日本では国家戦略として食料自給率の向上を掲げているが，その 1 つの方策として，コメの生産調整のために水田を畑に転換し，転換作物として自給率の低いダイズや飼料作物などの畑作物を導入することがあげられる．上述したように水田を畑地化すると土壌が好気的になることで有機物の分解が進み地力が減耗する．また，田畑輪換においても，水稲が良食味米生産のために窒素を制限して作付けられることから窒素成分が経年的に低下する傾向にある．化学肥料でそれを補うことは長期的な地力維持の戦略として望ましい方法ではない．一方，転換畑はその特性から排水不良が問題となり，それが畑作物の安定的な収量を制限する要因となっている．そこで，旺盛に根系を発育させることで水の縦浸透を促し，また，有機物の補完により土壌の理化学性を改善する機能をもつ夏作緑肥作物の導入が試みられている．

　土壌水分に対する植物の適応性は夏作緑肥作物の種類によって異なり，適応の幅の広いものから狭いものまで様々であるので，導入する圃場の排水性との関係から栽培する作物種を考える必要がある．例えば，熱帯原産マメ科作物であるセスバニア属植物は耐湿性がきわめて高いが，この作物が土壌深層への根系発育が旺盛であることを利用して，コンバインなどの機械による鎮圧で形成された耕盤を破壊して排水性を向上させる試みがなされている．このことにより重機を入れずに重粘土水田の畑地化が期待できる．また，後述するようにセスバニア属植物は高い乾物生産能力と窒素固定活性をもつので有機物資源や窒素源としても有用である[37]．

2.5 夏作緑肥作物の種類

2.5.1 マメ科緑肥作物

夏作のマメ科緑肥作物には，根粒菌との共生による固定窒素の付加，リンをはじめとする養分の回収，根の発達や有機物の付与による土壌物理性の改善，線虫密度の抑制，雑草防除，景観保全などが期待される．ここでは，日本において利用され始めている5種類の夏作マメ科緑肥作物について紹介する．

a. セスバニア属 (*Sesbania*)

セスバニア属植物はマメ亜科に属し，熱帯地域に20種以上が分布する[52]．インドでは古くから *S. cannabina*, *S. grandiflora*, *S. sesban* などが，コーヒー幼植物の庇陰植物やバナナやココヤシの防風植物として利用されてきた[4]．セネガルにおいて雨期に湛水する湖岸や沼地に自生する *S. rostrata* は，根粒と同様に窒素固定を行う茎粒を形成し[13] (図2.4)，半湿性植物であることから，モンスーンアジアの水田転換畑における緑肥として注目されている．本種に感染して茎粒を形成する根粒菌は，炭素源として乳酸を利用する点で特徴がある *Azorhizobium caulinodans* である．根粒形成に特徴を示し，土壌条件によって無限型と有限型の可塑性を示すことが報告されている (図2.5)[31]．

本属植物はセネガル，タンザニア，ケニア，エチオピアといったアフリカ諸国や，フィリピン，タイといった東南アジア諸国で，飼料用や間作マメ科灌木として積極的に利用されており，日本では沖縄のサトウキビ栽培における被覆作物や緑肥作物として，また，北陸地方の低湿重粘土土壌の土壌改良作物として利用されている[22,50]．最近では，上述したように各地の水田転換畑における地力増強作物としての導入が試みられている．

優れた窒素固定能やリン酸吸収能[32,37]に伴う高い乾物生産が期待でき，生育最盛期

図2.4 *Sesbania rostrata* の茎粒

有限型根粒（determinate type）　　無限型根粒（indeterminate type）

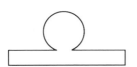

ダイズ，ラッカセイ，ミヤコグサなど

クロタラリア，エンドウ，アルファルファなど

根の皮層の外側に根粒の原基が形成され，肥大生長する

根の皮層の内側に根粒の原基が形成され，分裂組織を先端部にもつ根粒は細長い形になる

図 2.5　有限型根粒と無限型根粒の違い

の草丈は 3 m 程度と大型である（図 2.6）．窒素固定量は，種間および栽培条件によって異なるが，全体的に高い値を示し地力増強効果が期待できる（表 2.4）．また，耐塩性[14]があり，亜鉛や鉛といった重金属[58]にも高い耐性を示すことからファイトレメディエーションを目的として利用できる可能性もある．

S. cannabina と S. rostrata は

図 2.6　生育後期の *Sesbania rostrata*（大阪府立大学附属教育研究フィールド）

表 2.4　セスバニア属植物（*Sesbania*）の窒素固定量（生育期間 50〜60 日）の評価

種	生育条件	窒素固定量 (kg/ha)	文献
S. rostrata	雨季（セネガル）	267	Rinaudo, *et al.* (1983)[44]
S. rostrata	雨季（フィリピン）	59〜78	Torres, *et al.* (1995)[55]
S. rostrata *S. sesban*	ガラス室（20-24℃，12時間日長，セネガル）	83〜109 7〜18	Ndoye and Dreyfus (1988)[38]
S. sesban *S. macrantha*	雨季（タンザニア）	42〜192 57〜111	Karachi and Matata (1997)[23]
S. cannabina	湛水（フィリピン） 非湛水	128〜151 132〜171	IRRI (1986)[21]

（大門（1999）[10] より転載）

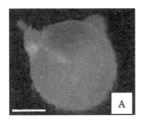 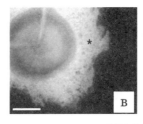 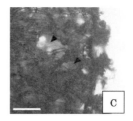

図2.7 湛水条件下で形成された *Sesbania cannabina* の二次通気組織（Shiba & Daimon（2003）[48]）より）
 A：非湛水処理（対照区）の根，B：湛水処理区の根，C：Bのアスタリスク部分を拡大したもの．Cの矢印は二次通気組織内の細長く伸長した細胞によって生じた空隙を示す．図中のスケールは500 μm（A, B），100 μm（C）を示す．

高い耐湿性をもつ．両種は湛水条件下におくと，速やかに根に二次通気組織を形成し（図2.7），また茎の基部から不定根（胚軸根）を発生させる[5]．これらの形態変化は湛水によって生じた酸素不足を補うために起きる現象である．またセスバニア属植物は，直根性の根系発達が旺盛で，根群は1m以上も伸長して硬盤層を突き破る．これらのことから，土壌が過湿になりやすい水田転換畑や地下水位の高い圃場において地中の過剰水を吸い上げるとともに，排水性を改善することが期待できる．なお，栽植密度が低いと茎が太くなり木化により硬化するため，生育後期にはすき込みにくくなる点に留意する必要がある．国内では *S. rostrata* と *S. cannabina* の種子が市販されている．

b. クロタラリア属（*Crotalaria*）

熱帯原産のマメ亜科に属する直立性の一年生植物であり，草本または低木で熱帯を中心に多数の種が分布し，その数は300種以上に上る[18]．インドで古くから繊維作物や飼料作物として利用されており，特に *Crotalaria juncea* は Sunnhemp（Sann Hempと記載される場合もある）とよばれ，インドでは栽培の歴史も長い．この作物は良質の繊維が取れることから，ブラジルでは紙巻きタバコ用の製紙原料としての栽培も試みられてきた．アジア諸国では，1980年代に国際イネ研究所において水田における優良な緑肥作物のスクリーニングに関する試験が行われ，有望品種として *C. juncea* が選抜されている[20,21]．

Crotalaria 属植物は，旺盛な乾物生産力に基づく高い窒素固定量を示すことから，熱帯地域で経験的に緑肥として使われてきた．アフリカ諸国ではトウモロコシやミレット類との間作植物として導入され，地力増進や雑草防除に役

図 2.8 *Crotalaria juncea*(左)と *Crotalaria spectabilis*(右)
(滋賀県東近江市の水田転換畑)

立っている．日本においても九州や沖縄で緑肥としての導入が試みられている(図 2.8)．栽培する種や刈取り時期によって異なるが，10 a あたり乾物で 0.5〜1 t の生育量が得られ，有機物補給能に優れている．また，水田転換畑では地力増強作物としての利用だけではなく，上述したセスバニアと同様に直根が深くまで伸長する根系が畑地化の促進に役立つ．根粒は，サンゴ状の無限型根粒で[51]，根粒菌培地上での生育がやや遅い *Bradyrhizobium* が感染する．

低温下では発芽揃いが良くないので，播種時期に留意する必要がある．西南暖地においても 5 月中旬になってからの播種が望ましい．生物毒性の強いモノクロタリンの産生(図 2.1)によって周辺作物の根系生育を抑制する機能，サツマイモネコブセンチュウ，キタネコブセンチュウ，ミナミネグサレセンチュウなどといった植物寄生性有害土壌線虫の密度を低下させる機能，旺盛に発達する根系によって集積した塩類を吸収するクリーニング機能などの効果が期待される．国内では，草丈が 2 m 以上になる *C. juncea* と比較的矮性の *C. spectabilis* が市販されている．後者は乾物生産能が *C. juncea* と比較すると低いものの，中空の茎をもつのですき込み易く，また，開花期(黄色の花)が揃うので休耕地の景観作物としても優れる．これらの作物は，センチュウ対抗性があることから注目される夏作緑肥作物であるが，*C. juncea* はネコブセンチュウの密度低減効果はあるが，ネグサレセンチュウを増やしてしまう可能性があるので，留意する必要がある(表 2.2)．一方，*C. spectabilis* はネコブセンチュウにもネグサレセンチュウにも対抗性を示す．

  c. ダイズ (*Glycine max*)

ダイズはマメ科の一年生植物であり，世界中で広く栽培され，日本において

も古くから重要なタンパク源として生産されてきた作物である．現在は，日本で生産されているダイズのうち，約85％は水田転換畑で生産されているが，子実収穫までに多くの土壌養分を吸収するので転換後には経年的に地力が減耗してしまうことが問題となっている．詳細は本シリーズ「作物栽培体系」第5巻「豆類の栽培と利用」を参照頂きたい．

ダイズは，開花期までは旺盛に窒素固定するので緑肥作物としても利用されている．着莢期に青刈りして，茎や葉を立毛のまますき込む．播種法としては，動力散布機とロータリ耕を組み合わせた散播浅耕法の実用性が高い[3]．地域にもよるが播種適期は5月中旬～7月中旬であり，播種する品種の早晩性にもよるが，緑肥としての生育期間は約70日程度とする．播種量は，例えば極小粒品種として利用される'コスズ'を緑肥として使用する場合，散播で3.5～4 kg/10 a，密条播で3～3.5 kg/10 a 程度とする．すき込み3～4週間程度の腐熟期間をおいてから後作物の栽培を行う．

d. ピジョンピー（*Cajanus cajan*）

ピジョンピーはインド原産の多年生植物である．生育が進むと樹のようになることから，和名をキマメ（樹豆）という．熱帯，亜熱帯地域では種子をスープに入れて食料としている．生育はきわめて旺盛であり茎葉は飼料としても利用される．生育に適した土壌の範囲は比較的広く，砂質土壌から重埴土壌まで生育するが，排水の良い適度の重質土壌が最適であり，その意味では水田転換畑のように土壌水分含量が高い土壌にはあまり適していない．一方，本作物は乾燥耐性が強い．深根性であるため，地下水位が低いような耕地においても土壌水分の吸収に優れる．乾燥地や半乾燥地において，浅根性のイネ科作物と混作すると，ハイドロリックリフト現象という土壌水分の吸い上げ効果によってキマメが吸収した水分を混作したトウモロコシが吸収して，その生育が良くなるという実験結果も報告されている[47]．なお，初期生育がやや遅いため，播種後は適宜除草する必要があるが，生育が進むにつれてほかの雑草を覆い隠すようになる．キマメの特徴の1つとして難溶性無機リンの吸収に優れることがあげられる．特に鉄態リンについては，有機酸をキレータとして根から滲出することで可溶化する（図2.3）．一方，栽培を継続すると土壌が酸性化する傾向にあるので，その際には石灰を施用してpHを矯正する．

e. ラッカセイ（*Arachis hypogaea*）

南米原産の一年生マメ科植物であり，スパニッシュタイプ，バレンシアタイプおよびバージニアタイプに大きく分類される．日照が多く，高温の条件でよく生育する．子房柄が伸びて地中にもぐって結実する特性から，排水良好な砂質土壌を好み，重粘多湿土壌では育ちにくい．夏の乾燥に強く，せき薄土壌でも比較的安定した収量が得られるが，日本では野菜作との輪作に用いられることが多く，残存肥料を利用して生産される．一般的には火山灰土壌や川原や砂丘地などの砂土地帯に栽培されることが多い．ラッカセイはダイズやアズキと異なり，収穫期においても多くの緑色葉を維持していることから，収穫後の茎葉部を緑肥として利用することができる．有機物量はほかの夏作緑肥と比較してそれほど期待できないが，茎葉部のC/N比が低いため，後作物の窒素源として比較的速やかに利用される．著者らがクロタラリアとラッカセイを用いて行った緑肥の比較試験の結果[59]では，すき込み直後に栽培した後作物のコムギの収量と窒素吸収量はラッカセイがクロタラリアよりも優り，収穫後の茎葉部の緑肥としての利用の可能性が示された（表2.5）．また，ラッカセイは難溶性無機リンや有機態リンなどの不可給態リンの吸収が優れていることも報告されており[49]，緑肥として利用することによって，農耕地土壌に蓄積したリンの循環を図ることができる．さらに，後述する冬作緑肥作物のヘアリーベッチなどと同様に，雨滴による表土の流亡を防ぐための被覆作物（カバークロップ）としての利用も試みられている．台風被害の多い沖縄県では，草型の特性から風による倒伏が生じないことから有効な被覆作物として導入が期待されている．

表2.5 緑肥すき込みが後作コムギの収量および窒素含有量に及ぼす影響

緑肥	穂数 (m^2あたり)	粒数 (穂あたり)	1,000粒重 (g)	収量 (g/m^2)	地上部乾物重 (g/m^2)	地上部窒素含有量 (g/m^2)
クロタラリア	186	28.1	36.2	189	455	3.6
ラッカセイ	212	29.1	37.8	233	587	4.6
ラッカセイ根粒 非着生系統	107	25.8	37.0	102	273	2.8
休閑土壌	101	21.0	35.8	76	167	1.7

クロタラリアは'コブトリソウ'，ラッカセイは'千葉半立'，ラッカセイ根粒非着生系統は'タラポト'を緑肥としてすき込んだ．
(Yano, *et al.* (1994)[59] を一部改変)

2.5.2 イネ科緑肥作物

暖地型のイネ科飼料作物などの乾物生産量の大きい作物が夏作緑肥作物としても利用されている．作物による根系発達の差異はあるが，深根性のものは土壌の理化学性の改善や除塩対策にも導入されている．栽培期間が長いほど乾物生産量は増えるが，それに伴いC/N比が高くなり，一般的にマメ科緑肥作物と比較して分解が進みにくい．以下に代表的な夏作緑肥作物とその栽培について概説する．

a. ソルガム（*Sorghum bicolor*）

ソルガムは，北東アフリカ原産のイネ科一年性の草本植物である（図2.9）．詳細は本巻の飼料作物の章で述べた通りであるが，利用形態から，穀実用のグレインソルガム，糖蜜やそれを利用したバイオエタノールを生産するスイートソルガム，家畜のエサとして利用される飼料用ソルガムなどに分類される．いずれも高温多照の気候を好み，干ばつや暑さに対して抵抗力がきわめて強い．C_4型の光合成をすることはよく知られており，再生力も高い．さらに，耐湿性もあり水田転換畑への導入も可能である．吸肥力が高いことから塩類が集積したハウス土壌のクリーニングクロップとしても利用されている．

日本では，飼料用ソルガムとして利用されるスーダン型ソルガム（*S. bicolor* × *S. sudanense*）が緑肥作物として利用されている．本作物は暖地におけるセンチュウ害として被害の大きいサツマイモネコブセンチュウに対して密度低減効果を示し，同じ暖地型のイネ科飼料作物であるギニアグラス（*Panicum maximum*）とともにセンチュウ対抗植物として緑肥利用がなされている．播種の開始時期は気温15℃前後を目安とする．この時期は，北海道では6月中旬，東北地方および高冷地では5月下旬，関東地方では5月中旬，西南暖地では5月上旬以降となる．基本的には無施肥で残存肥料を利用して生育させるが，新規造成農地などのせき薄な土壌では，造成初期における有機物含量を高めるため

図2.9 草丈が3m程度まで生育するソルガム'風立'（簗瀬雅則氏提供）

に，窒素，リン，カリウムの 3 要素を施用して栽培することもある．なお，センチュウ制御を目的とする場合は最短でも 60 日程度の栽培期間が必要である．

b. スーダングラス（*Sorghum sudanense*）

上述のソルガムと同じ *Sorghum* 属の一年生草本で，原産地はアフリカと言われている．飼料作物として重要な作物種である．草丈 1.5～2.0 m に達し，根張りがよく，桿も丈夫なので倒伏には強い．耐乾性が強く，暖地向きの作物である．比較的広範囲の土壌に適応するが，酸性土壌はあまり好まない．多収で，吸肥力は極めて旺盛である．再生力の強い品種も育成されており，飼料作物としては刈取り利用が可能である．本作物はキタネグサレセンチュウの対抗植物として知られており，また，バーティシリウム病菌の密度も減らすことが報告されている．生育が進むにつれて C/N 比が高くなるので，すき込み後の窒素飢餓の可能性を考慮して，石灰窒素や硫安などの窒素成分を施用することもある．

c. トウモロコシ（*Zea mays*）

トウモロコシについては本巻の飼料作物の項で詳説したように，イネ科に属する一年生草本植物である．上述のソルガムと同様に青刈り用やサイレージ用の飼料作物として栽培されている．最近では，サトウキビとともにバイオエタノールの原料としても栽培が広まり，これが飼料の高騰の原因とも言われている．根系はいわゆるひげ根タイプで細根が多く，また，支根とよばれる地上部を支える機能をもつ根を地面より上の節から発生する．C_4 型植物であり，草丈は 180～300 cm に達する大型作物である．この高い乾物生産能力を利用して，有機物補給のための緑肥作物として栽培される．また，養分の収奪力が強いので，クリーニングクロップとしてハウス土壌に集積した過剰養分の回収に利用できる．

一般に高温で日照が多く，適度の降雨があるところを好むが，土壌を選ぶことが少なく，酸性土壌に対する抵抗性も比較的高いので，日本では北海道から沖縄までの各地で栽培される．養分収奪力が大きいことから乾物生産量もきわめて高いが，その栽培によって速効性の養分を減耗させることにもなる．しかし，十分に生育させてからのすき込みにより，結果的に土壌の有機物含量を向上させ，地力の維持に繋がる．したがって，マメ類などとの適切な輪作体系の中で緑肥としていかに有効に活用するかが持続的生産のポイントとなる．なお，

短期的な有機物含量の増大を目指した場合には，すき込み後には後作のために窒素肥料を施用する必要がある．なお，トウモロコシは草丈が高いので，ほかの下繁草との間作あるいは混作作物としての利用性が高い．混作作物としてマメ科植物を選択することによって高い乾物生産に加えて，窒素補給にもつながり，いわゆる混作緑肥としての効果が期待できる．

2.5.3 そのほかの緑肥作物

a. ヒマワリ (*Helianthus annuus*)

最近では，矮性の景観植物としての品種にも人気が集まるヒマワリは，原産地がメキシコまたはペルーと言われる一年生のキク科作物である．大型のものは草丈が250 cmほどにもなる．日本では主として北海道で油料作物として栽培されてきたが，観賞性に優れることから遊休農地における景観作物や休閑緑肥として各地で栽培されている．初期生育が旺盛な品種は，被覆性が高いので雑草抑制作物としても栽培され，立毛のままですき込んで緑肥として利用する．また，雑草抑制効果のあるアレロパシー物質として，ヘリアンギン (heliangine) およびクロロゲン酸 (chlorogenic acid) などのフェノール物質を産生し，これらの物質が抑草に機能していることが報告されている[30] (図2.1参照)．

本作物の特性とし，品種の早晩性にもよるが，短期間の乾物収量が高く，寒気に強いことがあげられる．播種期の幅が広く，5月～8月に播種した場合，開花までの日数は80日前後である．植物のリン吸収を促進する土壌微生物であるアーバスキュラー菌根菌を増殖させる能力が高く[24]，コムギ，ダイズ，タマネギなどの菌根菌への依存度が高い後作物の前作に利用するとリン吸収機能を向上させることができる (図2.10)．

b. 青刈ソバ (*Fagopyrum esculentum*)

ソバは草丈50～150 cmに達するタデ科の一年生作物である．蕎麦粉としての利用とその栽培については，本シリーズの第7巻「工芸作物の栽培と利用」で詳説されている．救荒作物として栽培された歴史もあるように，痩せ地でも生育できる作物である．日本ではほとんど実取り栽培に限られてきたが，最近では，白や赤の花の観賞性の良さから遊休農地に景観作物としても導入されている．栽培地域や生態型にもよるが，開花まで日数が短く播種後30日程度で開花するので短期間で景観性を発揮できる．また，生育が早く生育期間が短い

第2章 夏作緑肥作物

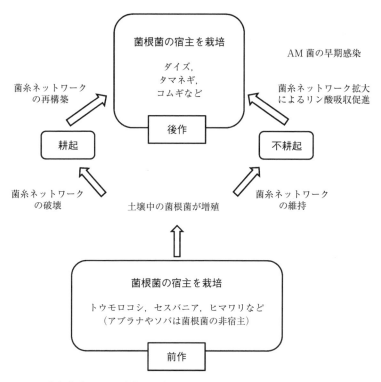

図2.10 作付体系および土壌管理の違いがアーバスキュラー菌根菌の菌糸ネットワーク形成に及ぼす影響

ため抑草効果も高く，補完的な緑肥作物として利用できる．茎が中空なのですき込み易く，比較的容易に分解される．重粘土や極端に乾燥した砂土以外であれば，せき薄な新規造成農地のような土壌でもよく生育し，栽培は比較的容易である．

窒素施肥に依存した野菜の連作は，収穫時期の違いによる化学肥料の過不足などからしばしば地力を不均一にさせる．このような圃場においてソバを栽培すると，残存肥料の多いところでは高い吸肥力で旺盛に生育し，少ないところでもある程度の生育を示すことから，地力を均一にすることにも役立つ．また，タデ科のソバはアーバスキュラー菌根菌の非宿主植物であるが，低リン条件下であっても，根圏へのプロトン放出による独自のリン獲得戦略によってリンを吸収することができるため，土壌蓄積リンの再利用の面からも緑肥作物として有望である．

c. マリーゴールド（*Tagetes* 属）

観賞用に花壇や鉢植で栽培されることが多いマリーゴールドは，メキシコ原産の一年生キク科植物である．フレンチマリーゴールド（*T. patula*）とアフリカンマリーゴールド（*T. erecta*）の2種に分けられるが，緑肥として利用する場合には，乾物生産量が多い後者の方が優れている．春播きの一年草であり，発芽適温は比較的低い．緑肥として栽培する場合は，西南暖地では4～6月，北海道や寒冷地では5～6月に播種し，開花が終わりかけた頃にすき込む．マリーゴールドは景観作物としてだけではなく，根からチオフェンの一種であるα-ターテニールを分泌し，ネコブセンチュウやネグサレセンチュウの密度を低減させることから，センチュウ対抗植物としても利用できる（図2.1参照）．また最近では，ミナミキイロアザミウムやオンシツコナジラミの忌避作物として間作作物として利用されたり，畑周辺に栽培されることもある．アレロパシー物質は未同定だが，マリーゴールドをすき込むことによって，雑草の繁茂を抑制する効果があるとも言われている．

2.6 お わ り に

パリ協定（2016）の合意を受け，世界各国で CO_2 削減に向けた動きが活発化しているが，温暖化防止に向けて温室効果ガスの吸収源となり得る農耕地土壌の役割が重要視されている．すなわち，これからの農耕地土壌の管理手法としては，1）堆肥などの有機物を投入すること，2）木炭などの土壌改良資材を投入すること，3）緑肥作物を積極的に導入し，土壌に炭素を貯留する視点を加えなければならない．同時に，農業生産活動自身による温室効果ガス排出量であるカーボンフットプリントを正確に評価していかなければならない．

畑地においては，炭素は CO_2 の形で大気中に放出されるが，水田では，湛水することによって有機物は還元されて温室効果が高いメタン（CH_4）が発生する．また，土壌に蓄積することなく容易に大気へ放出される易分解性の有機物の投与は，温室効果ガスの発生を促進するとも言える．一方，作物栽培の面からは，比較的分解されやすい有機物の方が生育を促進する．夏作緑肥を施用する場合には，この両者の関係に配慮する必要がある．さらに，温暖化係数で CO_2 の310倍もの温室効果があるとされる亜酸化窒素（N_2O）[19]の土壌から

の放出についても留意すべきである．亜酸化窒素は，硝酸態窒素や亜硝酸態窒素が嫌気条件下で窒素ガスに還元される過程あるいは好気条件下でアンモニウムイオンが硝酸イオンに酸化される過程で生産される．その発生は農耕地に投入された有機態窒素化合物が土壌微生物によって分解される際に起こることから，緑肥作物の分解過程における亜酸化窒素の放出についても化学窒素肥料の施用と比較して量的に評価しておく必要がある．

　本章では，農耕地における地力の減耗や栽培環境の改善を目的としたいくつかの夏作緑肥作物の特性とその栽培の留意点について述べた．これらの緑肥作物の導入が，環境調和型の生産技術の1つとして，十分な食料生産を担保する技術となり得るには，炭素，水，窒素，リンといった作物生産に重要な要素の動態を明確にしなければならないことは言うまでもない．化学肥料が導入できなかった時代における緑肥利用の視点に，本項で述べたような新たな視点を加えた緑肥導入技術を構築するためには，栽培学におけるさらなる基盤的知見の集積が必要である．　　　　　　　　　　　　　　　　　〔松村　篤・大門弘幸〕

引用文献

1) Ando, H. et al.(1992): *Soil Sci. and Plant Nutr.*, **38**: 227-234.
2) Aono, T. et al.(2001): *Plant Cell Physiol.*, **42**: 1253-1264.
3) Arima, H. and Sakuyama, K.(2000): *Tohoku J. Agric. Res.*, **53**: 99-100.
4) Chadha., Y. R.(1972): In Wealth of India (Chadha Y. R. ed.), p. 293-295, CSIR.
5) 千原　隆・大門弘幸(1999): 近畿作物・育種研究, **44**: 39-42.
6) 趙　艶忠ほか(2009): 農作業研究, **44**: 117-118.
7) Choi, B. et al.(2008): *Plant Prod. Sci.*, **11**: 116-123.
8) 中條博良・大門弘幸(1984): 日本作物学会紀事, **53**: 213-221.
9) Croes, A. F. et al.(1989): *Planta*, **179**: 43-50.
10) 大門弘幸(1999): 日本作物学会紀事, **68**: 337-347.
11) Daimon, H. and Mii. M.(1995): *Jpn. J. Crop Sci.*, **64**: 650-655.
12) 大門弘幸ほか(1995): 近畿作物・育種研究, **40**: 79-81.
13) Dreyfus, B. L. and Dommergues, Y. R.(1981): *FEMS Microbiol. Lett.*, **10**: 313-317.
14) Dreyfus, B. L. et al.(1985): *MIRCEN J.*, **1**: 111-121.
15) Fletcher, M. T. et al.(2009): *J. Agric. Food Chem.*, **57**: 311-319.
16) 藤井義晴ほか(1991): 雑草研究, **36**: 43-49.
17) 藤井義晴(1992): 日本土壌肥料学会誌, **63**: 277-278.
18) 星川清親・大橋広好(1989): 世界有用植物事典, 平凡社.
19) IPCC(1997): *IPCC/OECD/IEA, IPCC*.
20) IRRI(1985): Annual Report for 1984, p. 412-418.
21) IRRI(1986): Annual Report for 1985, p. 402-408.

22) 伊藤滋吉ほか(1992)：北陸農業試験場報告，**34**：27-41.
23) Karachi, M. and Matata, Z.(1997)：*Trop. Grassl.*, **31**：543-548.
24) 唐澤敏彦ほか(2001)：日本土壌肥料学会誌，**72**：357-464.
25) Kobayashi, Y. and Ito, M.(1998)：*J. Weed Sci. Technol.*, **43**：341-348.
26) 小松崎将一(2010)：農業および園芸，**85**：169-176.
27) 今野一男ほか(2003)：平成14年度研究成果情報—北海道農業：252-253.
28) 今野一男・菊池晃二(1996)：日本土壌肥料学会誌，**67**：419-421.
29) 琴浦 聡・大門弘幸(1998)：日本作物学会紀事，**67**(別2)：108-109.
30) Leather, G. R.(1983)：*J. Chem. Ecol.*, **9**：983-989.
31) Lopez, M. F. *et al.*(1998)：*Proc. Natl. Acad. Sci.*, USA, **95**：12724-12728.
32) Manguiat, I. J. *et al.*(1997)：*Plant and Soil*, **192**：321-331.
33) Manici, L. *et al.*(2004)：*Plant and Soil*, **263**：133-142.
34) McLeod, E.(1982)：*Feed the Soil*, p.209, Organic Agriculture Research Institute.
35) 水久保隆之(2005)：平成17年度革新的農業技術習得研修テキスト，p.6，中央農業総合センター．
36) 宮口尹男・片山愛子(1982)：佐賀大学農学部彙報，**53**：75-83.
37) 宮丸直子ほか(2006)：沖縄県緑肥栽培利用指針．
38) Ndoye, I. and Dreyfus, B.(1988)：*Soil Biol. Biochem.*, **20**：209-213.
39) 西崎邦夫(1995)：農業機械学会北海道支部，p.30-34.
40) 小田雅行ほか(1985)：野菜試験場報告，**A13**：21-32.
41) Odhiambo, J. J. O. *et al.*(2010)：*Afri. J. Agric. Res.*, **5**：618-625.
42) 大久保隆弘(1976)：作物輪作技術論，農文協．
43) 大島康臣(1988)：農業技術，**43**：395-400.
44) Rinaudo, G. *et al.*(1983)：*Soil Biol. Biochem.*, **15**：111-113.
45) Sarrantonio, M.(1994)：*Northeast Cover Crop Handbook*, p.118, Rodale Institute.
46) 沢田泰男(1969)：北海道農業試験場報告，**76**：1-62.
47) Sekiya, N. and Yano, K.(2004)：*Field Crops Res.*, **86**：167-173.
48) Shiba, H. and Daimon, H.(2003)：*Plant and Soil*, **255**：209-215.
49) Shibata, R. and Yano, K.(2003)：*Appl. Soil Ecol.*, **24**：133-141.
50) 塩谷哲夫ほか(1990)：農作業研究，**25**：59-68.
51) Somasegaran, P. and Hoben, H. J.(1985)：In *Methods in Legume-Rhizobium Technology* (Somasegaran P. and Hoben H. I. eds.), p.270-271, University of Hawaii.
52) Subba, R. N. S.(1984)：*Current Developments in Biological Nitrogen Fixation*, Oxford and IBM Publishing.
53) Sullivan, P. G.(1990)：Ph. D. Dissertation, p.149, Virginia Polytechnic Institute and State University.
54) Torbert, H. A. *et al.*(2004)：*Field Crops Res.*, **88**：57-67.
55) Torres, R. O. *et al.*(1995)：*Field Crops Res.*, **42**：39-47.
56) Tsuzuki, E. *et al.*(1987)：*Ann. Bot.*, **60**：69-70.
57) Weaver, D. B. *et al.*(1995)：*J. Nematol.*, **27**：585-591.
58) Yang, Z. Y. *et al.*(1997)：*Environ. Manage.*, **21**：617-622.
59) Yano, K. *et al.*(1994)：*Jpn. J. Crop Sci.*, **63**：137-143.

第3章

《緑肥作物編》

冬作緑肥作物

3.1 冬作緑肥の利用体系

3.1.1 緑肥の考え方

　緑肥はその呼称から養分供給の機能が強調されてきたが，有機物や肥料分の供給以外にも，風食防止，残留窒素の吸収，雑草抑制などの多様な機能が期待されることが多くなっている．すなわち，休閑地や次に栽培する作物との間の農耕地を裸地として放置することなく，圃場管理や土壌改良および景観管理を目的に栽培されると捉えたほうがよい．

　緑肥は，秋季に播種する冬作緑肥と，春〜秋季に播種する夏作緑肥とに大別される．利用期間として，後作物栽培前の比較的短い期間の裸地状態を回避する短期間栽培と，翌年の栽培のために土壌環境の改善を目的とした長期間栽培とがある．利用体系として，土壌への有機物の補完や土壌環境改善を目的にするすき込みと，リビングマルチまたはデッドマルチとしてすき込まずに被覆する方法などがある．本項では，冬作緑肥の栽培について以下に概説する．

3.1.2 主要な冬作緑肥

　冬作緑肥は，秋季に播種して冬季から翌春に活用する緑肥であり，主としてイネ科とマメ科が用いられる．主要なイネ科緑肥としては，ライムギ，エンバク，コムギ，イタリアンライグラスなどがあげられる．イネ科緑肥は一般に耕地に供給できる有機物量が多い．これらは窒素の吸収能力も高いことから，耕地内の残留窒素を吸収することで窒素成分の流出を防止することが可能である．また，C/N比が比較的高いために分解が遅く，地力維持に役立つ．さらに，前作との関係で播種時期が遅くなっても翌春の乾物生産量がある程度確保でき

表3.1 アメリカにおける冬作緑肥の特性比較

緑肥	窒素供給	全窒素量(kg/10 a)	乾物生産量(kg/10 a/year)	余剰窒素回収	有機物供給土壌改良	土壌流亡回避	雑草抑制	早期生育	残渣保持	栄養生長期間
ライグラス			200-900	4	5	5	4	5	4	3
オオムギ			300-1,000	4	4	5	4	4	5	3
エンバク			200-1,000	4	3	4	5	5	3	2
ライムギ			300-1,000	5	5	5	5	5	5	4
コムギ			300-700	4	4	4	4	3	4	4
ソバ			200-300	1	3	2	5	5	1	2
ソルガム-スーダングラス			800-1,000	5	5	5	4	5	4	5
カウピー	5	10-15	250-450	2	3	5	5	4	2	5
クリムソンクローバ	4	7-15	350-550	3	2	4	4	2	3	2
ヘアリーベッチ	5	9-20	230-500	2	4	4	4	2	2	4
アカクローバ	4	7-15	200-500	3	4	3	4	2	2	4
サブクローバ	5	7-22	300-850	2	4	4	5	3	4	4
シロクローバ	5	8-22	200-600	4	3	4	4	2	2	5

全窒素と乾物生産量は大まかな換算値(1〜5, 5:効果的(長期), 4:やや効果的, 3:普通, 2:やや劣る(短期), 1:効果なし).
(Sustainable Agriculture Network (1998)[36] より抜粋)

表3.2 主要な冬作緑肥の用途および播種時期

緑肥		用途・適性			耐湿性	初期生育	草丈(cm)	播種量(kg/10 a)	高冷地	播種時期(月旬)	
		緑肥	景観	飼料						一般地	暖地
マメ科	レンゲ	4	4	3	2	2	30	3-4	—	9上〜10上	9中〜10下
	ヘアリーベッチ	4	2	3	2	3	50	5	—	9中〜11上	9下〜11下
	クリムソンクローバ	4	4	1	1	3	60	2-3	—	9中〜10中	9下〜10下
	シロクローバ	3	2	4	3	2	20	2-3	8下〜9下	9中〜10上	9下〜10下
	アカクローバ	4	2	4	2	2	60	2-3	8下〜9下	9中〜10上	9下〜10下
イネ科	イタリアンライグラス	4	1	4	3	4	80	4	9中〜10上	10上〜10下	10中〜11上
アブラナ科	シロカラシ	4	4	1	4	4	100	2-3	—	11上〜11下	11上〜12上
ハゼリソウ科	ハゼリソウ	4	4	1	1	4	50	2-3	—	19下〜11中	11上〜11下

効果や適正 (4:大きい, 3:やや大きい, 2:小さい, 1:不適).
(辻 (2004)[45] のデータを一部改変)

ることから,作付体系が組みやすいなどのメリットがある.この一方で,C/N比が高いために後作物の生育初期において,有機物の分解に伴う土壌微生物との間での窒素の競合が起きる,いわゆる窒素飢餓を生じやすいという問題もある.

主なマメ科緑肥はカウピー,クリムソンクローバ,ヘアリーベッチ,アカクローバ,サブタレーニアンクローバおよびシロクローバである.マメ科緑肥において最も期待される効果は,生物的窒素固定により後作に供給する窒素量が多いことである.また,C/N比が低いために緑肥作物の吸収窒素を後作物が比較的早期から利用できることである.

アメリカでは地域により気象や土壌環境が異なることから,地域ごとに適応可能な緑肥が示され,それらの効果がまとめられている[36](表3.1).

日本においても,辻(2004)[44]が国内地域により播種時期などが異なることをまとめている(表3.2).表に示された作物以外にも特性を活かした秋播き緑肥がある.ナギナタガヤは多量なバイオマスにより土壌被覆能力が高いことから,果樹園の雑草抑制や水分保持に利用されている[19].

3.2 バイオマス生産

3.2.1 寒地・寒冷地

緑肥作物がそれぞれの効果を発揮するには,植物体の成長量,すなわちバイオマス生産が重要であり,北陸の積雪地ではバイオマス生産量の作物間比較が行われている.

Araki et al. (2007a)[4]は新潟において緑肥を導入した生産体系を確立するために,秋季にイネ科(コムギ,オオムギ,野生エンバク,ライムギ),マメ科(ヘアリーベッチ,コモンベッチ,クリムソンクローバ)およびアブラナ科(レープ)の緑肥作物を播

表3.3 北陸地域における冬作緑肥のバイオマス生産と緑肥栽培圃場での雑草発生量

緑肥	乾物重 (kg/10a)	
	緑肥	雑草
コムギ	495	139
オオムギ	348	112
ライムギ	646	49
野生エンバク	481	101
ヘアリーベッチ	591	0
コモンベッチ	484	95
レンゲ (2000)	14	94
クリムソンクローバ	339	12

レンゲは2000年,ほかは1999年データ.
播種量:5 kg/10 a.
播種日:1998年10月28日.
刈取り日:1999年6月9日.
(Araki et al. (2007)[4]より抜粋)

表3.4 北海道において緑肥栽培で期待されるバイオマス，C/N比および減肥量

緑肥	作型	生重 (t/ha)	乾重 (kg/ha)	すき込み時C/N比	減肥可能量 (kg/10 a)	
					N	K₂O
エンバク	後作	2.5-4	400-600	15-25	0-4	10-20
	休閑	3.5-5.5	500-800	20-30	0-4	10-20
シロガラシ	後作	3.5-4.5	350-550	12-20	4-6	10-20
	前作	3.5-5	400-600	15-25	2-5	10-20
アカクローバ	間作	1.2-2.5	150-300	10-13	2-4	4-8
	前作	2.5-4	350-550	11-15	5-6	8-14
	休閑	3-4.5	400-700	13-16	6-8	8-14
ヘアリーベッチ	後作	1.5-2.5	150-250	10-11	3-5	6-10
ヒマワリ	後作	1.3-3.5	200-500	13-20	2-4	6-14
	前作	3.5-7	500-1,000	20-40	0	2-3
マリーゴールド	休閑	6-8	800-1,100	25-35	0	0-6
	前作	1-3	120-400	12-15	2-5	0-4
	後作	1.5-3	200-400	10-15	2-5	0-3

(北海道（1994）[15] より抜粋)

種し，翌年春季のバイオマス生産量を比較した．その結果，翌春の地上部バイオマス量はライムギとヘアリーベッチで大きく，それぞれ10aあたり乾物重で647 kgと591 kgを示し，多量の有機物が圃場に投入されることを示した（表3.3）．特に，ヘアリーベッチは乾物あたり4.2％の窒素を含有し，24 kg/10aの有機態窒素が圃場に投入されたと評価できる．また，雑草の発生量についても調査し，ヘアリーベッチとクリムソンクローバで高い抑草効果が示された．

イネ科緑肥作物のバイオマス量は年次間で大きな差異はなかったが，マメ科緑肥作物・ヘアリーベッチのバイオマス量には積雪期間が影響し，長期積雪年では春季の生存株数が低下した．北海道のように積雪が長期間になる地域においては利用可能なマメ科緑肥が制限される．一般には越冬一年生のヘアリーベッチも積雪地域での越冬は不安定で，北海道では春から夏にかけて播種をする体系が普及している．北海道地域での主な緑肥作物のバイオマス生産量とC/N比，それらのすき込みにより期待される減肥料効果を表3.4に示した[15]．ここでは導入形態を前作・後作・休閑の3つの作型に分けた．すなわち，主作物の前後の作付をそれぞれ前作・後作とし，休閑は春〜秋季の期間に緑肥を作付けるもので，翌年に主作物を栽培する体系として示した．ここに示したように，北海道ではイネ科としてはエンバクが利用されるとともに，マメ科ではアカクローバが多様な体型で導入されている．キク科のヒマワリはその大きなバイオマス生産量から有機物投入を目的に栽培されるが，確実に大きなバイオマ

スを得るには休閑緑肥として利用され，ヘアリーベッチと混作される場合もある．

3.2.2 西南暖地

上野（2007）[46]は西南暖地において冬季から春季にかけて数種の緑肥作物をポット栽培して，そのバイオマス生産量と化学組成を比較した（表3.5）．バイオマス量が最も大きかったのはイタリアンライグラスであり，地上部，地下部ともに大きかった．続いて，大きい方からヘアリーベッチ，ライムギ，シロクローバ，ハゼリソウ科のアンジェリア，エンバクの順であった．ライムギとイタリアンライグラスは，全乾物重に占める地下部乾物重の割合がそれぞれ39.8％，34.7％と比較的大きくなった．

一方，化学組成について，炭素含有量はエンバクで最も高く，アンジェリアで最も低かった．全窒素含有量はシロクローバ，レンゲ，ヘアリーベッチで高く，イタリアンライグラス，アンジェリアで低くなった．

有機物の分解速度の指標となるC/N比は，マメ科の各作物とアブラナ科のキカラシで20前後，イネ科とアンジェリアで30前後であった．有機物を土壌に施用した場合，C/N比が30以上で窒素飢餓が生じやすく，10以下で分解が比較的速く起きると言われていることから，マメ科作物やキカラシは，イネ科作物，アンジェリアに比べ分解速度が速い緑肥であると言える．なお，土壌中で分解されにくい粗繊維のセルロースとリグニンの含有率は，キカラシで最も

表3.5 緑肥の乾物重および地上部の化学組成

緑肥	乾物重					C (g/kg)	N (g/kg)	C/N 比	セルロース +リグニン (g/kg)
	総量	地上部		地下部					
	(g/pot)	(g/pot)	(％)	(g/pot)	(％)				
シロクローバ	24.2	16.8	69.3	7.4	30.7	415	24.1	17.2	324
レンゲ						384	27.3	14.1	255
ヘアリーベッチ	32.6	24.5	75.1	8.1	24.9	391	25.7	15.2	392
クリムソンクローバ						379	18.5	20.5	410
エンバク	13.8	12.0	86.7	1.8	13.3	490	14.8	33.2	270
ライムギ	27.6	15.6	60.2	11.0	39.8	445	14.2	31.3	373
イタリアンライグラス	50.5	33.0	65.3	17.5	34.7	408	12.3	33.1	361
キカラシ						418	19.4	21.6	561
アンジェリア	14.3	12.3	85.7	2.0	14.3	372	11.2	33.2	314

松島市内の温室で2005年3月23日から5月28日まで栽培．
（上野（2007）[46]より引用）

表3.6 後作ソルガムの生育，圃場の窒素流亡や炭素隔離に及ぼす緑肥の単播と混播の影響

緑肥	緑肥生育			後作ソルガム		深層での窒素流亡*	不耕起での炭素隔離
	乾物重 (Mg/ha)	窒素吸収 (kg/ha)	C/N比	植物体乾物 (t/ha)	子実収量 (t/ha)	(kg-N/ha)	(kg-C/ha/年)
裸地（雑草）	1.2	23	21	12.1	2.8	160	−376
ライムギ	4.1	45	42	9.2	2.2	169	33
ヘアリーベッチ	4.2	125	11	14.1	3.6	220	−133
混播	6.8	190	18	14.2	4.1	108	267

Sainju, 2005, 2006, 2007[38〜40] の論文データを利用して作成したもので，数値は概数である．
*2000年11月から2001年4月にかけて，120cmまでの土壌窒素の流亡．

高く，レンゲで最も低くなった．

3.2.3 イネ科作物とマメ科作物の混作

上述のように，イネ科とマメ科ではC/N比が異なり，土壌中での分解速度や養分供給能が異なることから，持続性のある土作りと圃場の生産力維持を目的にして，両科作物を混播して緑肥として利用することも試みられている．Sainju *et al.* (2005, 2006)[38, 39] はライムギとヘアリーベッチおよびこれらの混播を作付し，その後に主作物としてソルガムを栽培した．緑肥として栽培した各作物の地上部乾物重および全窒素と全炭素の含有量は混播により増加した（表3.6）．C/N比は，ライムギ単播で高かったが，混播では20程度に低下した．ソルガムの地上部乾物重と窒素吸収量および子実収量は混播でやや高くなった．また，ヘアリーベッチ単播では土壌中からの硝酸態窒素の流亡が多いが，混播で低下することも報告されている[40]．

3.3 緑肥由来窒素の利用

3.3.1 由来別窒素の利用率

浅木ほか (2006)[7] は，^{15}N で標識した窒素肥料を施用して生育させた9種類の緑肥を利用して，水田を想定して水田土壌を充填したポットにそれらをすき込み，水稲の緑肥由来窒素の吸収について調査した．収穫時までに水稲が吸収した窒素は，土壌由来窒素の割合が高く，肥料および緑肥由来窒素が占める割合は5〜25％であった．施肥窒素量を100％とした時の水稲が吸収した割合は，化学肥料が48.5％と最も高く，緑肥を施用した場合には低くなり，施肥由来

表 3.7 水稲収穫時の地上部乾物重,窒素量および施肥由来窒素利用率

	乾物重 (g/枠)	吸収窒素量 (g/枠)	吸収された 施肥由来窒素量 (g/枠)	吸収窒素中の施肥 由来窒素含有率 (%)	施肥由来窒素の 水稲利用率 (%)
無肥料	30.0				
化学肥料	58.0	0.80	0.13	15.8	48.5
シロクローバ	50.5	0.79	0.11	13.7	26.1
レンゲ	56.7	0.74	0.05	6.3	31.8
ヘアリーベッチ	32.2	0.42	0.09	20.4	17.8
クリムソンクローバ	48.0	0.61	0.06	9.9	15.7
エンバク	44.1	0.72	0.11	14.9	14.4
ライムギ	52.4	0.82	0.16	19.2	25.1
イタリアンライグラス	42.3	0.69	0.16	22.9	30.0
キカラシ	43.5	0.85	0.15	17.8	27.8
アンジェリア	45.6	0.66	0.09	13.8	23.4
緑肥平均	47.6	0.70	0.11	15.5	23.6

施肥由来窒素利用率(%)=水稲吸収施肥由来窒素量/施肥窒素量×100.
(浅木ほか (2006)[7]より引用)

窒素の平均利用率は23.6%であった(表3.7).シロクローバ,レンゲ,イタリアンライグラス,キカラシでは,利用率が比較的高かったが,それ以外の緑肥区では,化学肥料区より有意に低かった.なお,すき込み施用では表面(マルチ)施用に比べて利用率が高かった(データ略).

なお,一般に有機物由来窒素の利用率は,化学肥料由来窒素と比べて低くなる傾向がある.この原因として,①炭素源も共存するため,土壌微生物の代謝によって菌体に取り込まれて窒素が有機化される,②有機物の分解過程において無機態窒素のほかに糖類なども生産され,土壌微生物による脱窒(硝酸呼吸)が生じることが考えられる[46].

3.3.2 緑肥窒素の無機化

浅木ほか (2007)[8]は花崗岩母材の灰色低地土に9種類の緑肥を1%(0.3 g/30 g)添加して,30℃・湛水条件下で培養して,土壌中のアンモニア態窒素含率の変化を測定して,各緑肥からの窒素無機化を比較した(表3.8).その結果,窒素無機化量および無機化速度はヘアリーベッチ添加土壌で最も高い値を示し,次いでシロクローバ,マメ科緑肥,非マメ科緑肥添加土壌の順となった(表3.8).

水稲の生育時期別に推定した窒素無機化量は,どの緑肥も,移植後0～30日

で最も多く,次いで 31〜60 日,61〜90 日の順となった.収穫時期までの窒素無機化の推定量を 100 とすると,移植後 0〜30 日間に無機化する窒素の割合は,緑肥無施用が 54 であるのに対し,マメ科緑肥で 68〜81,非マメ科緑肥が 57〜67 で,マメ科緑肥は非マメ科緑肥より初期の無機化量が多いと推察している(表 3.8).

この試験では水田にプラスチック枠を設置し,各緑肥をすき込み,水稲の栽培試験を実施した.水稲の収量は化学肥料区で最も高く,次いでヘアリーベッチ,シロクローバ施用区で,これらは化学肥料区の 88〜90% であった.また,イタリアンライグラス以外の緑肥施用区では無施用区より高い収量を示した.

表 3.8 有効積算温度法より推定した水稲生育時期別の緑肥の窒素無機化量

緑肥	無機化窒素推定量 (mg/kg 乾土) 移植後日数			無機化窒素割合 (%) 移植後日数		
	0-30	31-60	61-90	0-30	31-60	61-90
無肥料	21.6	8.6	5.6	54.2	25.0	14.1
シロクローバ	111.9	13.7	7.6	80.9	11.4	5.4
レンゲ	69.3	12.4	7.1	74.0	15.1	7.5
ヘアリーベッチ	185.4	22.5	12.4	81.1	11.2	5.3
クリムソンクローバ	91.9	21.5	12.8	68.0	18.3	9.4
エンバク	48.5	12.0	7.2	66.7	19.0	9.8
ライムギ	38.0	13.4	8.5	57.5	23.5	13.0
イタリアンライグラス	43.7	10.8	6.4	66.8	19.0	9.8
キカラシ	45.6	15.2	9.6	59.0	22.8	12.4
アンジェリア	62.8	18.2	11.1	62.8	21.0	11.1

(浅木ほか (2008)[8] より引用)

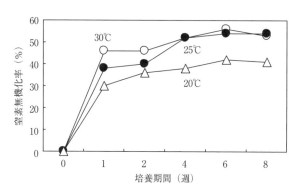

図 3.1 ヘアリーベッチ植物残渣の窒素無機化に及ぼす培養温度の影響(荒木未発表より)

窒素の無機化には温度，水分，pH や微生物活性などの要因が関与するが[46]，緑肥を寒地・寒冷地で活用する場合には温度が最も大きい要因となる．筆者らのヘアリーベッチを供試した調査でも，8週間培養後の窒素無機化率は，25℃と30℃でそれぞれ58%と59%となり温度による差異はなかったが，20℃では約40%と著しく低下した（図3.1）．

3.3.3 緑肥の利用形態と窒素供給

浅木ほか（2009）[10] は水田の緑肥としてシロクローバを用い，すき込み処理は土壌中のアンモニア態窒素濃度を高め，水稲への窒素供給や増収に寄与するが，マルチ処理では水稲生育初期の窒素供給と穂数や籾数確保への寄与が小さいことを観察している．そしてすき込みやマルチなどの緑肥の管理方法の違いによって施肥方法の工夫が必要であると指摘している．

また，シロクローバを水田にリビングマルチとして導入することも想定し，水稲移植後の湛水開始時期を変えることにより，窒素無機化時期を水稲の発育パターンに同調させることができ，移植後30日後の湛水開始により，雑草を抑制しつつ，水稲収量が増加することを報告している[9]．

3.4 緑肥導入による後作物の生産性の向上

冬作緑肥を作付体型に導入することにより，翌春以降に栽培した後作物の生産力の向上が報告されているが，対象地域に適合した緑肥の選択が重要である．以下にそれらの試験例を示す．

3.4.1 畑作物生産における効果
a. 長ネギ栽培におけるクリムソンクローバの利用

長ネギ生産量が多い鳥取県において，収量に及ぼす冬作緑肥の効果が調査された[27]．アカクローバ，クリムソンクローバ，イタリアンライグラスおよびライムギの中では，クリムソンクローバが春季の生産性が高く，茎葉がやわらかく分解が早いことから有望とされた．クリムソンクローバをネギ定植前にすき込むことにより，ネギ生産への施肥窒素量を慣行より30%低減しても慣行と同等の収量が得られた．また，冬季における海岸付近での飛砂防止，春季には

赤色の花による景観効果が認められた．クリムソンクローバは耐暑性が低いことから，春〜夏季に雑草化しないことなどの有用性も指摘されている．

b. ダイズ栽培における秋播きコムギの利用

山形県では，秋季のダイズ黄葉期の立毛間にコムギを20 kg/10 a散播すると，ダイズの落葉によって土壌水分が保持されることから，コムギの発芽が容易となり安定することを利用している．コムギ播種の翌年の融雪期に，硫酸アンモニウムで5 kg/10 aを施用してコムギの生育を確保し，ダイズ播種の約1ヶ月前にコムギを細断して土中にすき込む．すき込み時のコムギの生育段階は穂孕み期で，地上部乾物重が約480 kg/10 a，C/N比42であった．コムギすき込みにより，ダイズの主茎長，茎径，莢数が増加して収量が増加したと報告している（山形県農業総合研究センター作物資源開発部の報告[48]より，緑肥（小麦）の鋤込みによる大豆収量の向上）．

c. トマト栽培におけるヘアリーベッチの利用

ヘアリーベッチは短期間に分解して窒素を放出するため，代替肥料としての活用が期待されるが，導入した場合の施肥反応には注意を要する．アメリカでは土壌流亡が深刻な問題であり，その解決法として不耕起栽培や緑肥作物をマルチとして利用する農法が1980年代から研究され，ヘアリーベッチも検討されてきた（図3.2）．アメリカ農務省の1990年代の研究では，ヘアリーベッチをマルチとして利用した場合にはトマトが高い収量を示した[1,2]．また，養液土耕栽培で施用窒素量を0〜392 kg/haに変化させたところ，いずれの窒素量においてもトマト葉中窒素含率は，ヘアリーベッチマルチ圃場で慣行のポリエチレンマルチ圃場に比べて高くなった[3]（図3.3）．ポリエチレンマルチ圃場では窒素の施用量を多くする程トマトの葉中窒素含有率は高くなり増収となったが，ヘアリーベッチマルチ圃場での多量施肥は増収には結び付かなかった．

図3.2 ヘアリーベッチの繁茂，開花とその植物残渣マルチ

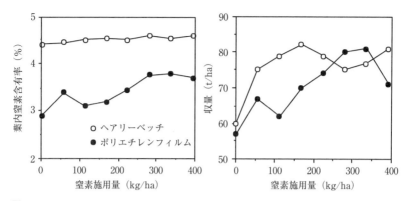

図3.3 ヘアリーベッチマルチおよびポリエチレンフィルムマルチ圃場で栽培したトマトの葉内窒素濃度と収量に及ぼす窒素施肥量の影響（Abdul-Baki et al. (1997)[3] を改編）

Horimoto et al. (2002)[17] は，慣行の耕起圃場では窒素施肥量の増加に伴いトマト収量が増加し，ヘアリーベッチマルチ圃場では少量施肥でも慣行程度の収量を確保するが，窒素施肥を増加させても増収にならないといった同様の傾向を得ている．Abdul-Baki et al. (1997)[3] の試験では，ヘアリーベッチは地上部乾物重で3,947 kg/ha を呈し，茎葉の全窒素含有率は3.44%であることから 135.8 kg/ha の窒素がトマト圃場に供給されたことになる．少量施肥でもトマトの体内窒素濃度が高くなり，栄養生長を旺盛にして収量増加に結び付いたが，多量施肥では窒素過剰となり，有効利用されない窒素が多くなったと言える．

d. コマツナ生産

Mohammad et al. (2009)[31] は，ヘアリーベッチ，ヒマワリ（開花前），クロタラリアおよび陸稲を緑肥として栽培し，各緑肥の窒素含有量を200 kg/haに調整してすき込み，コマツナの生育を同量の窒素施肥した場合と比較調査した．その結果，土壌中の無機態窒素量はヘアリーベッチ区，ヒマワリ区で高く，コマツナの乾物重は両緑肥区のすき込みにおいて，化学肥料施用区と同等の値を示した．特に Komatsuzaki et al. (2006)[24] は，コマツナの窒素要求時期と緑肥からの窒素供給時期の同期性という点からヘアリーベッチ，ヒマワリの有効性を指摘している．

表3.9 水稲（コシヒカリ）の収量構成要素に及ぼすヘアリーベッチとレンゲの前作の影響

緑肥	播種	穂数 (/m²)	籾数 (/穂)	千粒重 (g)	登熟歩合 (%)	収量 (kg/10 a)	整粒歩合 (%)
ヘアリーベッチ	早播	389	86	21.3	80.9	525	69.6
	晩播	366	85	21.4	83.1	494	72.1
レンゲ	早播	311	83	21.8	91.2	496	73.7
	晩播	294	81	21.9	89.9	460	73.7
慣行		297	85	22.4	92.8	537	76.0

試験地：長岡市．早播：9月10日頃，晩播：9月25日頃．データは2008年と2009年の平均値．
（佐藤ほか（2010）[42]を改編）

3.4.2 水稲生産における効果

　ヘアリーベッチを水稲の窒素肥料の代替として利用する試みがある．佐藤ほか（2010）[42]は秋季から翌春4月までヘアリーベッチを作付けし，そのすき込みが水稲の窒素源としてどの程度貢献するかについて調査した（表3.9）．2007～2009年の新潟県での試験では，ヘアリーベッチすき込み時の地上部乾物重は252～358 kg/10 aになり，全窒素で9.6～13.2 kg/10 aが水田に投入され，これを元肥窒素として活用した．1年目の生育・収量はヘアリーベッチすき込み区と慣行区で差異はないが，2年目以降では最高分けつ期までの窒素発現量がすき込み区で多くなり，草丈が高く，SPAD値も高く推移した．収量は慣行区と同等であったが，千粒重や有効茎歩合の低下や倒伏が認められ，2～3年目における春季すき込み量の抑制を必要としている．なお，同様に行ったレンゲについは，慣行区に比べて収量がやや減少した．

　ヘアリーベッチについてはKamo et al.（2003）[21]が雑草抑制効果を示す他感物質（アレロケミカル）の構造を決定し，本作物のもつアレロパシー作用による雑草抑制も期待されている．堀元ほか（2002）[16]はつくば市において前年秋季より栽培したヘアリーベッチのすき込みまたはマルチ利用により，水稲（コシヒカリ）を栽培したところ，ヘアリーベッチが産生する物質によって，生育初期に茎数増加が抑制されることを観察した．一方，中苗を定植することで，初期の生育抑制は改善され，葉身窒素含有量，草丈や収量が慣行の値に近づくことを報告している[18]．

3.4.3 施設栽培における効果

　Araki et al.（2009）[6]は，春季よりハウス内でヘアリーベッチとエンバクを

第3章 冬作緑肥作物

単播栽培ならびに混播栽培して，緑肥マルチ環境下でのトマト栽培試験を継続した．両緑肥作物を4月上旬から6月上旬までの約2ヶ月間生育させてデッドマルチとした．マルチ敷設後に化学肥料を施用し，トマト'ハウス桃太郎'を定植した．窒素施肥量は慣行区では24 kg/10 a（以下，N24 kgと略記する），マルチ区では12 kg/10 a（N12 kg）とした．

第1果房直下葉の先端部葉柄を供試して硝酸イオン濃度を測定すると，7月と8月には慣行（裸地＋N24 kg）とヘアリーベッチ（マルチ＋N12 kg）では約3,500 ppm近傍を示し，北海道の基準値に近かった．収量はほかの処理区より高い傾向にあり，7.8〜7.9 t/10aを示した．これはヘアリーベッチからの窒素供給や土壌改善効果の反映と考えられ，窒素肥料の減量が期待される（図3.4）．

栽培後の土壌表層（0〜5 cm）において無機態窒素と有機態窒素の含有量はヘアリーベッチ単播区とヘアリーベッチとエンバクの混播区でやや高い傾向にあったが，10-15 cmの土層では顕著な増加は認められず，表層窒素がトマトに吸収されていると考えられた（表3.10）．土壌炭素も，土壌表層（0〜5 cm）において緑肥マルチ区で4％以上と顕著に増加し，特に混播（ヘアリーベッチ＋エンバク）では4.6％と高かった．

イネ科の緑肥作物はマメ科に比べ，高いバイオマス生産力を有し，土壌中への炭素供給能が高く[26,37]，かつ作土層からの硝酸態窒素流亡の抑制，土壌物理

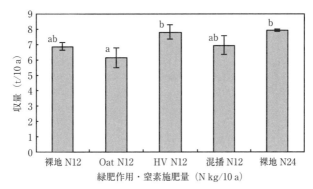

図3.4 トマトの収量に及ぼす緑肥残渣マルチと窒素施肥料の影響
（Araki *et al.*（2009）[6]より引用）
N12：窒素12 kg/10 a，N24：窒素24 kg/10 a．
Oat：エンバク単播，HV：ヘアリーベッチ単播

表3.10 トマト栽培後の土壌中の窒素および炭素含有量に及ぼす緑肥残渣マルチと窒素施肥量の影響

マルチ	N (kg/10 a)	0-5 cm の土層				10-15 cm の土層			
		N(mg/100 g)			全C (%)	N(mg/100 g)			全C (%)
		無機態	有機態	全N		無機態	有機態	全N	
裸地	12	3.9	235.8	239.7	3.45a	2.4	229.6	232.0	3.35
裸地	24	5.5	272.5	278.0	3.89a	3.2	233.8	237.0	3.54
Oat	12	4.1	265.6	269.7	4.08a	3.0	243.0	246.3	3.57
HV	12	4.9	299.1	304.0	4.24a	3.1	241.9	245.0	3.70
混播	12	6.6	302.3	309.0	4.61b	3.1	256.8	260.3	3.77
Tukey's test				NS	*			NS	NS

トマト生産は2006年から開始し，2007年10月に土壌を採取．Tukeyの検定(5%)により異なるアルファベット間に有意差．
Oat:エンバク単播，HV:ヘアリーベッチ単播
(Araki et al. (2009)[6] より引用)

性の改善効果も認められている[27]．秋播き緑肥作物は土壌炭素を増加させるポテンシャルが大きいとされ[20,25]，関東地域でのライムギを緑肥作物として導入した不耕起栽培の陸稲栽培においては，土壌炭素は作土表層でも増加することを指摘している．

3.5 土壌特性の変化

前項の夏作緑肥作物においても述べたが，養分供給や雑草抑制の機能に加えて，冬作緑肥作物を栽培することで，土壌の理化学性や微生物相が変化する．病虫害の発生や有用微生物の消長などの生物性の変化や，団粒構造の変化に伴う透水性などの物理性の変化についても緑肥を導入する作付体系では留意する必要がある．

3.5.1 病害の発生

北海道では冬作緑肥の栽培期間が限定されるため，緑肥の効果を作物生産に利用するために休閑緑肥や後作緑肥の体系を用いることが多い．例えば，ジャガイモ生産における休閑緑肥の利用では，1年間は主作物であるジャガイモを栽培せずに，緑肥作物を1～2作栽培して翌春にジャガイモを生産する．一方，後作緑肥の利用ではジャガイモ収穫後に緑肥作物を栽培し，晩秋または翌春にすき込んでジャガイモを生産する体系である．このような体系でのジャガイモ

表3.11 ジャガイモそうか病発生率に及ぼす緑肥作付の影響

緑肥	休閑緑肥 無底枠試験			休閑緑肥 現地圃場			後作緑肥 無底枠試験	
	2001年	2002年	2003年	2001年	2002年	2003年	2002年	2003年
無作付（後作対照）							42	16
テンサイ(休閑対照)	22	19	32	18	17	52		
エンバク野生種	3	5	17	18	8	41	21	9
エンバク		8	20					11
ダイズ	14	5	18					
アルファルファ	6	8	21				45	23
アカクローバ	5	7						
ヘアリーベッチ	5	6	23	22	10		41	17
ソバ	14	13		35	18			
シロガラシ		18	55				53	35

休閑緑肥：年に2回作付，後作緑肥：ジャガイモ栽培の後に作付．
(鈴木ほか（2006）[43]より引用)

　そうか病発生に及ぼす緑肥作物の効果が北海道で試験された（表3.11）．

　休閑緑肥体系では，エンバク野生種，エンバク，ダイズ，アルファルファ，アカクローバおよびヘアリーベッチの作付によって，そうか病の発生程度が低下する傾向が認められたが，ソバとシロガラシでは高まる傾向が認められた[44]．後作緑肥体系では，枠試験の結果ではあるが，エンバク野生種とエンバクの作付けによって発生が軽減され，一方，シロガラシ栽培では増加する傾向が認められた．

　一般に，バーク堆肥や牛糞麦稈堆肥などの施用は，作物の酸性障害の指標となる土壌の交換酸度を低下させることでそうか病発生を助長させると言われ，有機物施用による交換酸度低下は約3年持続すると考えられている．したがって，上述の緑肥導入によるそうか病発生の軽減はこのような有機物の施用による土壌酸度の低下からは説明できず，多様な土壌微生物相の変化をより詳細に調査する必要がある．

　ジャガイモそうか病以外にも，冬作緑肥によるトマト半身萎ちょう病への影響も検討されている．エンバク野生種茎葉部の蒸留水による抽出液を培地に添加して，トマトの主要病害菌を培養したところ，半身萎ちょう病を誘発する *Verticillium dahlie* の増殖が抑制され，進行の遅い土壌病害抑制に効果があると判断された[25]．小長井ほか（2005）[25]は実際のすき込みによる土壌微生物の量的・質的変化についても指摘し，病害発生の制御が期待される．

表3.12 北海道における緑肥利用後の菌根菌，センチュウ等の増減

緑肥	菌根菌	キタネグサレセンチュウ	キタネコブセンチュウ	ダイズシストセンチュウ	その他
エンバク	+	+	-		
エンバク野生種	+	-	-		
シロガラシ		+	+		
アカクローバ	+	+	+	-	
ヘアリーベッチ	+	+	+	-	雑草抑制
ヒマワリ	+	+			バーティシリウム増
マリーゴールド		-			

（北海道（1994）[15] より）

　なお，病虫害の発生とは視点を異にするが，冬作緑肥作物のリビングマルチによるアーバスキュラー菌根菌のトウモロコシへの感染率の増加と増収が報告されている[13]．リン供給以外の機序については明確ではないが，北海道内の調査では，ヒマワリなどは後作物のリン酸栄養を改善する働きのある菌根菌密度を高めており，土壌中のセンチュウ密度を下げる緑肥利用事例も普及に移されている[15]．緑肥の種類や施用方法によっては，センチュウや病原菌の密度を高める場合もあり，リン酸吸収係数の高い圃場では，アーバスキュラー菌根菌によるリン供給効果が重要となるが，病虫害との相互関係も考慮して利用すべきである（表3.12）．

3.5.2　土壌物理環境

　緑肥はしばしば土壌物理性の改善に用いられる．緑肥のような有機物や作物残渣が土壌に混和されると，土壌の乾燥密度（容積重）が低下するとともに団粒が発達し，これが通気性や透水性の向上につながる．中元ほか（2008）[34] はこれらの効果についてダイズ栽培において定量的に解析し，堆肥施用と緑肥施用はそれぞれ乾燥密度の低下と団粒の平均重量直径の増加をもたらし，土壌微生物の活性を高めることを示した（表3.13）．なお，堆肥施用と緑肥施用の間に交互作用はみられず，両者の効果は相加的であったとしている．

　また，堆肥施用はダイズの根系発達に及ぼす影響は小さかったのに対し，緑肥施用については，ライムギでは主根の5～10 cm部位が肥大し，ナタネとライムギでは分枝根の量が増えることを示し，緑肥により根系発達に好適な環境が形成されている可能性を示唆した．堆肥と緑肥の投入量と土壌の乾燥密度，団粒直径，呼吸速度などの土壌パラメータとの関係を解析したところ，対照区

表3.13 土壌の諸形質およびダイズ生育に及ぼす堆肥と緑肥施用の影響

有機物	施用量 (t/ha/年)	乾燥密度 (g/cm^3) 6月4日	8月1日	耐水性団粒直径 (mm) 6月4日	8月1日	気質誘導呼吸速度 6月4日	8月1日	地上部乾物重 (g/m^2)	種子収量 (g/m^2)
堆肥無	0	0.74	0.86	0.40	0.35	10.8	10.2	483	236
堆肥	14	0.72	0.86	0.44	0.38	11.8	12.4	494	239
堆肥	42	0.71	0.81	0.46	0.48	14.2	15.3	575	277
無施用		0.73	0.85	0.40	0.36	9.3	10.1	527	254
ナタネ		0.73	0.85	0.43	0.39	12.0	12.4	489	237
ライムギ		0.71	0.84	0.46	0.45	14.9	15.3	540	263

(中元ほか (2008)[34] を改編)

に対する変化量は,緑肥施用では堆肥施用に比べて相対的に大きいとしている.すなわち,冬期においても土壌特性への緑肥栽培の効果が小さくないことを示唆している.

3.6 リビングマルチ

ここまで,冬作緑肥作物のすき込み利用やマルチ利用について述べてきた.マルチ利用については,主作物の生育中に土壌表面を被覆するという意味でカバークロップ(被覆作物)利用と称することも多い.雑草と被覆作物との光や養分の競合を利用して主作物の雑草発生を制御したり,雨滴による作土の流亡を防止したりすることが目的で導入されている.このようなカバークロップとして用いられる作物には緑肥作物が多く,上述したヘアリーベッチやクローバ類などもその1つである.ここでは,数種作物のリビングマルチとしての利用について述べる.なお,デッドマルチという呼称があるが,刈取った作物残渣や枯れた後の緑肥作物などで土壌表面が覆われた状況として称することが多い.

3.6.1 ムギ類の利用

ダイズのリビングマルチ栽培は,秋播き性程度の高いムギ類をダイズと同時に播種し,生育したムギ類の茎葉部をマルチとして雑草防除に利用する技術である.秋播き性の高いムギ類を春に播種すると低温に遭遇しないために,出穂せず,茎葉のみを展開する栄養生長を継続し,夏季の高温により繁茂した茎葉

図3.5 オオムギリビングマルチ圃場でのダイズ栽培

は自然枯死することを利用したものである（図3.5）.

東北地方の研究事例では，ムギ類が播種後50日頃までに地上部乾物重で150 kg/10 a 程度の生育をすることで充分な雑草抑制効果を発揮し，従来の中耕培土による雑草抑制の代替となり，薬剤散布量や防除作業自体の軽減につながるとしている[49]．なお，茎葉の自然枯死によりダイズの汚粒発生はないとしている．

この農法の問題点は主作物（ダイズ）とリビングマルチのムギ類との養分・水分の競合である．三浦ほか（2005, 2008）[28, 29]の研究では，緑肥オオムギを利用したときのダイズの収量は慣行とほぼ同等であるとしており，リビングマルチに用いるムギ類は，六条オオムギが適しているとしている．なお，ダイズとオオムギを同時播種する機械も開発されている[41]．

著者らも北海道の札幌において，コムギを利用したダイズへのリビングマルチを試み，ダイズとリビングマルチとの間の養分と水分競合について検討した．その結果，播種1ヶ月後（7月上旬）の葉のSPAD値は，リビングマルチ栽培のダイズでは慣行栽培ダイズに比べて，68％と低く，コムギの生育が旺盛な7月下旬には，ダイズ植物体含水量が慣行栽培の約80％であった．このような傾向はダイズの生育が進むにつれて改善され，慣行栽培との差は小さくなるものの，子実収量は75％にとどまった（北海道大学農場での栽培，未発表）．リビングマルチの活用には地域の気象環境を考慮する必要があり，ダイズとムギ類の競合を回避するには，播種期や栽植密度などを変えることで，ダイズの初

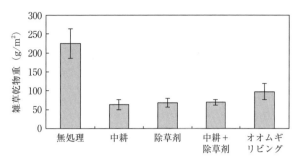

図3.6 アスパラガス圃場におけるオオムギリビングマルチの雑草抑制効果（Araki et al. (2007)[5]を改変）
処理日：2004年5月16日，調査日：7月15日．

期生育を促進するなどの工夫が必要であろう．また，リビングマルチの中には，夏の高温でも，完全に枯死に至らない株も存在することから，汚粒の発生にも注意する必要がある．

　アスパラガスの栽培へのリビングマルチムギの応用も報告されている．アスパラガスは長期間にわたって同一圃場に栽培されることから，栽培期間中の土壌深層までの耕起や有機物の投入は困難である．収穫時期には篤農家では1日に2回収穫するなどにより除草に手がまわらない状況が生じる．アスパラガスの根域は深く，オランダの産地では追肥は土中灌注するほどである．これに対してオオムギやコムギの根域は比較的浅いことから，アスパラガスとの競合が起きにくい位置関係になっている．Araki et al. (2007b)[5]は，札幌において，アスパラガス若茎収穫開始時期（5月上旬）の2週間前頃から2週おきに緑肥オオムギを播種しところ，除草剤や中耕処理と同程度の雑草抑制効果が認められた（図3.6）．

　三浦（2009）[30]は前年からシロクローバを栽培してリビングマルチとし，畝部分を簡易に耕起してスイートコーンを播種または定植し，リビングマルチの効果を検討した．シロクローバは永年性牧草なので，雑草は完全に抑制されるが，スイートコーンとの養分競合が起こるので，株を移植する方が競合が少ないことを示した．この体系で重要なことは，シロクローバは開花後に養分吸収量が低下し，スイートコーンは絹糸抽出期にかけて窒素吸収量は高まるが，シロクローバの窒素吸収は低下するという，窒素吸収量の差異に着目して養分競合を回避している点である（図3.7）．

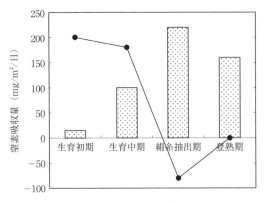

図 3.7 シロクローバリビングマルチとスイートコーンの窒素吸収量の推移（三浦（2009）[30]を改変）

3.7 持続的農業生産の視点

今日，農地の生産力維持・向上と炭素隔離の双方が両立する農法が必要である．窒素と炭素の双方を同時に供給する方法としてイネ科とマメ科の混播が注目される．Sainju ほか（2005）[38]は，イネ科緑肥作物とマメ科緑肥作物の混播により緑肥としての乾物量ならびに土壌の全炭素含有量と全窒素含有量が増加することを報告したが，これらには年次間変動や地域間差異がある．上述のように筆者らの試験でもヘアリーベッチとエンバクの混播は土壌炭素増加には寄与したが，トマトの収量を増大させることはなかった[6]．Komatsuzaki et al.（2006）[24]も冬作緑肥作物をカバークロップとして導入した農耕地の管理法について，主に耕起の有無の視点から作物の生産性の持続性について議論している．

辻ほか（2007）[44]はムギ類のリビングマルチがダイズわい化病減少に効果があることを報告している．リビングマルチのような人為的に設けた植生により，腐植や有機物が豊富になり，それを餌とする小動物が増加し，さらには天敵相が誘引され作物への害虫被害を抑制する[14,33]．また，混作で圃場内作物の均一性が分断されると，害虫にとっての餌資源の集中度が低下し，主作物の被害低減やリビングマルチがアブラムシなどの害虫の作物への吸汁，チョウ類などの産卵・加害行動に対して物理的・化学的障壁となるなどの研究がある[11,36]．

緑肥作物の生育量を確保するには，ある程度の生育期間が必要であることから，施設園芸では，施設を現金作物の生産にフルに活用できない．播種やすき込み・マルチ処理なども必要となり，省力的でない．緑肥を作物生産体系に導入することは，カーボンニュートラルの視点からも重要であり，農耕地における炭素隔離につながるが，この機能は単純に生産費低下や販売価格の上昇とはならない点が問題点として指摘される．緑肥種苗代や農作業コストの負担をついては社会経済学的視点からも検討されるべき課題である．　　〔荒木　肇〕

引 用 文 献

1) Abdul-Baki, A. A. *et al.*(1993)：*HortScience*, **28**：106-108.
2) Abdul-Baki, A. A. *et al.*(1996)：*HortScience*, **31**：65-69.
3) Abdul-Baki, A. A. *et al.*(1997)：*HortScience*, **32**：217-221.
4) Araki H. *et al.*(2007a)：*Jpn. J. Farm Work Res.*, **42**：111-121.
5) Araki, H. *et al.*(2007b)：*Acta Horticulturae*, **776**：51-58.
6) Araki, H. *et al.*(2009)：*Hort. Environ. Biotechnol.*, **50**：324-328.
7) 浅木直美ほか(2006)：日本作物学会紀事，**75**(別2)：2-3.
8) 浅木直美ほか(2008)：日本作物学会紀事，**77**(別2)：18-19.
9) 浅木直美ほか(2009a)：日本作物学会紀事，**78**：27-34.
10) 浅木直美ほか(2009b)：農作業研究，**44**：127-136.
11) Brandseater, L. O. *et al.*(1998)：*Biol. Agric. Horticulture*, **16**：291-309.
12) 茶谷正孝ほか(1993)：九州農業研究，**55**：48.
13) Deguchi, S. *et al.*(2007)：*Plant and Soil*, **291**：291-299.
14) Hartwig, N. L. *et al.*(2002)：*Weed Sci.*, **50**：688-699.
15) 北海道(1994)：北海道緑肥作物等栽培利用指針(平成6年)，北海道農政部.
16) 堀元栄枝ほか(2002)：雑草研究，**47**：168-174.
17) Horimoto, S. *et al.*(2002)：*Jpn. J. Farm Work Res.*, **37**(4)：231-240.
18) 堀元栄枝ほか(2008)：農作業研究，**43**：199-205.
19) 石川　啓ほか(2008)：農作業研究，**43**：179-186.
20) Jarecki, M. K. *et al.*(2003)：*Crit. Rev. Plant Sci.*, **22**：471-502.
21) Kamo, T. S. *et al.*(2003)：*J. Chem. Ecol.*, **29**：273-282.
22) Kobayashi, H. *et al.*(2004)：*Weed Biol. Manag.*, **4**：195-205.
23) Komatsuzaki, M. *et al.*(2005)：*Proceeding and abstract of ecological analysis and control of greenhouse gas emission from agriculture in Asia*, 62-67.
24) Komatsuzaki, M. *et al.*(2006)：*Sustain. Sci.*, **2**：103-120.
25) 小長井健ほか(2005)：日本植物病理学会報，**71**：101-110.
26) Kuo, S. *et al.*(1997)：*Soil Sci. Soc. Am. J.*, **61**：145-152.
27) McCracken, D. V. *et al.*(1994)：*Soil Sci. Soc. Am. J.*, **58**：1476-1483.
28) 三浦重典ほか(2005)：日本作物学会紀事，**74**：410-416.
29) 三浦重典ほか(2008)：農作業研究，**43**：207-212.
30) 三浦重典(2009)：東北農業研究センター研究報告，**110**：129-175.

31) Mohammad, Z. S. et al.(2009): *Jpn. J. Farm Work Res.*, **44**: 163-172.
32) 椋代訓弘(2004): 牧草と園芸, **50**: 16-18.
33) Nakamoto, T. et al.(2006): *Agri. Ecosyst. Environ.*, **115**: 34-42.
34) 中元朋実ほか(2008): 日本作物学会紀事, **77**(別2): 46-47.
35) 小野　亨ほか(2007): 北日本病害虫研究会報, **58**: 99-105.
36) Sustainable Agriculture Network(1998): *Managing cover crops profitability.*
37) Sainju, U. M. et al.(2000): *Can. J. Soil Sci.*, **80**: 523-532.
38) Sainju, U. M. et al.(2005): *Agron. J.*, **97**: 1403-1412.
39) Sainju, U. M. et al.(2006): *Eur. J. Agron.*, **25**: 372-382.
40) Sainju, U. M. et al.(2007): *Agron. J.*, **99**: 682-691.
41) 酒井真次ほか(2008): 雑草研究, **53**: 63-68.
42) 佐藤　徹ほか(2010): 北陸作物学会報, **45**: 47-49.
43) 鈴木慶次郎ほか(2006): 日本土壌肥料学雑誌, **77**: 97-100.
44) 辻　博之ほか(2007): 日本育種学会・日本作物学会北海道育種作物談話会報, **48**: 47-48.
45) 辻　剛宏(2002): 牧草と園芸, **50**: 5-8.
46) 上野秀人(2004): 農作業研究, **39**: 165-170.
47) 上野秀人(2007): 科学研究費補助金報告書「カバークロップを導入した持続的農業体系における土壌生物の動態と養分循環」, 13-50(研究代表者: 荒木　肇).
48) やまがたアグリネットホームページ, http://agrin.Jp/page/18572
49) 好野奈美子ほか(2009): 雑草研究, **54**: 139-147.

【根粒菌の N_2 固定と N_2O の放出】

　飼料作物や緑肥作物として多くの植物種が利用されているマメ科植物の特性の1つは，根粒菌との共生窒素固定である．根粒菌は，宿主のマメ科植物からエネルギー源となる光合成同化産物の供給を受けて，土壌間隙の N_2 を基質にして NH_3 を産生する．マメ科牧草とイネ科牧草の混作効果の発現や，マメ科緑肥による地力窒素の増強の効果には，この特性が影響する．一方，家畜がマメ科の茎葉部を食んだり，採草地で刈取りが行われると，根粒は炭素源を失って老化したり，崩壊したりする．温室効果ガスの1つである N_2O は農耕地からも放出されており，有機物が分解する過程でその放出が起きる．したがって，根に多くの根粒が形成されたマメ科植物は，一方で窒素を還元しながら，一方で N_2O を放出することにもなっている．しかし，根粒菌の中には，N_2O を N_2 に還元する酵素を有するものもいて，それが N_2O 除去に機能していると言われ，これらの酵素の強化株も作出され，温室効果ガス削減への応用が期待されている．

〔大門〕

索　引

英文

bmr　→　褐色中肋
C/N 比　112, 190, 210
C_4 炭酸固定経路　80
CO_2 削減量　204
F_1 品種　→　一代雑種品種
IVDMD　181
Kranz 葉構造　80
pH 緩衝能　36
RM　→　相対熟度
TDN　→　可消化養分総量
TMR　→　混合飼料
WCS 用イネ　→　発酵粗飼料用イネ

ア行

青刈ソバ　202
青刈り利用　130
アカクローバ　45, 61, 135, 209, 215
秋作栽培　19
秋播き　22, 209
亜酸化窒素（一酸化二窒素）　6, 204
アスパラガス　225
後作　199, 210
アトラパスパラム　83
亜熱帯　20
アーバスキュラー菌根菌　190, 203
アポミクシス　77, 80
網斑病　69
アメリカジョイントベッチ　153
アルカロイド　69, 192
アルファルファ　37, 45, 77, 141
アルミニウム耐性　97
アレロパシー　→　他感作用
アンジェリア　211
アンモニア揮散　7
イアコーン　57, 124
イアコーンサイレージ　16, 124

維管束鞘細胞　80
生垣利用　81
維持管理　34
イタリアンライグラス　25, 45, 59, 174, 211
一代雑種品種　51, 119
一年生　61
一年利用　87
一番草　38
イネ科牧草　35, 43
イネ科緑肥　207
インド型品種　108

ウィーピングラブグラス　101
迂回生産　8
うどんこ病　67

永続性　63
永年草地　34
栄養価　37
エゾノギシギシ　36
越冬性　61
エビスグサ　189
円錐花序　84
エンドウ　150
エンドファイト　69
エンバク　26, 45, 174, 218

オオムギ　26
オカボ　176
オーチャードグラス　37, 43, 58
温室効果ガス　6, 177
温暖地　17

カ行

改良三圃式農法　184
化学肥料　6, 31
可消化養分総量　63, 127
家畜排泄物　29
家畜糞堆肥　30
家畜糞尿　6
褐色中肋　127
カバークロップ　199
株型　84
カブラブラグラス　90

カラードギニアグラス　89
カリウム　35, 40, 185
刈取り危険帯　37
カルシウム　40
ガレガ　45, 148
簡易更新　37, 62
環境影響評価　39
環境ストレス耐性　126
環境調和型作物生産　171
環境負荷　7, 36
間作植物　196
冠さび病　69
乾汁性　129
冠水耐性　99
完全更新法　62
乾草　13, 130
寒地　15
寒地型イネ科牧草　58
寒地型多年生牧草　15
寒地型牧草　34
寒地型マメ科牧草　135
乾物収量　20
乾物消化率　81
乾物生産力　95
管理来歴　40
寒冷地　16

キカラシ　213
基幹草種　66
キクユグラス　96
キシュウスズメノヒエ　85
季節生産性　38
ギニアグラス　43, 87, 200
キビ亜科　82
休閑　210
吸肥力　131
牛糞堆肥　31
強害雑草化　86
供給熱量　2
狭畦栽培　24, 122
競合　14
ギンネム　156

茎挿し　95
草型　65
雲形病　67
グライシン　158

クリーニングクロップ 186
グリホサート系除草剤 36
クリムソンクローバ 174, 210
グリーンパニック 89
グリーンリーフデスモジウム 155
黒さび病 67
クロタラリア 186, 196
クローバ類 149
黒ボク土 172

景観作物 197
茎葉型品種 108
茎粒 194
ケンタッキーブルーグラス 36, 66
兼用草地 37
兼用利用 61

耕起前処理 36
硬実 134
高消化性遺伝子 127
更新 34
耕畜連携 16
高泌乳牛 3
穀物自給率 1
極早生 16
個体乳量 3
コマツナ 217
ごま葉枯れ病 120
コムギ 172, 186, 216
混合飼料 123
混作 202, 212
コントラクタ 10, 123
混播 64, 226
混播栽培 130
混播適性 87
根粒菌 134, 190

サ 行

採食 38
採草地 37
栽植密度 22
採草利用 61
裁断型ロールベーラ 123
最適栽植本数 23
サイラトロ 157
作溝 37
作付体系 13, 203

作付様式 20
ササゲ 189
雑草対策 36
雑草抑制 187
サツマイモ 187
酸性化 35
酸性矯正 36
散播（ばら播き） 21
散播・密植栽培 131
残留窒素 174

自給飼料 3
自給肥料 40
シグナルグラス 97
子実利用 13
糸状菌バイオマス 177
施設園芸 227
自然下種 88
自然草地 34
シバ 103
芝地 100
シバムギ 36
子房柄 199
雌穂サイレージ → イアコーンサイレージ
ジャイアントスターグラス 92
ジャガイモ 187
ジャガイモそうか病 220
収穫 35
臭化メチル 187
シュウ酸 100
自由式農法 184
周年栽培 20
集約放牧技術 38
縮退生長 134
主根 133
出穂 38
出穂期 37
小穀類 102
硝酸態窒素 6, 33, 39
施用上限量 36, 41
条播（すじ播き） 21
障壁作物 126
飼養密度 4
初期生育 36
食料自給率 1
飼料作物 126
飼料自給率 3
飼料畑 3, 29
飼料品質 36

飼料米 106
飼料用カブ 163
飼料用カボチャ 168
飼料用カンショ 169
飼料用ビート 166
飼料用ポンキン 168
シルバーリーフデスモジウム 155
シロガラシ 190
シロクローバ 45, 61, 139, 225
シロツメクサ 139
シンク容量 108
人工草地 34

水質汚濁 7
穂状花序 82
水田転換畑 194
水稲 218
スイートクローバ 150
スイートコーン 225
スェーデンカブ 169
すき込み 191, 213
すじ葉枯病 67
スタイロ 159
スーダングラス 25, 33, 201
スプリングフラッシュ 38, 60
スラリー 34, 39

生育可能期間 14
青酸 92
生態系サービス 181
生態的地位 179
セイヨウミヤコグサ 146
積算温度 23
セスバニア 185, 194
セタリア 99
石灰質 36
石灰窒素 201
折損抵抗性 121
施肥 34, 35
施肥回数 39
施肥管理 37
施肥計画 41
施肥率 40
前作 210
センチピードグラス 94
センチュウ 222
センチュウ対抗性 187
センチュウ抑制 89
セントオーガスチングラス

索引　　　　　　　　　　　　　　　　231

100
セントロ　154

草種構成　35, 134
造成　34
相対熟度　16, 119
草地酪農　16
属間雑種　78
粗飼料　8
ソフトグレーンサイレージ
　106
ソバ　190, 202
ソルガム　24, 43, 125, 200

タ 行

耐陰性　65
耐塩性　87
耐寒性　63, 82
耐乾性　82
耐湿性　65, 90, 124, 193
耐暑性　61
ダイズ　197, 216, 224
耐倒伏性　64, 129
堆肥　30, 36, 39
タウンズビルスタイロ　159
他感作用　186, 218
多汁質飼料作物　163
脱粒性　88
多年生　61
ダリスグラス　84
湛水　84
湛水流去法　185
炭酸カルシウム　36
短日感応　84
炭素隔離　226
炭素量　211
暖地　18
暖地型イネ科牧草　80
暖地型牧草　18
暖地型マメ科牧草　151
単播　69
団粒　222
短輪体系　17

チオフェン　204
地下茎　35
窒素　6, 31, 185
窒素飢餓　192
窒素供給　219

窒素循環　5
チモシー　37, 43, 58
中日性　80
長日性植物　103
長大型飼料作物　43
地力　29
地力維持　173, 183
地力増強作物　194

通気性　222

土づくり　171

低温伸長性　85, 126
低温要求性　26
ディジットグラス　93
低投入型酪農　10
テオシント　117
テフ　102
伝統的な養分循環　8
デント種　118
点播（てん播き）　21
田畑輪換　193

踏圧　92
透水性　222
トウモロコシ　22, 33, 43, 172,
　201
土壌 pH　35, 40
土壌改良　36
土壌呼吸　176
土壌診断　39
土壌水食　173
土壌生産性　29
土壌生物の多様性　176
土壌炭素　219
土壌炭素貯留量　178
土壌蓄積リン　189
土壌微生物　172, 222
土壌被覆　209
土壌物理性　194
土壌保全　181
土壌有機物　172, 183
土壌劣化　172
トビムシ　176
トマト　216
トールフェスク　43, 59

ナ 行

長ネギ　215

夏作緑肥　207
夏播き　26
南方さび病　121

二回刈り栽培法　114
二期作　17
肉牛放牧　95
二酸化炭素の吸収源　177
二次通気組織　196
二倍体　27
二倍体品種　83
尿液肥　39, 40
熱帯マメ科牧草　151
ネピアグラス　94

農業環境規範　171
濃厚飼料　3
濃厚飼料自給率　3
農場制型TMRセンター　123
ノーフォーク式輪栽農法　184
野焼き　103
法面　101

ハ 行

バイオマス　209
排水性　193
排泄　38
ハイドロリックリフト現象
　198
播種期　22
播種適温　24
播種床　36
播種方法　128, 191
播種前処理　36
播種量　22
バーズフットトレフォイル
　146
麦角病　85
発芽温度　14
発酵粗飼料用イネ　105
バヒアグラス　82
ハブソウ　189
バーミューダグラス　90
早刈り　37
パラグラス　98
パリセードグラス　98
春播き　22
パンゴラグラス　93

半身萎ちょう病　221
晩生品種　17
晩播き　25

光感作　97
ヒゲシバ亜科　86
肥効率　31
ピシウム属菌　192
被食戦略　103
ピジョンピー　198
被覆作物　199
被覆植物　94
非マメ科作物　184
ヒマワリ　202
病害虫防除　129
表層攪拌　37
表面播種　19
肥沃度　39
肥料　29
肥料換算係数　40
ピントイ　153

ファイトレメディエーション　195
ファジービーン　158
フィチン　192
風食　173
富栄養化　6
フェストロリウム　45, 78
フェノール物質　192
負荷物質　6
不均一性　39
不耕起栽培　122, 177
不耕起播種　21
腐熟期間　192
物質循環　41
部分耕起　19
冬作緑肥　207
プラウ耕　178, 192
フリント種　118

ヘアリーベッチ　176, 218
ヘアリーベッチマルチ　216
平均重量直径　222
平準化　38
ベッチ類　150
ヘテロシス　120
ペレット種子　96
ペレニアルライグラス　38, 43, 59

放牧　35
放牧草種　90
放牧草地　37
放牧利用　61
匍匐型　93
匍匐茎　133
匍匐性　82
ホールクロップサイレージ　13, 117, 128

マ 行

マカリカリグラス　90
マグネシウム　40
マメ科作物　184
マメ科牧草　35, 132
マメ科率区分　37
マメ科緑肥　209
マリーゴールド　204
マルチ　213
マルチ栽培　16
未熟有機物　184
ミネラル　33
ミネラルバランス　41
ミヤコグサ　148
無機化　176, 183, 213
ムクナ　186
無限型根粒　195
無マルチ栽培　122
ムラサキウマゴヤシ　141
ムラサキツメクサ　135

メタン　204
メディック類　150
メドウフェスク　38, 43, 58

ヤ 行

薬剤耐性　126
有機栽培　180
有機酸　189
有機物管理　40
有機物供給　172
有機物肥料　40
有限型根粒　195
有性生殖　80
有用土壌微生物　190

溶脱　171, 176, 185
養分　31
養分競合　225
養分収奪力　201
四倍体品種　83

ラ 行

ライコムギ　34
ライムギ　26, 174, 212
ラッカセイ　199

立毛乾燥　113
立毛貯蔵　130
リードカナリーグラス　76
リビングマルチ　223
利用管理技術　35
緑化植物　94
緑肥オオムギ　224
緑肥作物　126
緑肥由来窒素　212
リン　185
輪作　174
リン酸　32, 35
リン酸吸収係数　36
リン酸質資材　36
リン資源　189

ルタバガ　169
ルドベキア　189
ルートマット　62
ルーピン　150

レンゲ　211
連作障害　184

漏生イネ　113
六倍体　27
ローズグラス　86
ロータリ耕　178, 192
ロトノニス　156
ロールベール　18
ロールベールサイレージ　130

ワ 行

矮性　95
早生品種　17
ワラビー萎縮症　121

編者略歴

大門 弘幸（だいもん ひろゆき）

1956年　東京都に生まれる
1985年　大阪府立大学大学院農学研究科
　　　　博士後期課程単位取得退学
現　在　大阪府立大学名誉教授
　　　　龍谷大学農学部 教授
　　　　農学博士

奥村 健治（おくむら けんじ）

1961年　愛知県に生まれる
1986年　大阪府立大学大学院農学研究科
　　　　修士課程修了
現　在　国立研究開発法人 農業・食品産
　　　　業技術総合研究機構 北海道農
　　　　業研究センター企画部産学連携
　　　　室 農業技術コミュニケーター
　　　　農学博士

作物栽培大系 8
飼料・緑肥作物の栽培と利用　　　　定価はカバーに表示

2017年4月25日　初版第1刷

監　修	日本作物学会「作物栽培大系」編集委員会
編　者	大　門　弘　幸 奥　村　健　治
発行者	朝　倉　誠　造
発行所	株式会社 朝倉書店 東京都新宿区新小川町 6-29 郵便番号　162-8707 電　話　03 (3260) 0141 ＦＡＸ　03 (3260) 0180 http://www.asakura.co.jp

〈検印省略〉

© 2017〈無断複写・転載を禁ず〉　　　印刷・製本 東国文化

ISBN 978-4-254-41508-7　C 3361　　　Printed in Korea

JCOPY　〈(社)出版者著作権管理機構　委託出版物〉

本書の無断複写は著作権法上での例外を除き禁じられています。複写される場合は、そのつど事前に、(社)出版者著作権管理機構（電話 03-3513-6969, FAX 03-3513-6979, e-mail: info@jcopy.or.jp）の許諾を得てください。

日本作物学会『作物栽培大系』編集委員会監修 作物研 小柳敦史・中央農業研究センター 渡邊好昭編 作物栽培大系 3 **麦 類 の 栽 培 と 利 用** 41503-2 C3361　　　Ａ５判 248頁 本体4500円	コムギ，オオムギなど麦類は，主要な穀物であるだけでなく，数少ない冬作物として作付体系上きわめて重要な位置を占める。本巻ではこれら麦類の栽培について体系的に解説する。〔内容〕コムギ／オオムギ／エンバク／ライムギ／ライコムギ
日本作物学会『作物栽培大系』編集委員会監修 東北大 国分牧衛編 作物栽培大系 5 **豆 類 の 栽 培 と 利 用** 41505-6 C3361　　　Ａ５判 240頁 本体4500円	根粒による窒素固定能力や高い栄養価など，他の作物では代替できないユニークな特性を持つマメ科作物の栽培について体系的に解説する。〔内容〕ダイズ／アズキ／ラッカセイ／その他の豆類（インゲンマメ，ササゲ，エンドウ，ソラマメ等）
日本作物学会『作物栽培体系』編集委員会監修 前北大 岩間和人編 作物栽培大系 6 **イ モ 類 の 栽 培 と 利 用** 41506-3 C3361　　　Ａ５判 260頁 本体4600円	地下で育つため気象変動に強く，栄養体を用いた繁殖も容易なイモ類は，古来から主食として，また救荒作物として重用されてきた。本巻ではその栽培について体系的に解説する。〔内容〕バレイショ／サツマイモ／サトイモ／ヤマイモ／ほか
東農大 森田茂紀・龍谷大 大門弘幸・ 東海大 阿部　淳編著 **栽　　　培　　　学** ―環境と持続的農業― 41028-0 C3061　　　Ｂ５判 240頁 本体4500円	人口増加が続く中で食糧問題や環境問題は地球規模で深刻度を増してきている。そのため問題解決型学問である農学，中でも総合科学としての栽培学に期待されるところが大きくなってきている。本書は栽培学学の全てを詳述した学部学生向教科書
京大 稲村達也編著 **栽 培 シ ス テ ム 学** 40014-4 C3061　　　Ａ５判 208頁 本体3800円	農業の形態は，自然条件や生産技術，社会条件など多数の要因によって規定されている。本書はそうした複雑系である営農システムを幅広い視点から解説し，体系的な理解へと導く。アジア各地の興味深い実例も数多く紹介
龍谷大 大門弘幸編著 見てわかる農学シリーズ3 **作　物　学　概　論** 40543-9 C3361　　　Ｂ５判 208頁 本体3800円	セメスター授業に対応した，作物学の平易なテキスト。図や写真を多数収録し，コラムや用語解説など構成も「見やすく」「わかりやすい」よう工夫した。〔内容〕総論（作物の起源／成長と生理／栽培管理と環境保全），各論（イネ／ムギ類／他）
植物栄養・肥料の事典編集委員会編 **植 物 栄 養・肥 料 の 事 典** 43077-6 C3561　　　Ａ５判 720頁 本体23000円	植物生理・生化学，土壌学，植物生態学，環境科学，分子生物学など幅広い分野を視野に入れ，進展いちじるしい植物栄養学および肥料学について第一線の研究者約130名により詳しくかつ平易に書かれたハンドブック。大学・試験場・研究機関などの専門研究者だけでなく周辺領域の人々や現場の技術者にも役立つ好個の待望書。〔内容〕植物の形態／根圏／元素の生理機能／吸収と移動／代謝／共生／ストレス生理／肥料／施肥／栄養診断／農産物の品質／環境／分子生物学
但野利秋・尾和尚人・木村眞人・越野正義・ 三枝正彦・長谷川功・吉羽雅昭編 **肥　料　の　事　典** 43090-5 C3561　　　Ｂ５判 400頁 本体18000円	世界的な人口増加を背景とする食料の増産と，それを支える肥料需要の増大によって深刻化する水質汚染や大気汚染などの環境問題。これら今日的な課題を踏まえ，持続可能な農業生産体制の構築のための新たな指針として，肥料の基礎から施肥の実務までを解説。〔内容〕食料生産と施肥／施肥需要の歴史的推移と将来展望／肥料の定義と分類／肥料の種類と性質（化学肥料／有機性肥料）／土壌改良資材／施肥法／施肥と作物の品質／施肥と環境

上記価格（税別）は 2017 年 3 月現在